自學必備！
Photoshop
超級 參考手冊

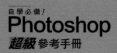

自學必備！
Photoshop
超級 參考手冊

井村克也・ソーテック社　著

許郁文　譯

Photoshop スーパーリファレンス

自學必備！

Photoshop

超級 參考手冊

零基礎也能看得懂、學得會　Windows & Mac
CC 2019/2018/2017/2015/2014/CC/CS6適用

感謝您購買旗標書，
記得到旗標網站
www.flag.com.tw
更多的加值內容等著您…

● FB 官方粉絲專頁：旗標知識講堂

● 旗標「線上購買」專區：您不用出門就可選購旗標書！

● 如您對本書內容有不明瞭或建議改進之處，請連上
  旗標網站，點選首頁的 聯絡我們 專區。

  若需線上即時詢問問題，可點選旗標官方粉絲專頁
  留言詢問，小編客服隨時待命，盡速回覆。

  若是寄信聯絡旗標客服 email，我們收到您的訊息
  後，將由專業客服人員為您解答。

  我們所提供的售後服務範圍僅限於書籍本身或內
  容表達不清楚的地方，至於軟硬體的問題，請直接
  連絡廠商。

  學生團體   訂購專線：(02)2396-3257 轉 362
             傳真專線：(02)2321-2545

  經銷商   服務專線：(02)2396-3257 轉 331
             將派專人拜訪
             傳真專線：(02)2321-2545

國家圖書館出版品預行編目資料

自學必備！Photoshop 超級參考手冊
井村克也＋ソーテック社 著；許郁文 譯
臺北市：旗標，2018.12　面；17×23公分

ISBN 978-986-312-567-9

1.數位影像處理

312.837   107017979

作　　　者／井村克也＋ソーテック社

翻譯著作人／旗標科技股份有限公司

發 行 所／旗標科技股份有限公司
　　　　　　台北市杭州南路一段15-1號19樓

電　　　話／(02)2396-3257(代表號)

傳　　　真／(02)2321-2545

劃撥帳號／1332727-9

帳　　　戶／旗標科技股份有限公司

監　　　督／陳彥發

執行企劃／林佳怡

執行編輯／林佳怡

美術編輯／陳奕愷

封面設計／古鴻杰

校　　　對／林佳怡

新台幣售價：550 元

西元 2023 年 4 月　初版 4 刷

行政院新聞局核准登記-局版台業字第 4512 號

ISBN　978-986-312-567-9

序

　　本書的主角是影像編修與平面設計的經典軟體 Adobe Photoshop(Windows 版與 Mac OS 版)，主要的對象從剛開始學習操作的初學者到進階者。本書支援的版本為最新的 CC 2019 到 CC 2018、CC 2017、CC 2015、CC 2014、CC 及 CS6。

　　Photoshop 是一套修補、校正、合成數位影像以及製作網路圖片的點陣圖處理軟體，也是最為普及的軟體。升級至 CC 2019 版之後，本書也立刻全面修訂內容，以便符合 CC 2019 以及過去各版的功能。主要的對象包含想處理數位照片的一般使用者、設計師、攝影師、業餘攝影師⋯⋯等，從 Photoshop 的基礎用法到圖層、色版的操作、影像處理、編修、濾鏡、網頁圖形設計、轉存都鉅細靡遺地介紹。

　　下列是 CC 版本值得注意的功能：

- ・新增檔案時，可選擇 Adobe Stock 範本
- ・可全面搜尋應用程式的 UI 元素、文件與說明
- ・「內容」面板的功能進一步強化
- ・傳送 Creative Cloud 的連結
- ・調整扭曲工具的介面
- ・支援 OpenType SVG 字體
- ・選取與遮色片工作區
- ・提升 JPEG、PNG 圖片於「轉存」與「快速轉存」的解析度

　　本書除了介紹這些功能，也將以影像的後製、圖層的合成、設計為例，全面介紹 Photoshop 的功能。Photoshop 雖然是非常普及的應用程式，但是影像處理本身就包含艱澀的理論，所以本書盡可能地以簡單易懂的方式說明。

　　本書使用的範例影像可參考 04 頁的說明，下載到電腦中，請一邊實際操作一邊學會其中的技巧。希望大家都能透過本書更自由地操作 Photoshop，做出形形色色的創意作品與後製作品。

2017 年 1 月

ソーテック 社編輯部

範例檔案

本書的範例檔案，請透過網頁瀏覽器（如：Firefox、Chrome、Microsoft Edge) 連到以下網址，將檔案下載到你的電腦中，以便跟著書上的說明進行操作。

範例檔案下載連結：

https://www.flag.com.tw/DL.asp?F9536

(輸入下載連結時，請注意大小寫必須相同)

將檔案下載到你的電腦中，只要解開壓縮檔案就可以使用了！

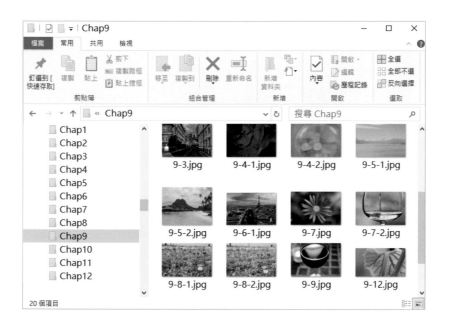

請將範例檔案複製一份到您的電腦中，以方便對照書本內容開啟使用。本書範例檔案儲存在對應的章節資料夾中，範例檔名以各節編號命名。另外，本書部份範例圖檔使用符合 Creative CC 授權的影像，請參考本書最後一頁的說明。

此外，本書中的範例，有部份為日文字型或是付費字型，若您的電腦中沒有安裝相同字型，當您開啟範例檔案時，請以「替代字型」來開啟檔案，雖然顯示效果會和書上有些微差異，但不影響其操作。

CONTENTS

CHAPTER **1**　**Photoshop 的基本知識與操作**

CHAPTER **2**　**視窗與面板的操作**

CHAPTER 8　顏色設定、繪圖與修復工具

CHAPTER 9　調整影像的明暗與色彩

CHAPTER 14　列印

CHAPTER 15　網頁圖片、資產與資料庫

CHAPTER 16　偏好設定、色彩設定

本書的讀法、用法

Super Reference 系列主要以初學者到中階者為對象,是利用大量豐富的彩色圖示,解說應用程式用法的參考手冊。

▶ 初學的讀者

初學者建議從第 1 章開始依序閱讀。Photoshop 是一套需要對數位影像有一定了解才能操作的軟體,所以必須對點陣圖、影像尺寸、解析度、混合模式有所了解,尤其是從數位相機載入的照片,準備製作網站首頁的圖片或電子郵件的隨附圖片,以及製作 DTP 排版所需的圖片時,都必須了解何謂解析度。

此外,Photoshop 的基本操作工具:「選取範圍」將在第 5 章說明,照片的校正則在第 9 章說明,圖層的基本操作、圖層樣式、圖層遮色片則在第 6 章說明,文字圖層、形狀圖層、3D 圖層則將在第 7 章做解說。

▶ 使用 CC 2015／2014／CS6 的讀者

使用舊版 Photoshop 的讀者也可以了解 CC 2017 後開始搭載的功能,例如在新增檔案時的 Adobe Stock 範本選取功能、範本搜尋功能以及功能強化後的「內容」面板,或是調整扭曲工具的介面、OpenType SVG 字體的支援與選擇、選取與遮色片工作區、轉存格式、快速轉存以及其他新功能。

▶ 更進階的內容與快速鍵可參考 TIPS 的說明

使用 Photoshop 時,相同的操作可透過不同的方式完成,而 TIPS 會說明其他的操作方法、快速鍵以及稍微進階的內容。

▶ 活用使用頻率、目錄、索引

應該有不少人了解 Photoshop 的常用功能,但如果能學會不常用的功能,一定會因此感到很有成就感。透過本書的目錄將不常用的功能試過一遍,一定能利用 Photoshop 製作出更多創意作品。

各「Chapter」的標題都會標記「使用頻率」,可作為該功能是否常用的判斷標準。

▶ 在學校、研討會使用

本書的各章節順序是以學校講義的方式編排,可於 Photoshop 的課程、講座及研討會使用。

▶ 本書的製作環境

本書是在 Windows 10 的環境下撰寫,而 Mac OS 的使用者也能以相同的操作學會書中內容。Mac 的使用者請如下解讀快速鍵。

`Ctrl` 鍵 → `⌘` 鍵　　　　`Alt` 鍵 → `option` 鍵

本書的結構

本書是由以下項目構成。CHAPTER 是依照功能及操作，由單元構成，所以能立刻找到想瞭解的操作解說。操作流程是按照編號來說明，初學者也能簡單掌握操作方法。

各個 CHAPTER 進一步細分成單元。想要瞭解更具體的內容或功能時，請利用單元編號及名稱來尋找

支援版本顯示為白色，不支援版本顯示成灰色

引言扼要說明了該單元的內容

使用頻率分成 3 個等級

依照步驟編號來執行操作，可以輕易學會操作

在 POINT 中，說明本文及步驟中沒有提及的注意事項及替代性操作方法等

在 TIPS 中，說明了新功能及與該單元有關的技巧

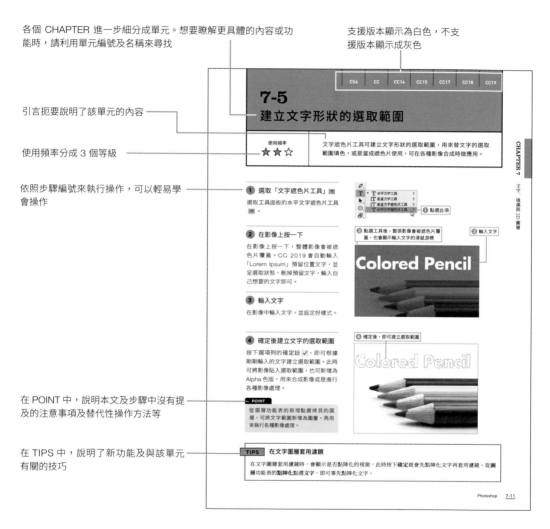

- Adobe Creative Cloud、Adobe Photoshop、Adobe Illustrator、Adobe Photoshop Mix、Adobe Photoshop Fix、Adobe Bridge 是 Adobe 公司的商標。
- Windows 是美國 Microsoft Corporation 在美國及其他國家的註冊商標。
- Mac、macOS、OS X 是美國 Apple Inc. 在美國及其他國家的註冊商標。
- 其他公司名稱、商品名稱屬於相關公司的商標或註冊商標，本文中省略標記。
- 關於出現在本書中的說明及範例運用結果，筆者及 Sotech（股）公司概不負任何責任，請根據您個人的責任範圍來執行。
- 本書在製作時，已力求正確描述，萬一內容有誤或描述不正確，本公司概不負任何責任。
- 本書的內容是根據當時的軟體狀況所寫，軟體可能會有更新，造成與書中內容不同的情形。
- 此外，受到系統環境、硬體環境的影響，可能發生無法按照書中說明的操作來執行的情形，敬請見諒。

CHAPTER

1

—

Photoshop的
基本知識與操作

歡迎進入 Photoshop 的世界。不論是第一次接觸
Photoshop 的人,還是打算重新認識 Photoshop
的人,都可以透過本章學會 Photoshop 或數位影像
的基本知識。

讓 我 們 一 起 了 解 「點陣圖」、「位元深度」、「色
彩模式」、「解析度」 這些基本用語,以及啟動
Photoshop、認識操作介面、開啟與儲存圖片這些
基本操作吧!

1-1
Photoshop 與影像處理

使用頻率	Photoshop 是一套校正與處理從數位相機或掃描器載入的影像，或是進行影像的合成、設計（DTP/WEB）、製作 LOGO 或插圖的影像處理軟體。
★ ★ ☆	

Photoshop 處理的是「點陣圖」

電腦的影像處理軟體可分成：處理「點陣圖」的軟體與處理「向量圖」的軟體。前者最具代表性的就是 Adobe Photoshop 以及 Photoshop Elements，後者最具代表性的就是 Adobe Illustrator。

點陣圖是以「像素」組成的圖片，而處理向量圖的 Illustrator 則是將路徑、面積這類座標值以及填色資料轉換成數值再處理成圖形，而不是以點陣的方式組成，所以即使放大也不會失真。

POINT

Photoshop 也可以處理形狀或路徑這類的向量資料，也可以配置 Illustrator 的路徑，但實際上仍是處理與解析度（ppi）有關的點陣圖。

Photoshop 的點陣圖

Illustrator 製作的影像

放大後影像畫質變差，會看到密集的小點

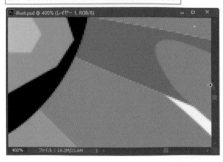

即使放大後也不失真

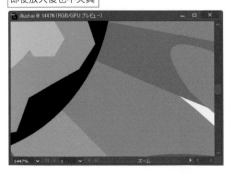

Photoshop 可變更像素的顏色與處理影像

Photoshop 的影像是由一個一個的像素所組成，若以**縮放顯示工具**放大 Photoshop 的影像，就能看到每個像素，也會發現所有的影像都是由正方形的像素組成。

在 Photoshop 放大影像就可以看到一個一個的像素

Photoshop 可調整影像的亮度與色調，也能套用濾鏡、合成圖層，還能調整影像的大小與色彩模式，甚至可進行 3D 影像處理與製作網頁，可說是一套萬能的軟體。Photoshop 是變更每個像素的值，藉此處理影像。

下圖是套用**紋理化**濾鏡的結果，放大後可發現每個像素也變得不同了。

套用紋理化濾鏡

可將影像轉換成 RGB、灰階、CMYK 等色彩模式

呈現彩色影像有多種方式，例如：電視或電腦螢幕的 RGB 模式、以印刷油墨呈現的 CMYK 模式等。Photoshop 可讓你視情況轉換不同的**色彩模式**，例如製作網頁時可使用 RGB 模式，商用印刷可切換成「灰階」模式、「CMYK」模式或「雙色調」模式，轉換成不同模式的影像。

RGB 模式具有紅、綠、藍三個色版，開啟**色版**面板就可以發現彩色影像是由這三個色版重疊而成。有關**色彩模式**的說明請參考 3-7 頁之後的內容。

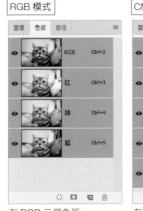

有 RGB 三個色版

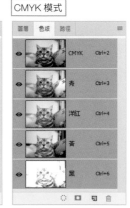

有 CMYK 四個色版

應用在印刷、網頁、手機影像設計

Photoshop 可以應用在各個領域，像是照片的編修、校正、網頁製作、設計、3D、醫療和建築設計等。不論是用於印刷的編排設計、網站介面製作、以影像為主的平面設計、3D 或影片的編輯等，只要需要用到影像，Photoshop 就是不可或缺的軟體。

不論是印刷在紙上或是顯示在電腦螢幕上的影像，都可依照用途切換不同的「工作區域」，也可以在單一文件中建立多個圖層。即使是為了印刷而製作的影像也能輕鬆轉換成網頁用的影像。

▶ 了解影像的解析度

Photoshop 是以 1 平方英吋內有多少像素來測量影像的解析度（pixel/inch）。適用彩色印刷的 300dpi 解析度，意味著 1 平方英吋（2.54cm）有 300×300=90,000 個像素的意思。而用於網頁或電腦螢幕顯示的 72dpi 影像，則代表 1 平方英吋內有 72×72=5,184 個像素的意思。

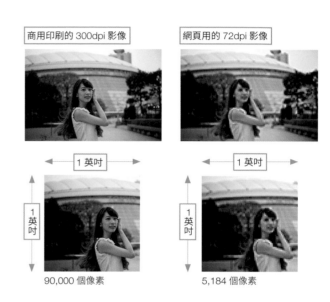

商用印刷的 300dpi 影像　　網頁用的 72dpi 影像

1 英吋　　　　1 英吋

1 英吋　　　　1 英吋

90,000 個像素　　　　5,184 個像素

除了影像處理外，也能輕鬆繪製 LOGO 與形狀

Photoshop 除了可處理影像，也能以圖層的方式繪製、編輯文字或製作類似 Illustrator 路徑的形狀。此外，形狀與文字可以在製作完成後變形或是自由變更文字格式與內容。

可編輯的形狀圖層

可編輯的文字圖層

此外，影像、形狀、文字、……等圖層，還可利用圖層樣式套用陰影、光暈、斜角、浮雕這些效果。

可在圖層樣式視窗中輕鬆套用陰影、緞面、光暈這類效果

在 Photoshop 中可使用各種自訂形狀繪製形狀

篩選「資產」與網頁格式最佳化、轉存「切片」

Photoshop CC 2014 之後，在圖層名稱加上影像的副檔名，就能自動將圖層轉換成「影像資產」(參考 15-13 頁)。

在 Photoshop 中，你可以使用**切片**工具設置切片區域，以便輸出網頁圖形。Photoshop 文件可將每個切片轉存為適合網頁用的最佳圖片格式，並且可在 HTML 檔案的表格或 CSS 中排列並顯示在瀏覽器中 (參考 15-2 頁)。

1 張影像可分割成多個矩形切片區域，每個切片可透過表格標籤與 CSS 排列在 HTML 檔案裡顯示 (參考 15-9 頁)。

在圖層名稱加上副檔名就能產生「影像資產」

形狀與或顏色新增至資料庫後，其他的 Creative Cloud 應用程式就能同步使用

TIPS　「切片」的優點

做為網頁用的影像，每個切片區域都可轉存為最佳化的影像。例如顏色較少的區域就轉存為 PNG8 或 GIF，而色彩較多的區域 (如照片) 就轉存為 JPEG，所以切片具有能轉存為最佳化格式的影像，又能減少檔案容量的優點。

1-2
啟動 Photoshop

使用頻率	從 Adobe 公司的官方網站下載與安裝 Photoshop 後,就立刻試著啟動看看吧!Windows 系統,可從**開始**功能表啟動,Mac 系統,則可從 **finder** 或 **dock** 啟動。
★ ★ ★	

啟動 Photoshop

安裝 Photoshop 後,**開始**功能表中的**所有程式**會建立 **Adobe Photoshop CC 2019** 的捷徑,點選即可啟動(Windows 10 也可從**開始**功能表、**工作列**或**桌面**的圖示啟動)。

假設在**開始**功能表中沒看到 Photoshop,可在**搜尋列**中輸入「Photoshop」再按下**搜尋鈕**,即可找到「Adobe Photoshop CC 2019」。

Mac OS 可在 **finder** 的**應用程式**中 Photoshop 資料夾雙按應用程式圖示啟動。

Windows 可從開始功能表啟動

在搜尋列中輸入「photoshop」,以搜尋的方式啟動程式

從 Creative Cloud 應用程式的 Apps 也可啟動 Photoshop

Mac OS 的 Photoshop 圖示

TIPS 新增至「工作列」或「Dock」

若使用的是 Windows 作業系統,可在**開始**功能表的 **Adobe Photoshop CC 2019** 按下滑鼠右鍵,選擇**釘選到工作列**,工作列就會新增 Photoshop 圖示。
Mac OS 則可直接將應用程式的圖示拖曳至 **Dock**,之後就能直接從 **Dock** 啟動 Photoshop。

Mac OS 的 Dock

Windows10　❶ 按下滑鼠右鍵

❷ 點選釘選到工作列

新增至工作列

1-3
Photoshop 的介面

使用頻率

★ ★ ★

Photoshop 的介面是由「工具」面板、各功能面板、「選項列」面板、功能表、文件視窗、狀態列以及其他部分組成，讓我們一起了解各部分的位置吧！

認識 Photoshop 的視窗

下圖是 Photoshop 預設的工作區。讓我們一起了解各部分的名稱。

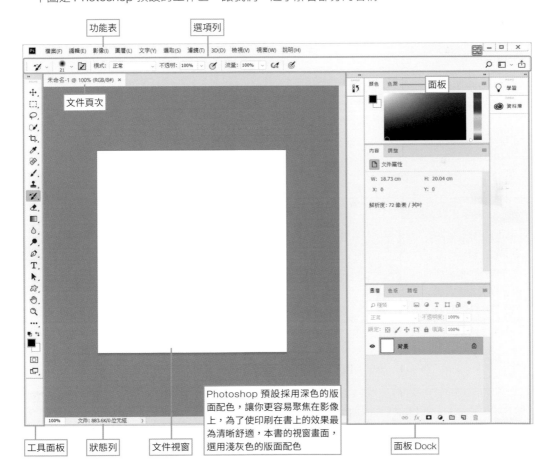

Photoshop 預設採用深色的版面配色，讓你更容易聚焦在影像上，為了使印刷在書上的效果最為清晰舒適，本書的視窗畫面，選用淺灰色的版面配色

功能表　選項列　面板

文件頁次

工具面板　狀態列　文件視窗　面板 Dock

POINT

Photoshop 在啟動時或是尚未開啟文件時會顯示「起始」工作區，可從中開啟曾經開過的檔案或是 Stock 資產。

POINT

支援觸控面板的 Windows 8 或以上的版本可利用觸控的方式，點選選單或按鈕，完成 Photoshop 的操作，也能以點擊的方式縮放畫面，按住畫面還可開啟滑鼠右鍵的內容選單。

1-4
熟悉「工具」面板

使用頻率	工具面板是 Photoshop 最重要也最頻繁使用的面板。工具面板集合了影像的選取、繪製、後製以及其他相關的工具。以滑鼠點選即可選擇工具面板裡的工具。
★ ★ ★	

工具面板的結構

工具面板的結構如圖所示。

POINT

將滑鼠指標停留在工具按鈕上一會兒,就會顯示工具名稱(工具提示)。若是在英數字輸入模式下,可直接點選快速鍵選取該工具。

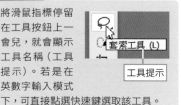

TIPS 搜尋工具與功能

CC 2017 以後的版本,可按下 Ctrl + F 鍵或直接在**選項列**的**搜尋方塊**輸入名稱,搜尋工具或功能。

點選這裡

輸入名稱

顯示搜尋結果

TIPS 將工具面板顯示成 2 排

想讓**工具**面板顯示成 2 排時,可點選**工具**面板左上角的 ▶▶ 雙箭頭。

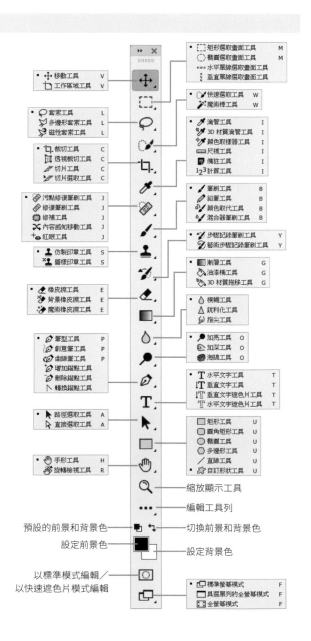

1-5
選項列與狀態列

使用頻率	文件視窗上方有「選項列」，下方有「狀態列」，選項列可在使用工具時，設定筆刷、文字、選取以及其他選項。
★ ★ ★	

選項列

從**工具面板**選擇工具後，**選項列**會顯示該工具的相關選項。若點選「選取類」的工具，**選項列**會顯示「羽化」、「樣式」、「寬度」、「高度」等選項，若選取「文字工具」則會顯示「字體」、「大小」等與文字格式相關的項目。

狀態列

位於視窗左下角的**狀態列**會顯示預設的檔案大小。

/（斜線）的左側是未包含圖層資料時，影像整合之後的檔案大小，右側則是包含圖層資料的檔案大小。點選箭頭可開啟選單，從中選擇要顯示的資訊。

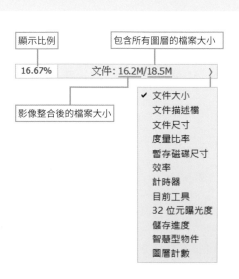

1-6
設定工作區

使用頻率	Photoshop 內建了專為「3D」、「圖形和網頁」、「攝影」等用途所設計
★ ★ ☆	的工作區,並依使用頻率有效地配置面板的位置。

變更工作區

Photoshop 會在啟動或未開啟文件時,顯示「起始」工作區。

1 選擇工作區

從**視窗**功能表的**工作區**選擇要開啟的工作區。或是按下**選項列**最右邊的按鈕來選擇。

① 點選這裡

2 切換工作區

範例選擇的是「攝影」,所以切換成「攝影」工作區。

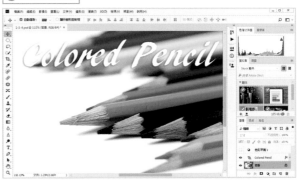

② 切換工作區了

3 重設工作區

點選「**基本功能(預設)**」就會還原為預設的狀態。切換工作區後,若移動了面板的位置,想讓面板回到原本的配置時,可點選重設『**工作區名稱**』命令。

③ 點選這裡,即可恢復原本的狀態

POINT

若想徹底回到基本功能的工作區,可點選重設基本功能。

TIPS 如何自訂工作區

若能將面板配置在最順手的位置,打造專屬自己的工作區,那一定很方便。將面板配置在最順手的位置後,從**工作區**功能表點選**新增工作區**,再於視窗設定鍵盤快速鍵、選單、工具列,即可自訂工作區。如果想刪除多餘的工作區,可點選**刪除工作區**。

1-7
面板的操作

使用頻率	操作 Photoshop 時，與功能表同等重要的就是**面板**。使用者可自行將
★★★	面板移動到需要的位置，也能將面板獨立成單 1 個。

開啟與關閉面板

Photoshop 內建了許多執行各種操作的面板。如果需要的面板尚未開啟，可從**視窗**功能表勾選需要的面板。如果再點選一次，取消勾選，面板就會關閉。

此外，點選浮動面板的「關閉」鈕 ☒ ，一樣可以關閉面板。

※Mac 版本可透過「應用程式框」的勾選，決定是否顯示或隱藏 Photoshop 的應用程式背景。

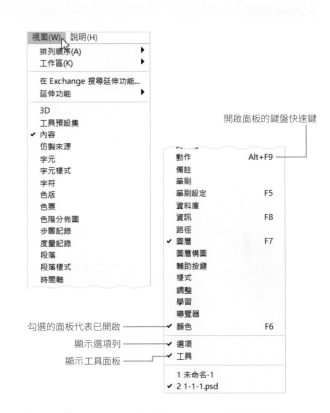

開啟面板的鍵盤快速鍵

勾選的面板代表已開啟 —————

顯示選項列 —————

顯示工具面板 —————

將面板收合成圖示與展開面板

將面板收合成圖示，就能讓文件視窗的空間更寬廣。

① 點選「收合至圖示」按鈕

點選**基本功能**工作區面板右上角的**收合至圖示**，面板就會轉換成圖示，只以名稱的方式顯示。要展開已收合成圖示的面板，可點選面板上方的**展開面板**鈕。

① 點選收合至圖示鈕

② 點選展開面板鈕

面板的分離與組合

　　面板可以轉換成頁次標籤的型態，多個頁次標籤的面板可組合成面板群組。在預設的狀態下，圖層、色版、路徑這三個面板是以面板群組的方式呈現。

　　此外，垂直堆疊面板群組的狀態稱為 **Dock**。在預設狀態下，**顏色、內容、圖層**這三個面板群組會以單一的 Dock 呈現。

　　面板、面板群組與 Dock 都可分離與組合。

▶ 分離面板

　　多個頁次標籤的面板組成面板群組後，只要將頁次標籤拖曳出群組，就能分離成單一面板。

拖曳面板的頁次標籤，即可讓面板分離

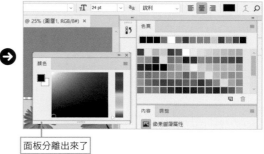

面板分離出來了

▶ 組合面板

　　將面板的頁次標籤拖曳至其他面板上，就能組合面板。

將顏色面板的頁次標籤拖曳至其他面板

面板組合在一起了

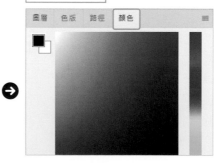

TIPS	**文件視窗的分離**

頁次標籤型式的「文件視窗」，只要按住頁次標籤拖曳，就可以變成獨立的視窗。不過「文件視窗」無法與面板組合在一起。

TIPS	**讓所有面板從畫面上消失**

按下 Tab 鍵就能暫時隱藏面板、**工具**面板與**選項列**。要恢復原狀只需再按一次 Tab 鍵。
只想顯示**工具**面板與文件視窗，並隱藏其他面板時，可按下 Shift ＋ Tab 鍵。

1-8
新增文件

CHAPTER 1　Photoshop 的基本知識與操作

| 使用頻率 ★ ★ ★ | 在 Photoshop 中可透過設定寬度、高度、解析度與色彩模式來建立白色背景影像。而 CC 2017 版之後，則可在新增文件視窗，透過切換頁次標籤，來選擇適用的範本。 |

建立新文件

❶ 「新增文件」視窗

啟動 Photoshop 後，執行**檔案→開新檔案**（Ctrl + N、Mac 版為 ⌘ + N）。或是從起始畫面按下新建鈕，即可開啟**新增文件**視窗。

「新增文件」視窗

❶ 依照目的選擇適當的分類

❷ 設定新文件

使用者可視目的設定影像的色彩模式或大小。點選**相片、列印、線條圖和插圖、網頁**的頁次標籤，即可依照目的點選適當的預設集，右側欄位的選項也會跟著改變。

POINT

新增文件時，除了可選擇白色的畫布，也可從 Adobe Stock 選擇多種範本。新增文件視窗的上層有空白文件預設集區，下層則有範本區。點選範本後，右側會顯示說明與預覽，按下下載鈕即可開啟範本。下載的範本會新增至已儲存頁次標籤以及資料庫面板的 Stock 範本。

❷ 選取適當大小的預設集　輸入檔案名稱　❸ 設定大小與色彩模式　大小的單位

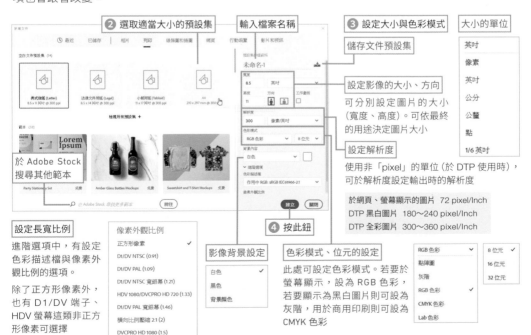

儲存文件預設集

設定影像的大小、方向
可分別設定圖片的大小（寬度、高度）。可依最終的用途決定圖片大小

設定解析度
使用非「pixel」的單位（於 DTP 使用時），可於解析度設定輸出時的解析度

於網頁、螢幕顯示的圖片　72 pixel/Inch
DTP 黑白圖片　180～240 pixel/Inch
DTP 全彩圖片　300～360 pixel/Inch

大小的單位
英吋
像素
英吋
公分
公釐
點
1/6 英吋

❹ 按此鈕

設定長寬比例

進階選項中，有設定色彩描述檔與像素外觀比例的選項。

除了正方形像素外，也有 D1/DV 端子、HDV 螢幕這類非正方形像素可選擇

像素外觀比例	
正方形像素	✓
D1/DV NTSC (0.91)	
D1/DV PAL (1.09)	
D1/DV NTSC 寬銀幕 (1.21)	
HDV 1080/DVCPRO HD 720 (1.33)	
D1/DV PAL 寬銀幕 (1.46)	
橫向比例壓縮 2.1 (2)	
DVCPRO HD 1080 (1.5)	

影像背景設定

白色
黑色
背景顏色

色彩模式、位元的設定

此處可設定色彩模式。若要於螢幕顯示，設為 RGB 色彩，若要顯示為黑白圖片則可設為灰階，用於商用印刷則可設為 CMYK 色彩

RGB 色彩	
點陣圖	
灰階	
RGB 色彩	✓
CMYK 色彩	
Lab 色彩	

8 位元
16 位元
32 位元

新增文件時，連同「工作畫板」一併建立（CC 2015 之後）

新增文件時，可在單一文件內建立多個裝置或螢幕用的**工作畫板**，再依照裝置的螢幕大小做設計。**工作畫板**的元素會於圖層面板中顯示。

❶ 勾選這裡

❶ 勾選「工作畫板」

在新增文件視窗點選**空白文件預設集**的範本後，勾選右側欄位的**工作畫板**項目。

POINT

選取既有檔案的多個圖層，再從圖層功能表的新增點選工作區域，就能在文件中新增工作區域。

❷ 工作畫板的新文件

按下**建立**鈕後，就會開啟新的文件視窗，畫面左上角也會顯示**工作區域1**。仔細觀察圖層面板就會發現，圖層1的上方顯示了**工作區域1**，其中包含圖層1的階層構造。

❷ 圖層面板會於工作區域1內，建立圖層

❸ 設定工作區域的大小

在**移動工具**的子工具下選擇**工作區域工具**。選擇圖層面板裡的「**工作區域1**」，再於**選項列**設定工作區域的大小。點選畫面區域上下左右的 ⊕，可新增工作區域以及設定工作區域的大小。

❸ 點選工作區域工具

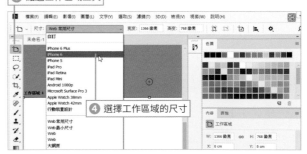

❹ 選擇工作區域的尺寸

❺ 工作區域的尺寸設定完成了

❻ 按此鈕可增工作區域

TIPS　想使用傳統的「新增文件」畫面

於**偏好設定**的一般裡勾選**使用舊版「新增文件」介面**即可使用舊版的新增文件介面。

1-9
開啟舊檔

使用頻率	Photoshop 最基本的操作就是「開啟舊檔」。開啟從數位相機載入的檔案或開啟正在作業的檔案，都是從這步驟開始。
★ ★ ☆	

開啟影像

Photoshop 可開啟各種格式的影像。

1 選擇「開啟舊檔」

從**檔案**功能表點選**開啟舊檔**（ Ctrl ＋ O ）或是直接從起始工作區按下**開啟**鈕。

POINT

若已開啟檔案，會顯示「最近使用過的檔案」面板，可在點選後開啟檔案。

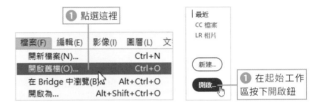

2 於「開啟舊檔」視窗選擇檔案

接著會開啟選擇檔案的視窗。列表顯示的檔案，基本上只有 Photoshop 能開啟的影像，不會顯示其他檔案。點選要開啟的影像後，按下**開啟**鈕。

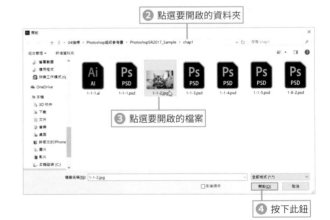

3 開啟影像檔案

剛才選取的影像檔案將會開啟。Photoshop 的視窗一開始會讓檔案以頁次標籤的方式呈現，以便顯示多個文件。

POINT

也可以將檔案拖曳至工作區的 Photoshop 圖示，或是拖曳至 Photoshop 視窗中開啟，或是透過 Adobe Bridge 開啟。

文件視窗的頁次標籤

開啟多個檔案的版面配置

若是一次開啟多個檔案,檔案名稱的頁次標籤會沿著水平方向排列。如果希望這些視窗以相同的大小整齊排列,可於**視窗**功能表的**排列順序**選擇排列方式。

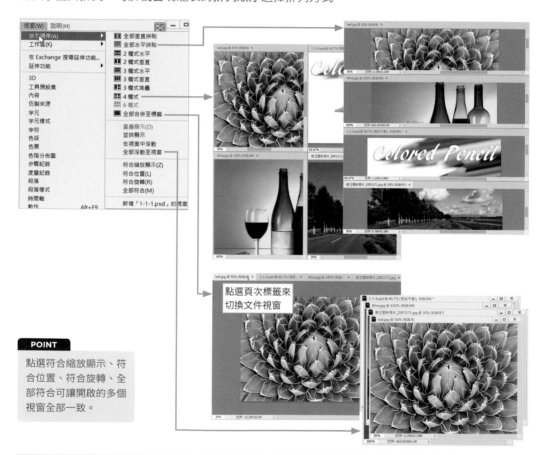

點選頁次標籤來
切換文件視窗

1-10
關閉與結束檔案

使用頻率	檔案編輯完成後，可直接關閉文件視窗。若想關閉文件視窗，又同時關閉 Photoshop 的視窗，可直接結束 Photoshop。
★ ★ ★	

關閉視窗

1 按下「關閉」鈕

要關閉已開啟的視窗可從**檔案**功能表點選關閉檔案（Ctrl + W）或是直接按下視窗的關閉鈕。若開啟多個文件視窗，則會從使用中（最上層）的視窗開始關閉。

按下關閉鈕

點選關閉檔案

2 確認是否已經儲存

若尚未儲存檔案，就會開啟是否儲存的視窗，按下是鈕即可儲存影像。

按此鈕，即可儲存　　不儲存就關閉　　放棄儲存

POINT

如果想保留影像先前的狀態，可將影像儲存為另外的檔案，這時請改用另存新檔命令。參考 1-19 頁。

TIPS 同時關閉所有視窗

若想同時關閉所有檔案，可從**檔案**功能表點選「**全部關閉**」（Alt + Ctrl + W）。

1-11
儲存影像

| 使用頻率 ★ ★ ★ | 編輯完成的影像，若沒有儲存在硬碟或記憶卡這類儲存裝置，之後就無法重複使用。儲存時，可依照用途選擇不同的格式與儲存方法。 |

儲存已開啟的檔案

① 點選「儲存檔案」

要在 Photoshop 儲存編輯中的影像，可從**檔案**功能表點選**儲存檔案**（Ctrl + S）。

POINT

若是要儲存的檔案已經命名，就不會開啟步驟 2 的視窗，檔案會直接儲存。未儲存的檔案會在檔案名稱的右側顯示 * 號。

未儲存的符號

1-1-1.psd @ 25% (aaa, RGB/8#) * ×

❶ 點選此命令

② 指定影像的儲存位置與檔案名稱

開啟**另存新檔**視窗後，可指定儲存位置的資料夾、檔案名稱與檔案類型，最後再按下**存檔**鈕。

可切換到上一層路徑　② 指定儲存位置

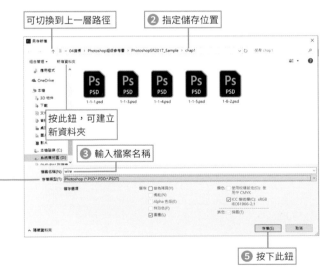

按此鈕，可建立新資料夾

③ 輸入檔案名稱

⑤ 按下此鈕

④ 指定檔案種類

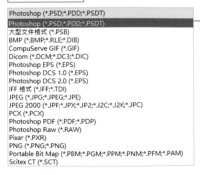

Photoshop (*.PSD;*.PDD;*.PSDT)
Photoshop (*.PSD;*.PDD;*.PSDT)
大型文件格式 (*.PSB)
BMP (*.BMP;*.RLE;*.DIB)
CompuServe GIF (*.GIF)
Dicom (*.DCM;*.DC3;*.DIC)
Photoshop EPS (*.EPS)
Photoshop DCS 1.0 (*.EPS)
Photoshop DCS 2.0 (*.EPS)
IFF 格式 (*.IFF;*.TDI)
JPEG (*.JPG;*.JPEG;*.JPE)
JPEG 2000 (*.JPF;*.JPX;*.JP2;*.J2C;*.J2K;*.JPC)
PCX (*.PCX)
Photoshop PDF (*.PDF;*.PDP)
Photoshop Raw (*.RAW)
Pixar (*.PXR)
PNG (*.PNG;*.PNG)
Portable Bit Map (*.PBM;*.PGM;*.PPM;*.PNM;*.PFM;*.PAM)
Scitex CT (*.SCT)

另存新檔

　　已經開啟的檔案可儲存成其他檔名，放置在其它資料夾，或是變更檔案格式再儲存。這個方法很適合用來保留製作過程。

① 點選「另存新檔」

要以另外的檔案名稱儲存時，可從**檔案**功能表點選**另存新檔**（ Shift ＋ Ctrl ＋ S ）。

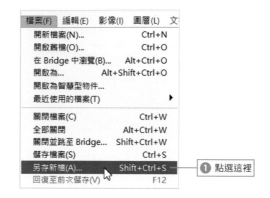

① 點選這裡

② 設定儲存位置、名稱與種類

開啟**另存新檔**視窗後，檔案名稱的部分會呈現選取狀態，此時可重新命名以及決定儲存的位置。若是另存新檔，視窗就會顯示另存新檔的檔案以及檔案名稱。

> **TIPS**　「做為拷貝」選項
>
> 勾選**另存新檔**視窗**儲存選項**區中的**做為拷貝**選項，可保存一份目前的影像狀態，另一個相同狀態的影像，則可儲存為其他格式的檔案。

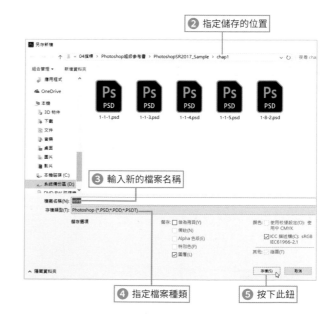

② 指定儲存的位置

③ 輸入新的檔案名稱

④ 指定檔案種類

⑤ 按下此鈕

> **TIPS**　ICC 描述檔
>
> 勾選**另存新檔**視窗裡的 **ICC 描述檔**，檔案就會包含於視窗顯示的 ICC 描述檔。ICC 描述檔可用於色彩管理，是讓螢幕或印表機這類裝置呈現相同顏色的設定檔。若不需進行色彩管理可取消勾選此項。若影像要用於印刷，可勾選**使用校樣設定**，勾選此項，可套用在**檢視**功能表的**校樣設定**設定的校正顏色。

儲存檔案的偏好設定

在 Photoshop 作業時，若能先設定與儲存有關的偏好設定，後續的作業將會輕鬆一些。從編輯功能表（Mac 是 **Photoshop** 選單）的偏好設定點選檔案處理後，將開啟偏好設定視窗（參考 16-2 頁）。

▶ 檔案儲存選項

從下拉式選單選擇後，設定影像預視與副檔名的儲存選項。

▶ 檔案相容性

Camera Raw 偏好設定、EXIF 描述檔標記、最大化 PSD 與 PSB 相容性的選項都可在此設定。

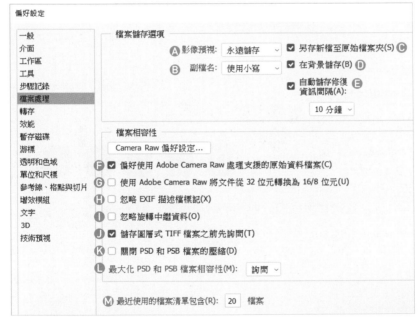

Ⓐ
永不儲存 ── 不儲存影像預視
永遠儲存 ── 隨時儲存影像預設
儲存時詢問 ── 在儲存檔案視窗顯示縮圖選項，讓使用者可以勾選

Ⓑ
使用小寫 ── 使用小寫的副檔名
使用大寫 ── 使用大寫的副檔名

Ⓒ 執行另存新檔命令時，若勾選了這個選項，就會在與原始檔案的資料夾相同時，開啟儲存視窗

Ⓓ 儲存時，可另外執行其它作業

Ⓔ 自動儲存還原檔案的資訊。不會對原始檔案造成影響

Ⓕ 開啟支援的 Raw 檔案時，不使用其他軟體，直接以 Adobe Camera Raw 開啟

Ⓖ 從 Camera Raw 檔案開啟時，或是從 32 位元轉換成 16 位元、8 位元時，使用 Adobe Camera Raw 的 HDR 色調轉換

Ⓗ 勾選後，將忽略 EXIF 描述檔標記

Ⓘ 開啟檔案時，是否忽略旋轉中繼資料

Ⓙ 以具有圖層的 TIFF 格式存時，顯示檔案過大的警告視窗

Ⓚ 未壓縮的 PSD 或 PSB 檔案會因為檔案過大而耗費較多時間儲存。此選項的預設值為取消，可壓縮儲存上述兩種檔案，所以檔案容量也不會太大

Ⓛ

只於 Photoshop 開啟檔案時，可縮小檔案大小
以 PSD 格式的相容性為優先，連同文件的圖層一併儲存為整合圖片
開啟是否以相容性為優先的視窗

Ⓜ 設定檔案功能表的最近使用的檔案裡的檔案個數

CHAPTER

2

—

視窗與面板的
操作

本章要介紹在視窗內放大及捲動影像與設定參考線、
顯示資訊的方法。若能連同快速鍵一併記住，就能快
速完成 Photoshop 的操作。

2-1
調整影像的顯示大小

使用頻率 ★★★	在視窗中顯示的影像可放大細部區域以便後製,也可綜覽整體影像,你可視需求隨時調整顯示比例再進行編輯。接下來就介紹在 Photoshop 中常用的縮放方法。

使用「縮放顯示工具 🔍」

選擇工具面板的**縮放顯示工具**🔍(Z鍵),畫面上會顯示 ⊕ 圖示,在影像上按一下就可以放大一級。按住 Alt 鍵(Mac 則按住 option 鍵)不放,會轉換成**縮小顯示** ⊖,此時點選影像可縮小一級。

❶ 點選放大範圍的中心點

25%

❷ 放大一級了

33.33%

POINT

啟用偏好設定→一般(CC 2017 之後,則是工具)的將點擊處縮放至中央,點擊的部分會成為視窗的中心點再縮放(預設無勾選此項)。

若想以拖曳的方式縮放影像,可在影像上往右拖曳,此時影像將會放大,若是往左拖曳,影像則會縮小(拖曳縮放:請啟用**偏好設定**的**效能的使用圖形處理器**)。

取消勾選**選項列**的**拖曳縮放**選項,在要放大的範圍拖曳**縮放顯示工具**🔍,拖曳的範圍就會填滿視窗(如下圖)。

POINT

在縮放顯示工具的選項列中勾選拖曳縮放項目後,在影像中向右拖曳時會放大,反之向左拖曳則會縮小影像。

❶ 拖曳要放大的範圍

❷ 放大顯示拖曳選取的部份

POINT

啟用偏好設定→一般(CC 2017 之後,則是工具)的使用捲動滾輪縮放顯示選項,就能利用滑鼠滾輪縮放影像。若是支援觸控面板的螢幕,則可利用手指的縮放操作縮放影像。

▶ 「縮放顯示工具」的「選項列」

縮放顯示工具的選項列具有控制縮放的勾選方塊與按鈕，可在此設定縮放的方法。

勾選此項，按住縮放
顯示工具可連續縮放

勾選此項，文件視窗會跟著影像
一起縮放（適合浮動視窗）

同步縮放目前開啟
的所有文件視窗

使用縮放命令

視窗功能表的**排列順序**與**檢視**功能表都有許多縮放影像的命令。讓我們一起記住快速鍵吧！

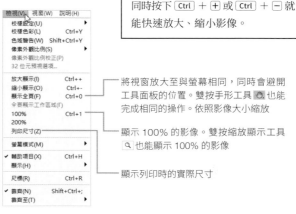

> **TIPS　快速縮放技巧**
>
> 同時按下 Ctrl + + 或 Ctrl + - 就能快速放大、縮小影像。

將視窗放大至與螢幕相同，同時會避開工具面板的位置。雙按手形工具 🖐 也能完成相同的操作。依照影像大小縮放

顯示 100% 的影像。雙按縮放顯示工具 🔍 也能顯示 100% 的影像

顯示列印時的實際尺寸

▶ 使用「導覽器」面板

導覽器面板可指定縮放比例與影像的顯示範圍。

按下 Home 鍵，顯示範圍會移動至左上角
按下 End 鍵，顯示範圍會移動至右下角

在預視縮圖裡按住 Ctrl 鍵再拖曳滑鼠，可將拖曳的範圍設為顯示範圍

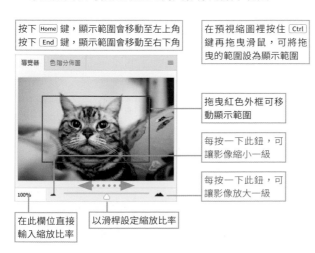

拖曳紅色外框可移動顯示範圍

每按一下此鈕，可讓影像縮小一級

每按一下此鈕，可讓影像放大一級

在此欄位直接輸入縮放比率

以滑桿設定縮放比率

> **TIPS　使用縮放比例方塊**
>
> 雙按視窗左下角的縮放比例方塊，可選取數值，輸入數值後（0.xx%～3200%），再按下 Enter 鍵，即可以指定的倍率顯示影像。
>
>
>
> 在縮放比例方塊輸入倍率

2-2
捲動畫面

使用頻率
★ ★ ★

放大後的影像無法完整顯示在視窗中，必須捲動畫面才能看到未顯示的部分。要捲動影像可使用捲軸、手形工具或導覽器面板。

利用「手形工具」捲動影像

當影像放大超出視窗範圍，就必須透過捲動的方式顯示隱藏部分。要捲動影像時，可拖曳視窗的捲軸滑桿，或是點按兩側的捲動箭頭。此外，點選工具面板的手形工具 🖐（半形的 H 鍵），即可往要顯示的方向拖曳。

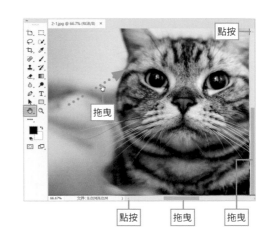

點按

拖曳

點按 拖曳 拖曳

> **TIPS** 「過度捲動」功能
>
> 在**偏好設定**的**工具**啟用**過度捲動**項目，就可在影像縮小時，這種無法捲動的狀況下捲動圖片（CC 2014.2 之後的功能）。

> **TIPS** 捲動的快速鍵
>
> 除了輸入文字以外，點選**工具**面板的工具，按下 Space 鍵即會顯示**手形工具** 🖐，此時即可拖曳捲動畫面。按下 Page Up、Page Down 鍵可上下捲動一個畫面。
>
> 按下 Ctrl + Page Up、Page Down 可左右捲動一個畫面。

利用「導覽器」面板捲動畫面

此外，拖曳**導覽器**面板的預視紅框內部，也能捲動畫面。

拖曳

2-3
切換成全螢幕模式

使用頻率	若螢幕不夠寬,可隱藏工具面板或其他面板,讓影像切換成全螢幕顯示。若記住快速鍵,日後就能方便做切換。
★ ★ ☆	

▍切換成「全螢幕模式」

工具面板最底下的**變更螢幕模式**選單,可切換視窗的顯示方式。在**全螢幕模式**下也可以使用**手形工具** 🖐 與**旋轉檢視工具** 🖊 。

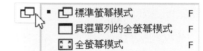

標準螢幕模式

具選單列的全螢幕模式

全螢幕模式

在「全螢幕模式」按下 Esc 或 F 鍵,可切換成標準螢幕模式。將滑鼠指標移到視窗的兩側,就會顯示面板。

TIPS **切換「全螢幕模式」的快速鍵**

在英文輸入模式下,每按一下 F 鍵,可循環切換「全螢幕模式」。

TIPS **使用「旋轉檢視工具」**

使用**手形工具** 🖐 底下的子工具**旋轉檢視工具** 🖊 ,即可在希望旋轉畫布,確認圖片內容時,在完全不影響畫質的情況下,旋轉、填色、描圖與修正圖片。
紅色的指針是指向影像的北方。
要還原影像原本的角度,請按下**選項列**的**重設檢視**鈕。

輸入數值來指定角度

按此鈕,影像將還原為原本的角度

② 拖曳指針

① 按下此鈕

2-4
「尺標」與「參考線」的設定

使用頻率 ★ ★ ★	想要正確操作，就不能不使用**尺標**與**參考線**功能。對於精準的設計，切片與使用路徑繪圖都需要用到這兩項功能。參考線可以固定位置，也可以暫時隱藏。

顯示「尺標」工具與變更原點位置

1 顯示「尺標」

從檢視功能表點選**尺標**（ Ctrl + R ），視窗的上緣與左側就會顯示尺標。

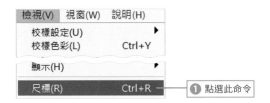

① 點選此命令

2 變更原點

將尺標刻度左上角的四方形部分拖曳到新的原點位置。

② 顯示尺標

③ 拖曳原點的位置

設定「尺標」的單位

尺標的單位可從編輯功能表**偏好設定**的**單位和尺標**或資訊面板的面板功能表中選擇**面板選項**，再於**滑鼠座標**區做變更。除了**像素**之外，也可依照**影像解析度**設定的解析度顯示。

選擇尺標的單位

選擇尺標的單位

從尺標設定參考線

參考線是不會被列印出來的輔助線。從尺標的刻度拖曳至影像，即可新增參考線。

1 從「尺標」的刻度拖曳

將滑鼠指標移到尺標的刻度上，按住滑鼠左鍵往下拖曳至影像。

POINT

拖曳時，按下 Alt 鍵可讓參考切換成垂直或水平的方向。

1 從尺標的刻度往下拖曳

2 顯示參考線

將滑鼠指標移到要顯示參考線的位置，就能新增參考線。

POINT

在拖曳的過程中按下 Shift 鍵，可讓參考線對齊尺標的刻度。

2 顯示參考線了

3 調整參考線的位置

點選移動工具 ⊕ 或是在影像上按住 Ctrl 鍵，當滑鼠指標變成 ▶⊕ 狀態，再移動到參考線附近，等到滑鼠指標變成 ╪ 狀態，即可拖曳參考線的位置。

3 以移動工具拖曳參考線的位置

TIPS 設定參考線的顏色與線條

參考線的顏色與線條可於**編輯**功能表的**偏好設定**（ Ctrl ＋ K ）的**參考線、格點與切片**設定。線條的顏色可於**顏色**設定，**樣式**則可設定線條的種類。

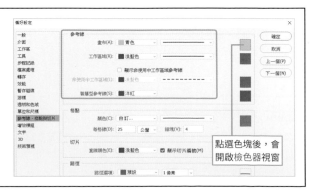

點選色塊後，會開啟檢色器視窗

利用數值指定參考線的位置

檢視功能表的新增參考線命令,可在視窗
中以數值指定參考線的位置。

Photoshop CC 2014 之後,選擇檢視功能
表裡的新增參考線配置,即可在視窗中指定
列、欄、間隔、邊界,配置規則性的多條參
考線。也可將這些設定儲存為預設集,以便
日後使用。

靠齊與鎖定參考線

檢視功能表的靠齊(Shift + Ctrl + ;)可讓筆刷工
具 ✏ 或筆型工具 ✐ 以及移動選取範圍時,對齊參考
線,即使筆型工具的位置有一點誤差,也能勾選參考線
或格點這類靠齊位置,讓繪製的圖案與物件貼齊。

鎖定參考線(Alt + Ctrl + ;)可讓參考線固定位
置。不管是上述哪個命令,只要從功能表中再次點選就
能解除。

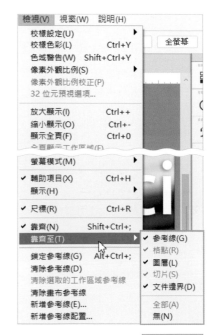

指定靠齊位置

> **TIPS** **刪除參考線的方法**
>
> 想完全清除參考線時,請執行**檢視**功能表下的**清除參考線**
> 命令。若執行**檢視**功能表**顯示**命令的**參考線**(Ctrl + ;),
> 只會隱藏/顯示參考線,而不會清除。

2-5
智慧型參考線

使用頻率	智慧型參考線可自動在形狀、路徑、選取範圍顯示作為基準的參考線。如此一來，就能輕鬆測量物件之間的距離，也能輕鬆對齊邊緣或中央的位置。

CHAPTER 2　視窗與面板的操作

顯示「智慧型參考線」

在進行物件（圖形）的移動與複製時會顯示智慧型參考線，也會顯示測量參考線、物件中央線與畫布中央線。選取圖層物件後，按住 Ctrl 鍵再移到非選取圖層的物件上，就能顯示與選取圖層之間的距離。將滑鼠指標移到物件外側再按下 Ctrl 鍵，即可顯示物件與畫布之間的距離。按住 Alt 鍵複製物件時，也會顯示與原始物件之間的距離。

將滑鼠指標移到物件上時

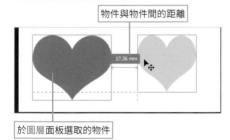

物件與物件間的距離

於圖層面板選取的物件

將滑鼠游標移動到圖層之外的情況

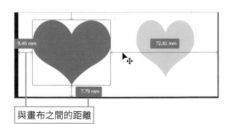

與畫布之間的距離

按住 Alt 鍵拖曳時，會顯示與原物件間的距離

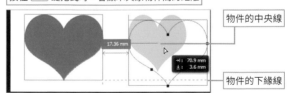

物件的中央線

物件的下緣線

▶ 智慧型參考線的顏色

智慧型參考線的顏色可於偏好設定視窗的參考線、格點與切片的智慧型參考線的下拉選單做選擇。

POINT

在物件移動或變形時顯示的測量參考線的顯示位置可於偏好設定的工具的顯示變形值下拉選單做設定（CC 2017之後的版本）。

2-6
格點的顯示與設定

使用頻率	格點是以格狀顯示的輔助線,可以準確地查看影像構圖,也能用來排列
★ ★ ☆	的影像位置,以印刷或其他格式儲存時,不會對影像造成任何影響。

顯示格點

1 選擇「格點」命令

要在影像上顯示**格點**,可執行**檢視**功能表的顯示→**格點**(Ctrl + ')命令。

2 顯示格點

執行上述的命令後,即可顯示格點。再次執行**檢視**功能表的顯示→**格點**可顯示或隱藏格點。

POINT

啟用檢視功能表的靠齊至→格點,在使用筆刷工具 、筆型工具 的操作或移動選取範圍時,會像磁鐵般與格點的線條靠齊。

顯示格點

TIPS 設定格點的顏色與間隔

格點的顏色、間隔或線條的種類可在**編輯**功能表的**偏好設定**的**參考線、格點與切片**設定。點選**偏好設定**視窗的顏色方塊將開啟**檢色器**,從中即可設定參考線或格線的顏色。

2-7
利用「尺標工具」測量

使用頻率

★ ☆ ☆

拖曳尺標工具 ▬ 可在畫面上新增不會列印的直線。只要選取了尺標工具 ▬，這條直線就會隨時於畫面顯示。直線在畫面上的位置、長度與角度會顯示在資訊面板中，而且可隨時移動、調整長度與角度。

使用「尺標工具」測量

1 拖曳要測量的距離

以尺標工具 ▬（滴管工具的子工具）在要測量距離或角度的位置拖曳。

> **TIPS** 「度量記錄」面板
>
> 測量選取範圍、尺標工具的範圍、面積、外周，再加以記錄，就是**度量記錄**面板的功能。

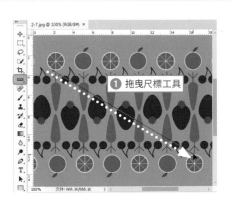

❶ 拖曳尺標工具

2 顯示資訊

資訊面板將顯示直線的角度、長度或寬度這類資訊。

❷ 顯示測量資訊

- A：角度
- L：長度
- X 軸的起點值
- Y 軸的起點值
- W：寬度
- H：高度

▶ 繪製兩條直線再加以測量

繪製第一條測量線之後，在線條的端點按住 Alt 鍵，就能從端點繪製另一條測量線。若繪製了兩條測量線，資訊面板將顯示 L1、L2 這兩條測量線的距離以及角度。

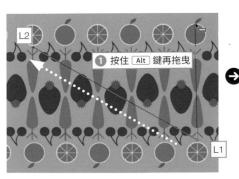

❶ 按住 Alt 鍵再拖曳

- L1 與 L2 的角度
- L1 的長度
- L2 的長度

2-8
在「資訊」面板顯示測量資訊

使用頻率	資訊面板（F8 鍵）能以數值格式顯示滴管工具 ✐、顏色取樣器工具 ✐、尺標工具 ▭ 測得的資訊、滑鼠座標、拖曳變形的距離與角度。使用顏色取樣器工具 ✐ 時，可於資訊面板顯示四個位置的顏色資訊。
★ ★ ☆	

「資訊」面板的結構

資訊面板可從視窗功能表點選資訊（F8 鍵）開啟。面板會顯示滴管資訊、滑鼠位置、選取範圍大小、顏色取樣資訊、檔案容量大小……等資訊。

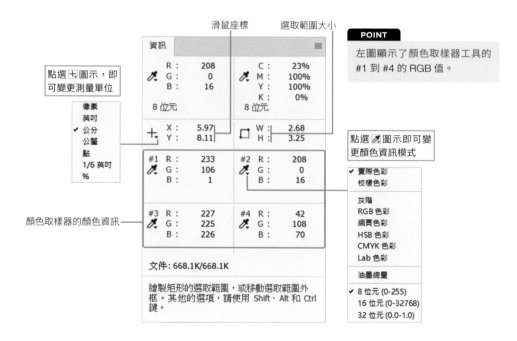

滑鼠座標　選取範圍大小

點選 ⊞ 圖示，即可變更測量單位

顏色取樣器的顏色資訊

點選 ✐ 圖示即可變更顏色資訊模式

POINT
左圖顯示了顏色取樣器工具的 #1 到 #4 的 RGB 值。

從面板功能表點選**面板選項**，可開啟資訊面板選項視窗，從中可指定第一個顏色、第二個顏色以及滑鼠座標的單位。

❶ 點選這裡　❷ 選取這裡

❸ 可於此處設定

2-9
利用「計算工具」放置測量標記

使用頻率
★ ☆ ☆

Photoshop 可利用計算工具 123 在影像上放置計數的標記。

利用「計算工具」放置計數標記

使用計算工具 123 只要點按一下影像，就會建立一個新標記。標記可以建立為群組，每個群組都可設定是否顯示或隱藏，也可以設定顏色或標記、標籤的大小。

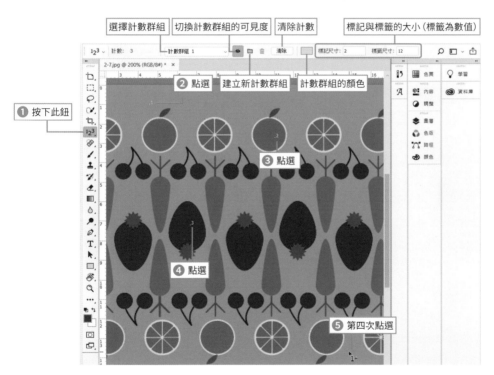

TIPS　活用「顏色取樣器工具」與「資訊」面板

資訊面板能顯示以**顏色取樣器工具** 取樣的四個像素資訊。以**顏色取樣器工具** 點選畫面之後，就會顯示取樣標記。該標記可拖曳移動，按住 Alt 鍵（Mac 為 option 鍵）再點選就能刪除標記。在調整**色階**之前或之後的取樣位置會以斜線做區隔。

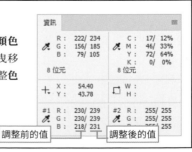

調整前的值　　調整後的值

2-10
校樣設定與顏色的校正

使用頻率	檢視功能表的校樣設定命令可模擬 CMYK 顏色、Macintosh、Windows 這類依照螢幕顏色的 RGB 顏色。
★ ☆ ☆	

▌以「校樣設定」顯示

在檢視功能表點選校樣色彩，就會在螢幕上模擬 CMYK 四色印刷的顏色（不過與實際的印刷色還是有出入）。此時 RGB 與 CMYK 會各自參考於顏色設定（參考 16-12 頁）所設定的裝置描述檔。

確認 CMYK 模式

確認使用中的洋紅色版

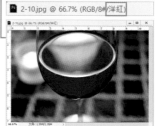

選擇校樣設定　　　使用特定輸出裝置的顏色描述檔　　　使用顏色設定視窗定義的 CMYK 色域

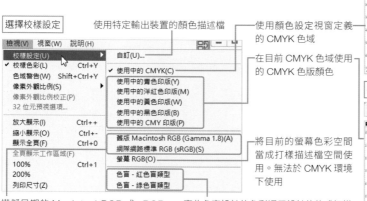

在目前 CMYK 色域使用的 CMYK 色版顏色

將目前的螢幕色彩空間當成打樣描述檔空間使用。無法於 CMYK 環境下使用

模擬早期的 MacintoshRGB 或 sRGB 的標準螢幕。無法於 CMYK 模式下使用　　　專為色盲設計的色彩通用設計的軟式打樣

▶ 自訂校樣條件

校樣設定的自訂可建立校樣顏色時的自訂預設集。在這個視窗可選擇輸出裝置的色彩描述檔，也可選擇預覽顏色時的轉換方式，也就是渲染色彩比對方式。

CHAPTER

3

—

影像檔案的
必備知識

調整照片大小、裁切照片的範圍、……等,都是常用
的操作。本章除了說明上述的操作外,還將教您將照
片從 RGB 模式轉換成其他模式的方法。

		CS6	CC	CC14	CC15	CC17	CC18	CC19

3-1
調整影像的解析度與尺寸

使用頻率 ★★☆ | 影像的解析度與尺寸可利用影像尺寸功能自由變更。如果拍攝的照片尺寸太大，也可以在重新取樣後縮小。

調整影像的尺寸

要將智慧型手機、數位相機、掃描器載入的影像上傳至社群網站、以電子郵件傳送、或是當成網頁影像使用，若影像尺寸太大，可以用 Photoshop 調整影像的解析度、寬度、高度後，再儲存成需要的格式。

▶ 縮減像素尺寸

舉例來說，用數位相機拍攝了一張 2048×1536 像素的照片。以 2048×1536 的像素而言，將照片配置在已編排完成的網站或是當成電子郵件的附件來傳送，有可能尺寸太大，這時得先縮小像素尺寸再進行後續的應用。

① 點選「影像尺寸」功能

從影像功能表點選影像尺寸（ Alt ＋ Ctrl ＋ I ）命令。

以 2048 像素為例

② 輸入寬度

開啟影像尺寸視窗後，在寬度欄輸入 400（像素），再勾選重新取樣，然後按下確定鈕。
只要按下強制長寬等比例鎖頭 ⑧，高度會自動隨著寬度調整。
在重新取樣下拉列示窗中，可選擇取樣的方法（參考 16-3 頁）。

強制長寬等比例　② 輸入寬度

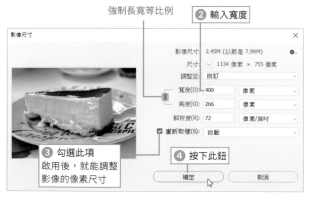

③ 勾選此項　啟用後，就能調整影像的像素尺寸

④ 按下此鈕

③ 影像尺寸縮小了

此時影像的像素就會縮小。像素縮小後，就能依照用途儲存為 JPEG 或 PNG 格式。

← 400 像素 →

重新取樣為寬度 400 像素的影像

影像的解析度

網頁影像的解析度通常為 72dpi，因為這是電腦螢幕的像素解析度。不過，若要製作高品質的印刷品，72dpi 的解析度就不足。讓我們比較一下影像尺寸相同，但解析度分別為 72dpi 與 300dpi 時的檔案大小吧！下圖是寬度皆為 58mm 的檔案大小。

300dpi／58×38.6mm
檔案大小：915K

72dpi／58×38.6mm
檔案大小：52.4K

▶「影像解析度」是什麼？

影像解析度是指 1 英吋（或 cm）內有多少像素的意思，通常以 ppi（pixel/inch）這個單位表示。72dpi 的影像代表 1 英吋的寬與高有 72 個像素，換言之，就是 1 英吋平方內有 72× 寬 72=5184 個像素。

340dpi 的影像則是在 1 英吋內塞了更多的像素，所以才能應付商業印刷品所需的精密影像。

另一方面，文件大小（寬、高）則是指輸出時的影像大小。你可以想成在列印或在 InDesign 這類 DTP 軟體排版時的實際尺寸。

若是影像版面相同，但解析度不同，其檔案大小與輸出的尺寸也會不同。

TIPS　像素外觀比例

檢視功能表的**像素外觀比例**的子功能表，除了正方形之外，還有能模擬 NTSC、PAL、HDV 這類螢幕影像所對應的長方形像素。

自訂像素外觀比例(C)...
刪除像素外觀比例(D)...
重設像素外觀比例(R)...

✓ 正方形
D1/DV NTSC (0.91)
D1/DV PAL (1.09)
D1/DV NTSC 寬銀幕 (1.21)
HDV 1080/DVCPRO HD 720 (1.33)
D1/DV PAL 寬銀幕 (1.46)
橫向比例壓縮 2:1 (2)
DVCPRO HD 1080 (1.5)

「影像尺寸」視窗的設定項目

影像尺寸視窗可設定影像的像素數量、尺寸與解析度。設定時，一定要了解是否需要調整單位與重新取樣的方法。

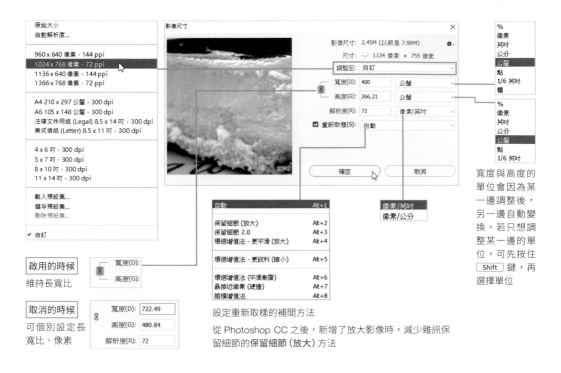

啟用的時候
維持長寬比

取消的時候
可個別設定長寬比、像素

設定重新取樣的補間方法

從 Photoshop CC 之後，新增了放大影像時，減少雜訊保留細節的保留細節（放大）方法

寬度與高度的單位會因為某一邊調整後，另一邊自動變換。若只想調整某一邊的單位，可先按住 Shift 鍵，再選擇單位

TIPS　平滑放大影像

Photoshop 採用了增加影像像素大小，也不會使畫質劣化的運算法。在**重新取樣**列示窗中選用**保留細節（放大）**方法，就能在影像放大時，保留一定程度的細節。選擇此項目後，可利用**減少雜訊**滑桿降低放大時的雜訊。

▶「自動解析度」設定

影像尺寸視窗中的**調整至**列示窗內建了許多尺寸。展開列示窗後，點選**自動解析度**，將會開啟**自動解析度**視窗，可設定輸出裝置的網屏數，藉此設定解析度。

草稿是與網屏相同的解析度，佳則是網屏的 1.5 倍解析度，最佳則是網屏的 2 倍解析度

TIPS　何謂「網屏」？

網屏原本是印刷品網點細膩度的單位。單位為（line/inch），指的是 1 英吋內有幾條線的意思。

		CS6	CC	CC14	CC15	CC17	CC18	CC19

3-2
調整「版面尺寸」

使用頻率	上一節調整了影像的尺寸與解析度，但是想要保有影像的解析度，又想放大版面（影像的範圍）時，可利用影像功能表的**版面尺寸**命令。
★ ★ ★	

▌調整「版面尺寸」

版面尺寸指的是以數值指定影像版面的寬度與高度，縮放影像範圍的操作。這個操作不會改變解析度，也可以從錨點位置指定縮放的方向。

① 選擇「版面尺寸」命令

從影像功能表點選**版面尺寸**（ Alt ＋ Ctrl ＋ C ）。

② 指定尺寸

開啟**版面尺寸**視窗後，可指定需要的版面尺寸。擴張後的部分，其背景色可在**版面延伸色彩**做設定。

POINT

要變更為網站需要的像素大小時，可從單位的選擇像素。

③ 版面尺寸放大了

設定完成後，版面尺寸就放大了。由於影像的大小沒變，多出來的空白也以**版面延伸色彩**填滿。

CHAPTER 3　影像檔案的必備知識

Photoshop　3-5

▶ 錨點的指定

錨點的九個按鈕，可指定版面縮放的方向。

▶「版面尺寸」視窗的內容

版面尺寸視窗的各項設定如下。

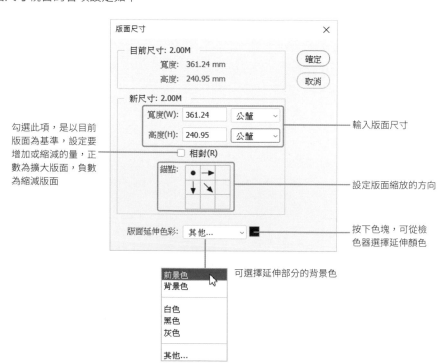

勾選此項，是以目前版面為基準，設定要增加或縮減的量，正數為擴大版面，負數為縮減版面

輸入版面尺寸

設定版面縮放的方向

按下色塊，可從檢色器選擇延伸顏色

可選擇延伸部分的背景色

			CS6	CC	CC14	CC15	CC17	CC18	CC19

3-3
色彩模式

使用頻率 ★ ★ ★	在 Photoshop 中，可以依印刷或螢幕顯示的用途，來選擇不同的色彩模式。

▌可於建立新影像時指定色彩模式

新增影像時，共有五種色彩模式可以選擇，請依照影像的用途選擇適當的色彩模式。

POINT

新增文件視窗中，網頁、行動裝置這兩種預設集只能使用 RGB 色彩，而其他的預設集中，原本的黑白也更名為點陣圖。

▶ 點陣圖（黑白兩色）

灰階的影像可從影像 / 模式選擇點陣圖，轉換成只有黑白兩色的影像。此時無法新增圖層或色版。

將彩色影像貼入點陣圖色彩模式的視窗後，會自動轉換成具有混色效果的影像。

先轉換成灰階影像

50% 臨界值	圖樣混色	擴散混色

▶ 灰階

每 1 個像素具有 8 位元（2^8=256 色）的資訊，顏色則以 0～255 這 256 階的灰色對應顯示。

▶ RGB 色彩

以光的三原色（紅、綠、藍）為基底，再以加色法的方式呈現的色彩模式，可於數位相機、螢幕或視訊使用。

Photoshop 是以 RGB 這三個色版來表現 RGB 色彩。每個色版佔 8 位元的 RGB 影像，有時也稱為 24 位元影像，8 位元 ×3 個色版 =24 位元（2^{24} 約 1670 萬色）。

此外，RGB 還分成 sRGB、Adobe RGB、Apple RGB 這些種類，每一種都擁有特別的色域。

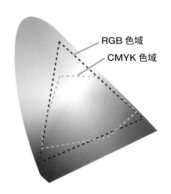

RGB 色域
CMYK 色域

▶ CMYK 色彩

CMYK 色彩是以 C（青色）、M（洋紅）、Y（黃色）、K（黑色）這四種油墨顏色表現的色彩，屬於減色法的色彩模式，與彩色印刷時使用的各色版對應。從數位相機載入的 RGB 影像轉換成 CMYK 色彩模式之後，在 CMYK 無法顯示的顏色會轉換成相近色，感覺上會比 RGB 的影像更為暗沉。

● RGB 模型

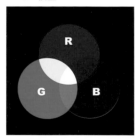

● CMY 模型

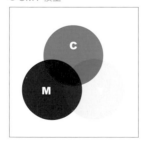

分成 4 個色版

K（黑色）版

C（青色）版

M（洋紅）版

Y（黃色）版

▶ Lab 色彩

Lab 色彩是根據 1931 年 Commission Internationale d'Eclairege（CIE）這個國際機構制定的色彩座標所建立的色彩模型。主要由亮度、明度元素（L）、綠色到紅色的元素（a）與藍色到黃色的元素（b）這三個軸制定顏色。

Lab 色彩具有比螢幕、印表機、人類視覺更為寬廣的色域，可於影像需要跨系統使用時設定，也可在以 PostScript Level 2 以上的印表機輸出時使用。

索引色

索引色是以 8 位元（256 色）單一色版所組成，並以最多 256 色的色彩表（色盤）表現顏色，而色盤可於下拉列示窗中選擇或編輯。索引色主要用於製作網頁 GIF、PNG-8 影像時使用。

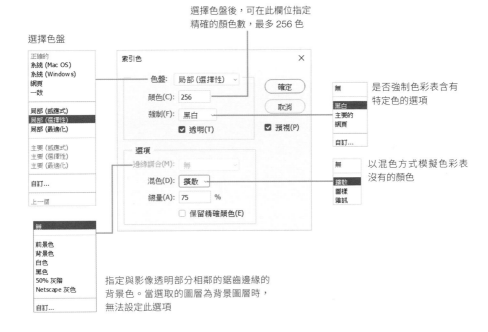

選擇色盤後，可在此欄位指定
精確的顏色數，最多 256 色

選擇色盤

是否強制色彩表含有
特定色的選項

以混色方式模擬色彩表
沒有的顏色

指定與影像透明部分相鄰的鋸齒邊緣的
背景色。當選取的圖層為背景圖層時，
無法設定此選項

TIPS 「多重色版」模式

擁有多個色版的影像都可轉換成**多重色版**模式。多重色版會讓各色版轉換成 256 階的灰階影像。多重色版模式無法列印合成的顏色，而這種模式的影像可儲存為 Photoshop DCS 2.0 格式。

此外，RGB、CMYK、Lab 色彩的影像若刪除 1 個色版，就會轉換成多重色版影像。

若想確認雙色調影像的顏色分解狀況或是想利用 Scitex CT 列印雙色調影像，就可轉換成**多重色版**模式。

3-4
轉換成 CMYK 模式

使用頻率
★ ★ ☆

CMYK 模式是表現印刷品的 4 色模式。由於數位相機拍攝的影像或螢幕擷圖都是 RGB 模式,所以要印刷時,必須先轉換成 CMYK 模式。

從 RGB 模式轉換成 CMYK 模式

掃描的影像或數位相機拍攝的影像都是 RGB 格式,而要以商用印刷分版輸出這類影像,就必須先轉換為 CMYK 模式。

從影像功能表的**模式**點選 **CMYK 色彩**,影像將轉換成 CMYK 模式,**色版**面板也將顯示 CMYK 這四個色版。

從 RGB 轉換成 CMYK 之後,RGB 的像素值會依照 Photoshop 定義的轉換表轉換成 CMYK 值 (詳情請參考 16-14 頁**自訂 CMYK** 的說明)。RGB 色域比 CMYK 色域寬廣,所以能於 RGB 模式顯示的顏色不一定能於 CMYK 模式下顯示。

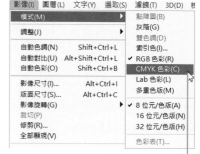

點選此命令,轉換成 CMYK 色彩

POINT

於檢視功能表的校樣設定點選使用中的 CMYK 之後,再點選檢視功能表的校樣色彩,即可直接在螢幕上確認影像轉換成 CMYK 之後的狀態。

POINT

要將特定資料夾裡的所有檔案轉換成 CMYK 模式,可從檔案功能表的自動選擇批次處理,接著指定資料夾,再設定轉換成 CMYK 的動作 (參考 12-9 頁)。

TIPS 轉換成 Lab 色彩模式

Lab 色彩模式是由明度 (L)、綠 - 紅 (a)、藍 - 黃 (b) 的軸空間組成的色彩模式。Lab 色彩模式擁有最寬廣的色域,想從 RGB 轉換成 CMYK 或是反向轉換時,都是先於 Photoshop 內部轉換成 Lab 模式再轉換,換言之,從 RGB 或 CMYK 轉換成 Lab 的過程,不會產生顏色劣化的問題。

3-5
製作「雙色調」影像

使用頻率	黑白照片若是在黑色（K 版）之外，再加入 1 種顏色，以雙色調列印時，作品就會顯得更有深度。雙色調除了可指定 2 個版的油墨，還可指定為 4 個版油墨。
★ ☆ ☆	

▌轉換成「雙色調」

灰階影像是以 256 階灰色表現，雙色調則是另外加入 3 種特別色色版，所以顏色範圍更寬廣。

① 選擇「雙色調」

若使用的是彩色影像，請先轉換成灰階色彩模式。再從影像功能表的模式點選雙色調。開啟雙色調選項視窗後，在類型選擇雙色調。

② 選擇顏色

點選油墨 2 的顏色方塊，從檢色器視窗按下色彩庫，選擇顏色（這次使用的是 DIC 顏色參考）。

POINT

在偏好設定／一般／檢色器選擇 Adobe 後，即可在 Adobe 格式的顏色設定視窗點選色彩庫，從中選擇 DIC 或 PANTONE 這類印刷用的特別色。

③ 以雙色調曲線調整

點選雙色調選項視窗的顏色色塊的左側方塊，就能開啟雙色調曲線視窗。可視需求在這個視窗微調顏色。

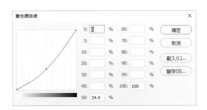

④ 套用雙色調

完成所有設定後，按下確定鈕，即可套用雙色調。

3-6
8 位元／ 16 位元／ 32 位元色版

使用頻率	雖然 Photoshop 通常是以 8 位元的方式表現顏色，但有時可在新增文件或進行影像處理時擴充為 16 位元，進行更精密的處理。
★ ★ ☆	

擴充為 16 位元／色版

灰階影像是 8 位元 1 個色版、RGB 影像則是 8 位元 3 個色版、CMYK 為 8 位元 4 色版。此外，Photoshop 基本上是以 8 位元輸出。理論上，每一個色版都可將顏色擴展至 16 位元或 32 位元。Photoshop 也可在處理影像時，將顏色擴展至 16 位元。

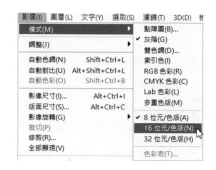

您可以將 1 色版 8 位元的灰階影像或 RGB 影像轉換成 1 色版 16 位元的影像。16 位元／色版的灰階影像屬於 16 位元的影像，16 位元／色版的 RGB 影像為 48 位元的影像。

16 位元／色版適合處理色調細膩的漸層色以及自然影像，可徹底減輕 8 位元／色版造成的斷階（Tone Jump）。

在 Photoshop 中，16 位元／色版可以執行大多數的色調校正、工具操作或其他影像的處理。若要儲存為 TIFF 或 EPS 格式，必須在 16 位元模式下處理影像後，再轉換為 8 位元影像。

TIPS　Raw 影像可以在 16 位元模式下處理與載入

RAW 影像在 **Camera Raw** 中開啟時，可選擇 **16 位元／色版**的模式。在此模式下處理 Camera Raw 影像，可進行更為細膩的影像處理。

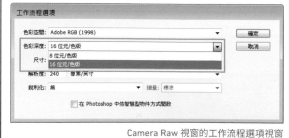

Camera Raw 視窗的工作流程選項視窗

TIPS　32 位元／色版

HDR 影像擁有超過 16 位元／色版的亮度資料，而在 Photoshop 可進行曝光值、對比的校正，將 32 位元／色版的 HDR 影像轉換成 8 位元或 16 位元／色版。此時可在 HDR 色調視窗調整亮度與對比。

CHAPTER 4

Adobe Bridge與
Camera Raw

購買 Creative Cloud 之後，可使用 Adobe Bridge
這套檔案管理軟體，統一管理 Photoshop 圖檔、
Illustrator 圖檔、PDF、HTML 或 InDesign 檔案。
此外，Photoshop 內建的 Camera Raw 可用來顯像
或調整數位相機感光元件所記錄的原始檔。在你使用
Photoshop 編修影像前，可先用 Camera Raw 產生
調正過的檔案。

4-1
啟動 Adobe Bridge 與認識操作環境

使用頻率

★ ★ ☆

Adobe Bridge 是 Adobe Creative Cloud 提供的檔案管理軟體，可預覽
Photoshop 的圖檔以及 InDesign、Illustrator、Dreamweaver 的檔案，
也具有搜尋、附加標籤、堆疊、篩選、關鍵字、……等管理功能。

從 Photoshop 啟動 Adobe Bridge

開啟 Photoshop 後，可用 Adobe Bridge 預覽影像檔，也可以開啟要編修的影像。

① 點選「在 Bridge 中瀏覽」

在 Photoshop 視窗的**檔案**功能表點
選在 **Bridge 中瀏覽**命令。

② 啟動 Adobe Bridge

啟動 Adobe Bridge 後，可在視窗左
上方的樹狀資料夾區域，點選想開啟
的資料夾或項目。右側則是資料夾、
項目內的縮圖或預覽。

POINT

Adobe Bridge 可開啟 Illustrator、
InDesign、HTML 這些非 Photoshop
的 Creative Cloud 應用程式製作的檔
案或其他格式的檔案。

③ 開啟檔案

在影像縮圖上雙按。

④ 開啟視窗

在 Photoshop 視窗開啟影像。

Adobe Bridge 的介面

Adobe Bridge 的操作介面如下。

依照分級來篩選項目

清除篩選器	Ctrl+Alt+A
只顯示已拒絕的項目	
只顯示未分級的項目	
顯示 1 星級以上	Ctrl+Alt+1
顯示 2 星級以上	Ctrl+Alt+2
顯示 3 星級以上	Ctrl+Alt+3
顯示 4 星級以上	Ctrl+Alt+4
顯示 5 星級	Ctrl+Alt+5
只顯示有標籤的項目	
只顯示無標籤的項目	

到父檔案夾或我的最愛

返回 Adobe Photoshop

依指定的條件
排序檔案

返回上一步／
繼續下一步

顯示最近使用的檔案

從相機取得相片

提升精確度

縮圖品質與建立預覽

開啟最近開啟的檔案

在 Camera Raw 中開啟

旋轉

建立新檔案夾　刪除

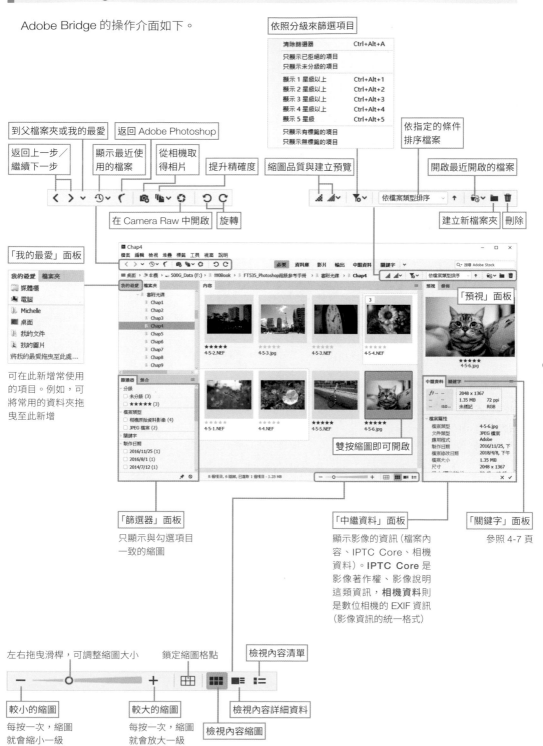

「我的最愛」面板

可在此新增常使用的項目。例如，可將常用的資料夾拖曳至此新增

「預視」面板

雙按縮圖即可開啟

「筛選器」面板

只顯示與勾選項目一致的縮圖

「中繼資料」面板

顯示影像的資訊（檔案內容、IPTC Core、相機資料）。**IPTC Core** 是影像著作權、影像說明這類資訊，**相機資料** 則是數位相機的 EXIF 資訊（影像資訊的統一格式）

「關鍵字」面板

參照 4-7 頁

左右拖曳滑桿，可調整縮圖大小

鎖定縮圖格點

檢視內容清單

較小的縮圖

每按一次，縮圖就會縮小一級

較大的縮圖

每按一次，縮圖就會放大一級

檢視內容縮圖

檢視內容詳細資料

4-2
顯示縮圖的方法

使用頻率
★ ★ ★

Adobe Bridge 視窗上方有一排工具按鈕，可方便快速點選各項常用功能，下方有資訊列，可顯示影像的相關訊息。至於影像的縮圖，你可視情況調整大小或切換顯示方法。

調整縮圖的大小與切換顯示模式

使用 Adobe Bridge 時，拖曳滑桿可自由整縮圖大小，點選滑桿左右兩側的按鈕，則可分段縮放縮圖。也可以從**視窗**功能表的**工作區**切換不同顯示模式。

往左拖曳可縮小縮圖

往右拖曳可放大縮圖

▶ 切換縮圖顯示模式

除了預設的顯示方式，還可從**工作區**的功能表或右下角的按鈕切換縮圖顯示方式。

檢視內容詳細資料

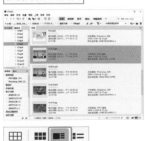

左側為縮圖，右側為檔案名稱、製作／修改日期、檔案大小、色彩描述檔這類資訊

檢視內容清單

偏好內嵌 (較快)
依需求設為高品質
✓ 永遠設為高品質
產生 100% 預視
✓ 顯示透明度格點

可從這個列示窗選擇預視的方法

以列表的方式顯示影像的製作日期、大小、種類與分級

排序與顯示方法

執行檢視功能表的**排序**命令或點選工具列的**依檔案類型排序**下拉列示窗，都可依照檔案名稱、製作日期、種類、檔案大小、解析度這些基準排列縮圖的順序。

此外，檢視功能表還有顯示**拒絕檔案、顯示檔案夾、顯示隱藏的檔案、顯示次檔案夾中的項目**這些命令，可依照檔案的屬性決定顯示或隱藏檔案。

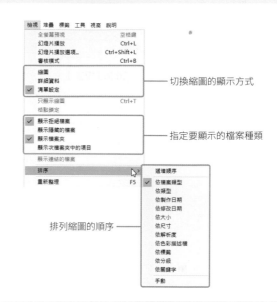

切換縮圖的顯示方式

指定要顯示的檔案種類

排列縮圖的順序

建立「集合」

將圖片拖曳至**集合**面板，即可新增「集合」。只要先建立「集合」，就能統一顯示多個磁碟或不同的資料夾的照片。

點選**集合**面板下方的 ![圖示]，即可新增空白的集合，此時可輸入集合的名稱。將照片縮圖拖曳到集合即可新增，也可以直接從 Windows 檔案夾拖曳新增。

② 可在此更改集合名稱

③ 拖曳選取的照片

① 按下此鈕，新增集合

TIPS 何謂「快取」？

Adobe Bridge 可將縮圖的顯示方式儲存在電腦的快取記憶體，以便快速顯示縮圖。

執行**工具 / 管理快取**命令，可以自行清除或轉存快取的內容。

4-3
標籤、關鍵字、堆疊的使用方法

使用頻率 ★★☆	利用 Adobe Bridge 管理的檔案，可利用**標籤**、**分級**歸類，或將類似的照片整理成堆疊。

分級與標籤

從數位相機或其他設備載入的大量照片，利用**分級**評定照片的星等排名後，可利用篩選的方式，挑選出想顯示的照片。若在照片上附加**標籤**，則可利用標籤的顏色排序。

① 分級

選取要設定分級與標籤的縮圖，再從**標籤**功能表點選分級與標籤顏色。此外，也可直接點選縮圖下方的灰色星星，設定★的數量。

拖曳

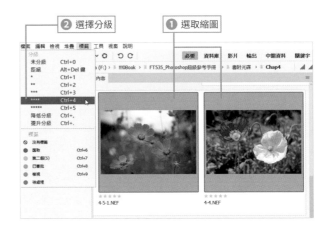

② 選擇分級　① 選取縮圖

這裡也可依照分級篩選縮圖

② 在「篩選器」頁次選擇分級

在**篩選器**頁次勾選要顯示的分級。

③ 只顯示於篩選勾選的縮圖

只顯示在**篩選器**頁次中，指定條件的縮圖。

③ 只顯示篩選器中勾選的條件

④ 點選後，會自動勾選要顯示的分級

加上關鍵字搜尋

在檔案加上關鍵字，即可利用關鍵字搜尋檔案。也可建立下一層的關鍵字。

1 新增關鍵字

在關鍵字面板按下新增關鍵字鈕。若想建立子關鍵字，可從面板功能表點選新增子關鍵字。

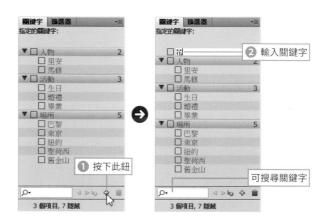

2 輸入關鍵字名稱

顯示空白欄位後，輸入想新增的關鍵字。在此輸入花。

3 替影像設定關鍵字

選取縮圖後，在關鍵字面板勾選關鍵字前的□。

4 執行「尋找」功能

從編輯功能表點選尋找。

5 設定尋找條件

在尋找視窗設定搜尋條件。在此設定的是在搜尋位置指定的資料夾裡，設定了關鍵字包含花的檔案。按下尋找鈕，即可在 Bridge 中顯示符合條件的檔案。

POINT

若要解除尋找，可按下內容面板右上角的取消鈕。

點選這裡解除尋找

▶ 於「篩選器」面板篩選

篩選器面板可利用分級、檔案類型、關鍵字以及其他條件篩選影像。重新點選即可解除篩選。

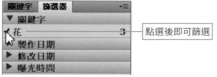

利用「堆疊」整理類似的影像

若是相同對象或風景類似的影像，可利用**堆疊**功能整理成單一縮圖。

① 選取影像

按住 Shift 或 Ctrl 鍵，選取多個想
整理成堆疊的縮圖。

① 選擇多個縮圖

② 以「堆疊」設定群組

從**堆疊**功能表點選**群組成堆疊**（ Ctrl
+ G ）。也可以在選取的影像上按下
滑鼠右鍵，再從快顯功能表的**堆疊**點
選**群組成堆疊**。

② 點選此命令

③ 整理成「堆疊」

剛剛選取的影像將整理成堆疊。預覽
圖的左上角會顯示堆疊的影像數量。

④ 解除「堆疊」

在堆疊的預覽圖按下滑鼠右鍵，再從
快顯功能表的**堆疊**選取**從堆疊取消群
組**，即可解除堆疊。

點選這裡可解除或建立成堆疊

③ 新增堆疊了

TIPS　**幻燈片播放與審核模式**

在**檢視**功能表點選**幻燈片播放**（ Ctrl + L ），就能以全螢
幕幻燈片模式播放影像。按下 H 鍵可一邊瀏覽按鍵說
明，一邊播放。
此外，在工具列的**提升精確度**按鈕的功能選單點選**審
核模式**（ Ctrl + B ），縮圖會以環狀的排列方式排滿整個
畫面，方便使用者切換預覽。

		CS6	CC	CC14	CC15	CC17	CC18	CC19

4-4
處理 Camera Raw 影像

使用頻率

目前單眼數位相機已經非常普及，而這些性能優異的數位相機可將感光元件捕捉的影像直接儲存為 Raw 格式檔案，而這些檔案可利用 Photoshop 的 CameraRaw 顯像。

開啟 Camera Raw 檔案

Camera Raw 檔案是數位相機的感光元件所捕捉的資料，由這些資料存成的檔案是完全未經影像處理器處理的。Photoshop 內建 Camera Raw 外掛程式，以便載入各相機機種的 Raw 檔案，只要使用**開啟舊檔**或從 Adobe Bridge 載入 Raw 檔案，就能在顯像（校正）後，在 Photoshop 顯示或儲存。**Camera Raw** 視窗的右側有許多頁次標籤，在**基本**頁次下，還有白平衡、曝光度、陰影、亮部、對比、鏡頭校正這些設定。

> **POINT**
>
> 執行濾鏡／Camera Raw 濾鏡命令，可在非 Camera Raw 檔案或特定圖層套用與 Camera Raw 相同的校正效果，而且還能套用在「智慧型物件」上。

> **POINT**
>
> Adobe Bridge 可一次開啟多個 Raw 檔案。視窗左側會顯示底片顯示窗格。

> **POINT**
>
> 在 Adobe Bridge 按住 Shift 鍵，再雙按 Raw 檔的縮圖，就會直接在 Photoshop 開啟影像，不會另外開啟 Camera Raw 視窗。

> **POINT**
>
> 在 Adobe Bridge 的編輯功能表點選 Camera Raw 偏好設定可開啟 Camera Raw 偏好設定視窗。

在各功能頁次進行校正

按下此鈕，即可在 Photoshop 開啟校正過的影像

點選這裡，可開啟工作流程選項視窗，設定色彩空間、色彩深度、影像大小與解析度

按下儲存影像鈕，會開啟儲存選項視窗。可在交談窗中輸入檔案名稱以及選擇儲存位置與儲存格式

CHAPTER 4　Adobe Bridge 與 Camera Raw

▶ 工具列的按鈕

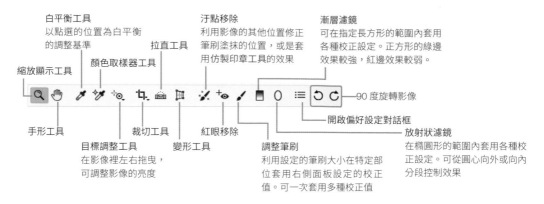

縮放顯示工具

白平衡工具
以點選的位置為白平衡的調整基準

顏色取樣器工具

拉直工具

汙點移除
利用影像的其他位置修正筆刷塗抹的位置,或是套用仿製印章工具的效果

漸層濾鏡
可在指定長方形的範圍內套用各種校正設定。正方形的綠邊效果較強,紅邊效果較弱。

90 度旋轉影像

手形工具

目標調整工具
在影像裡左右拖曳,可調整影像的亮度

裁切工具

變形工具

紅眼移除

調整筆刷
利用設定的筆刷大小在特定部位套用右側面板設定的校正值。可一次套用多種校正值

開啟偏好設定對話框

放射狀濾鏡
在橢圓形的範圍內套用各種校正設定。可從圓心向外或向內分段控制效果

Camera Raw 的設定項目

Camera Raw 視窗可使用左側的預覽以及右側的多個面板校正影像。

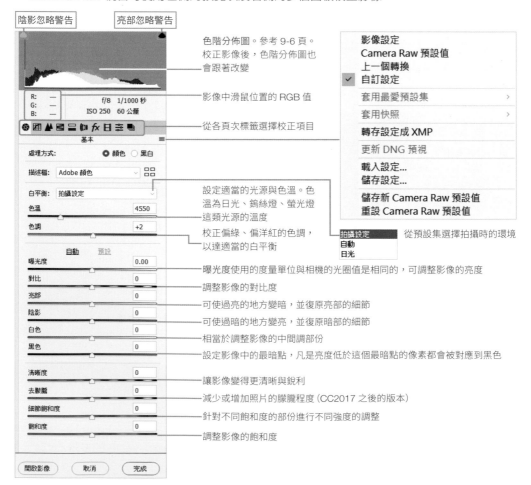

陰影忽略警告

亮部忽略警告

色階分佈圖。參考 9-6 頁。
校正影像後,色階分佈圖也會跟著改變

影像中滑鼠位置的 RGB 值

從各頁次標籤選擇校正項目

設定適當的光源與色溫。色溫為日光、鎢絲燈、螢光燈這類光源的溫度

校正偏綠、偏洋紅的色調,以達適當的白平衡

曝光度使用的度量單位與相機的光圈值是相同的,可調整影像的亮度

調整影像的對比度

可使過亮的地方變暗,並復原亮部的細節

可使過暗的地方變亮,並復原暗部的細節

相當於調整影像的中間調部份

設定影像中的最暗點,凡是亮度低於這個最暗點的像素都會被對應到黑色

讓影像變得更清晰與銳利

減少或增加照片的朦朧程度(CC2017 之後的版本)

針對不同飽和度的部份進行不同強度的調整

調整影像的飽和度

影像設定
Camera Raw 預設值
上一個轉換
✓ 自訂設定

套用最愛預設集
套用快照

轉存設定成 XMP
更新 DNG 預視

載入設定...
儲存設定...

儲存新 Camera Raw 預設值
重設 Camera Raw 預設值

拍攝設定　　從預設集選擇拍攝時的環境
自動
日光

其他的校正項目

Raw 影像的校正幾乎都可在**基本**頁次完成，也可以切換到其他頁次進行更細膩的校正。

色調曲線

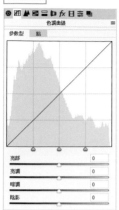

拖曳畫面中的斜線，可調整影像色調。背景顯示的是色階分佈圖。有關色調曲線的操作請參考 9-11 頁

細部

可用銳利化功能讓影像的輪廓變得更銳利。明度滑桿可減少灰階的雜訊。顏色滑桿可減少彩色雜訊

HSL 調整

個別調整顏色範圍。在色相、飽和度、明度的頁次可分別調整色相、飽和度與明度的數值

分割色調

可調整亮部、陰影的色相與飽和度

鏡頭校正

可校正色差、暈映這類鏡頭的特性。描述檔頁次可校正鏡頭扭曲、暈映現象，手動頁次可更細微地校正扭曲、影像「紫邊」、暈映的程度

效果

可增加或減少影像的顆粒感，並校正裁切後的周邊光量

校正

若套用的 Camera Raw 描述檔與實際拍攝的相機有落差時，可在此校正落差的色調

預設集

利用儲存設定儲存的預設集，將會在此處顯示

快照

將影像的編輯過程記錄下來，可隨時還原先前的調整狀態

TIPS **儲存為 DNG 格式**

按下**儲存影像**鈕，會開啟**儲存選項**視窗，在**格式**選擇**數位負片**，可以 Raw 的公開標準格式儲存影像。各家相機製造商的 Raw 格式都不同，所以有可能會不再更新或支援，此時若先儲存為**數位負片格式**，日後就能隨時於 Camera Raw 開啟。

4-5
在 Camera Raw 中校正影像

使用頻率

★ ★ ★

接著,將實際用數位相機拍攝的 RAW 影像,帶您進行基本的影像校正。例如調整影像的色偏、曝光量、清晰度⋯⋯等。色溫的數字以 K(凱氏溫度) 表示,日光為 5500K、鎢絲燈為 2850K、螢光燈為 3800K。

設定白平衡與色溫

Camera Raw 視窗的基本頁次,有白平衡與色溫這兩個選項,可校正拍攝主題因為拍攝時的光源(螢光燈、鎢絲燈、多雲、晴天)所產生的色偏。從下拉列示窗點選白平衡選項,色溫與色調的值會產生變化。

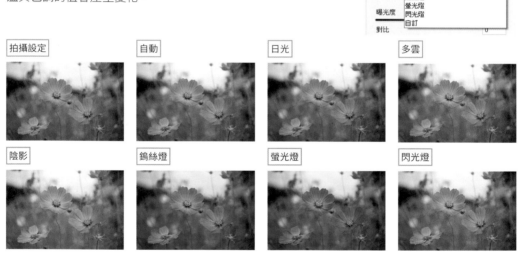

曝光度與對比

拍攝時,若光量不足,很容易拍出暗沉的照片,此時可利用曝光度滑桿調整整張影像的亮度。

對比可讓亮度低於中間值的部分變得更暗,同時讓亮度高於中間值的部分變得更亮。

亮部與陰影

在 Camera Raw 視窗調高曝光度或對比後，曝光過度的部分會以紅色標示，同時會顯示「亮部忽略警告」。此時可往左拖曳亮部滑桿減少紅色警告區域，也可利用白色滑桿讓整張影像變暗。

提高對比後，會顯示「亮部忽略警告」

往左拖曳亮部滑桿，減少「亮部忽略警告」區域

同理可證，想減少曝光度，讓整體影像變暗時，曝光不足的部分就會出現「陰影忽略警告」，同時會以藍色標示，此時可往右拖曳陰影滑桿或黑色滑桿。

清晰度與細節飽和度

提高清晰度，可讓影像更鮮明。降低清晰度可營造柔焦的效果。

飽和度通常指的是顏色的強度，而細節飽和度則對飽和度較高的部分影響較低，同時加強飽和度較低部分的飽和度。

校正飽和度

飽和度（顏色的鮮豔度）可在**基本**頁次的**細節飽和度**與**飽和度**調整，也可在 **HSL** 調整頁次的飽和度頁次中調整每個顏色的飽和度。

原始影像

細節飽和度

飽和度

校正色相

HSL 調整頁次的**色相**頁次，設有各種顏色的滑桿，可在此設定各種顏色的強度。

原始影像

在色相頁次拖曳顏色的滑桿，調整顏色的強度

利用「變形工具」（鏡頭校正）修正扭曲

CC 2015 前，鏡頭校正要在鏡頭校正的手動頁次執行，CC 2017 之後可用視窗上方的變形工具鈕調整。

色階：僅套用色階校正

關：停用 Upright

使用參考線：繪製兩條或更多條參考線，以自訂透視校正

自動：套用平衡的透視校正

亮：套用色階、水平和垂直的透視校正

垂直：套用色階和垂直的透視校正

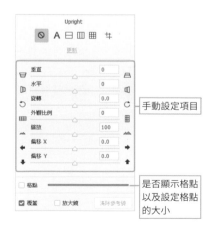

手動設定項目

是否顯示格點以及設定格點的大小

CHAPTER

5

建立與操作
選取範圍

要對影像的特定範圍進行校正或加上特效,得先選取影像範圍。Photoshop 內建了各種選取範圍的工具,以便讓您在不同時機做選用。此外,選取範圍也可以當成遮色片或透明色版使用。

5-1
何謂「選取範圍」？

使用頻率	要用 Photoshop 對影像的特定區域編輯時，通常得先建立選取範圍。Photoshop 的選取範圍除了選取與非選取兩種，還可以建立階調連續的選取範圍。
★ ★ ☆	

「選取範圍」是指什麼？

選取範圍就是為了套用局部效果或濾鏡，而在影像中圈選出一定範圍的像素。選取範圍通常會以封閉虛線圍起來。在影像中建立選取範圍後，即可在選取範圍內進行扭曲、套用濾鏡、色調校正、……等處理。

以虛線標示的選取範圍

選取類的工具

選取範圍的色階、遮色片與透明色版

利用矩形或橢圓選取工具建立選取範圍後，會產生選取的像素與未選取的像素。Photoshop 是以 256 個色階表示選取狀態。換言之，可建立各種不同的選取狀態，例如 1/256 的選取狀態、128/256 也就是 50% 的選取狀態或是如漸層般平滑的選取狀態。

▶ 遮色片

建立選取範圍後，可在選取範圍內套用色調校正或填色。換言之，選取範圍以外的區域，稱為遮色片，是不受編輯的區域。

▶ Alpha 色版

Alpha 色版就是針對影像特定區域編輯時，當成保護局部影像的遮色片使用的新色版 (參考 5-22 頁)。色版面板內建了儲存各種資訊的灰階影像，也可新增不同於 RGB 色版或 CMYK 色版的 Alpha 色版。

5-2
矩形、橢圓選取畫面工具

使用頻率	工具面板的**矩形選取畫面工具** 的子功能表有四種選取工具。按住工
★ ★ ★	具按鈕即可開啟子功能表，從中選擇需要的選取工具。

以「矩形選取畫面工具」選取

點選矩形選取畫面工具 後，在影像中拖曳矩形的對角線，即可依對角線的長度建立矩形選取範圍。建立的選取範圍會以閃爍的虛線顯示。

往對角線拖曳，建立選取範圍

W：718 px
H：494 px

建立圓形的選取範圍

拖曳橢圓選取畫面工具 即可建立圓形選取範圍。

拖曳後，建立圓形選取範圍

W：742 px
H：508 px

POINT

若要建立正方形或正圓形的選取範圍，可先按住 Shift 鍵再拖曳。

▶ 從中心點建立選取範圍

若想從矩形或圓形的中心點建立選取範圍，可在拖曳後，立刻按住 Alt 鍵（Mac 為 option 鍵）。此時若再按住 Shift 鍵，就能從中心點繪製正方形或正圓形的選取範圍。

Alt 鍵＋拖曳，可從中心點建立選取範圍

W：620 px
H：492 px

CHAPTER 5　建立與操作選取範圍

選取工具的選項設定

點選選取工具後，**選項列**會顯示各選取工具的設定項目。

▶ 羽化

建立選取範圍時，可讓選取範圍的邊緣模糊化。執行**選取 / 修改 / 羽化**命令，也有相同的效果。

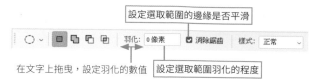

設定選取範圍的邊緣是否平滑

在文字上拖曳，設定羽化的數值　設定選取範圍羽化的程度

▶ 消除鋸齒

建立平滑曲線或平滑斜線的選取範圍。

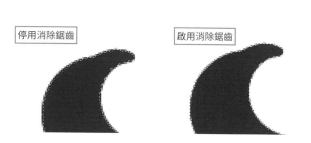

停用消除鋸齒　　　　　啟用消除鋸齒

▶ 樣式

樣式共有**正常、固定比例、固定尺寸**三種，若想建立寬度 5、高度 3 的選取範圍，可選擇**固定比例**，若想建立寬度 400 像素：高度 250 像素的選取範圍，則可選擇**固定尺寸**。

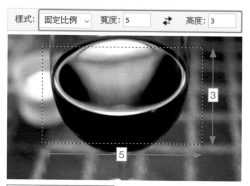

寬度 5、高度 3 的長寬比

固定為 400×250 像素

取消選取範圍

若要取消選取範圍，可點選其他選取工具再點選視窗裡的任何一處（ Ctrl ＋ D ）。

重新建立選取範圍

在取消選取範圍到利用選取工具選取其他位置之前，從**選取**功能表點選**重新選取**（ Shift ＋ Ctrl ＋ D ），即可重新選取剛剛取消的選取範圍。

5-3
「套索工具」與「多邊形套索工具」

| 使用頻率 ★ ★ ☆ | 套索工具 與多邊形套索工具 可輕鬆建立不規則的選取範圍，適合在不規則的主體或想粗略選取時使用。 |

利用「套索工具」選取

若要選取不規則形的選取範圍，只要用**套索工具** 拖曳的範圍就會成為選取範圍。

❶ 拖曳要選取的範圍

要在影像中建立不規則選取範圍時，可利用**套索工具** 拖曳。

❶ 拖曳要選取的範圍

❷ 讓起點與終點連接

若在拖曳起點以外的位置停止拖曳，該位置就會與起點連接成選取範圍。

❷ 連接起點與終點

使用「多邊形套索工具」選取

多邊形套索工具 可讓點選的位置以直線連接，之後只需在終點雙按滑鼠左鍵，終點就會與起點連接起來。

POINT

若按住 Alt 鍵再拖曳多邊形套索工具 ，可暫時切換成套索工具 建立選取範圍。

在終點雙按滑鼠左鍵即可與起點連接成選取範圍

CHAPTER 5 建立與操作選取範圍

5-4
磁性套索工具

使用頻率	磁性套索工具 可在拖曳時，追蹤像素邊緣對比清晰的部分，作為選
★ ★ ☆	取範圍。

① 點選邊緣的起點後，開始拖曳

從影像邊緣清楚的位置開始拖曳。放
開滑鼠左鍵繼續拖曳後，磁性套索工
具會辨識影像的邊緣，自動連線。

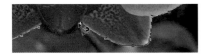

② 放開滑鼠左鍵，
沿著邊緣拖曳

① 在起點按下滑鼠左鍵

② 自動沿著邊緣建立選取範圍

點選起點或是中途雙按滑鼠左鍵，
選取範圍就會與起點連接。若希望
以直線連接，可按住 [Alt] 鍵（Mac 為
[option] 鍵）再點選。

③ 拖曳到起點之後，剛剛辨識的
影像邊界就會轉換成選取範圍

此範例是沿著花朵邊緣拖曳，
所以製作出精確的選取範圍

▶「磁性套索工具」的選項

您可以依照影像的複雜度，調整選項列的設定值，建立更精準的選取範圍。提高頻率的值，可
增加固定點，進行更精準的選取。

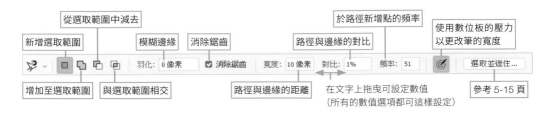

從選取範圍中減去　　　　　　　　　　　　　於路徑新增點的頻率
新增選取範圍　　　模糊邊緣　消除鋸齒　　　路徑與邊緣的對比　　使用數位板的壓力
　　　　　　　　　　　　　　　　　　　　　　　　　　　　　以更改筆的寬度

增加至選取範圍　　與選取範圍相交　　　路徑與邊緣的距離　　在文字上拖曳可設定數值　　參考 5-15 頁
　　　　　　　　　　　　　　　　　　　　　　　　　　（所有的數值選項都可這樣設定）

5-5
「魔術棒工具」與「快速選取工具」

| 使用頻率
 ★ ★ ☆ | 魔術棒工具 可在點選時，自動選取附近相近的顏色。選取標準可於選項列的容許度設定。 |

以「魔術棒工具」選取

❶ 點選基準色

利用魔術棒工具 點選要需要的顏色。如果選取範圍不夠精準，可調整選項列的容許度再重新選取。

❶ 點選這裡

| 樣本尺寸： | 點狀樣本 ⌄ | 容許度： | 25 |

❷ 自動選取相近的顏色

點選後，就會依照容許度的設定，自動選取相近的顏色。如果希望進一步拓展選取範圍，可按住 Shift 鍵，點選選取範圍的外側。

❷ 自動選取

▶「魔術棒工具」選項列的設定

選項列可設定選取容許範圍、目標圖層或其他設定。

點狀樣本
3 x 3 平均像素
5 x 5 平均像素
11 x 11 平均像素
31 x 31 平均像素
51 x 51 平均像素
101 x 101 平均像素

從選取範圍中減去

新增選取範圍

消除鋸齒

以所有圖層為對象

增加至選取範圍

與選取範圍相交

設定顏色的取樣範圍

只選取連續的像素

參考 5-15 頁

樣本尺寸： 點狀樣本   容許度： 25 ☑ 消除鋸齒 ☑ 連續的 ☐ 取樣全部圖層   選取主體

▶ **容許度設定**

　魔術棒工具的選項列的**容許度**可利用數值（0～255）指定與點選位置相近的顏色範圍。數值越大，可選取的範圍越廣。若勾選消除鋸齒選項，選取範圍將變得更平滑。

容許度： 30　容許度較低時，選取範圍較小

容許度： 70　容許度較高時，選取範圍較廣

> **TIPS** **只想選取一種顏色時**
>
> 若只想選取某種顏色，可將**容許度**設為 0。若設為 1，就會選取只有 1 色差異的相鄰範圍。

▶ **連續的**

　勾選連續的選項，就只會選取相鄰的像素，若是取消勾選，就會選取不連續的色彩範圍。若想選取不連續的同色範圍，可取消勾選這個選項。

☑ 連續的　　　　　☐ 連續的

▶ **多個圖層存在的情況**

　勾選**取樣全部圖層**之後，若有多個圖層存在，所有圖層都將成為選取的對象。

▌ 快速選取工具

　以設定好的筆刷小大／樣式，拖曳快速選取工具後，筆刷塗抹過的部分都將變成選取範圍。

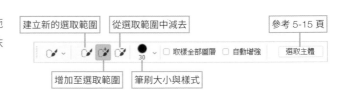

建立新的選取範圍　　從選取範圍中減去　　　　　參考 5-15 頁

増加至選取範圍　　筆刷大小與樣式

☐ 取樣全部圖層　☐ 自動增強　選取主體

❷ 調整筆刷大小再拖曳

❶ 拖曳

5-6
移動選取範圍與移動影像

使用頻率	選取範圍是可以移動的,如果選取範圍的大小或形狀與要選取的範圍一
★ ★ ★	致,卻在不同位置時,只要直接移動選取範圍,不需重新建立。

▍移動選取範圍

① 將滑鼠游標移到選取範圍內

要移動選取範圍,可先選取任何一種
選取工具,再將滑鼠游標移到選取範
圍內。

① 將滑鼠游標移到選取範圍內

② 拖曳移動選取範圍

當滑鼠游標變成 ⌐□ 即可拖曳。開始
拖曳後,按住 Shift 鍵即可以 45
度為單位,限制拖曳的方向。

② 拖曳移動選取範圍

→|: 186 px
↓|: 38 px

POINT

也可將選取範圍拖曳到其他視窗。

TIPS ▍利用方向鍵以像素為單位移動

選取影像後,按下 →、←、↑、↓ 鍵,可讓影像以像素為單位,朝方向鍵的方向移動。
若選用**移動工具**,則 ▸⛋ + →、←、↑、↓ 鍵,可移動影像;若是 ▸⛋ + Alt + →、←、↑、↓ 鍵,則可
以像素為單位複製影像。

移動選取範圍內的影像

1 選取「移動工具」

建立選取範圍後，選取移動工具 ⊕，
再將滑鼠游標移到選取範圍內。

① 將滑鼠游標移到選取範圍內

2 在選取範圍內拖曳

選用移動工具 ⊕ 的狀態下，只要在
選取範圍內將影像拖曳到目的位置，
即可移動選取的影像。

若是使用其它選取工具，先讓滑鼠游
標移到選取範圍內，再按住 Ctrl 鍵
（Mac 為 ⌘ 鍵），當游標變成 ▶☒ 後
再拖曳。

② 使用選取工具時，只要按下
Ctrl ＋拖曳，即可移動影像

POINT

移動影像後，鏤空的部分會以背景色填滿。若下層有圖層，下方圖層的影像就會露出來。
要讓鏤空的部分與背景融為一體，可善用內容感知移動工具，其使用方法請參考 8-34 頁。

TIPS 按住 Ctrl 鍵切換成「移動工具」

不管選取的是哪種工具，按住 Ctrl 鍵（Mac 為 ⌘ 鍵），滑鼠游標切換成 ▶☒ 時，就能移動選取範圍。不
過，選取**筆型工具**、**路徑選取工具**或**形狀工具**時，滑鼠游標會在按住 Ctrl 鍵之後變成 ▷ 或 ▶ 的形狀。

5-7
新增、刪除與調整選取範圍

使用頻率	要精確選取複雜的影像範圍，最重要的是選用適合的選取工具，再利用增加或刪除選取範圍的操作來做微調。Photoshop 內建了各種調整選取範圍的方法。
★ ★ ★	

增加選取範圍

建立選取範圍之後，可繼續增加。

1 點選取工具
再按住 [Shift] 鍵

利用選取工具選取影像。右圖是以魔術棒工具 選取了左側的手指。

① 建立選取範圍

2 選取要增加的範圍

按住 [Shift] 鍵，再以魔術棒工具  選取要增加的部分。此時滑鼠游標會轉換成 （會在滑鼠游標加上＋）。此外，也可點選選項列的增加至選取範圍鈕 再繼續選取。

② 按住 [Shift] 再點選、拖曳，即可增加選取範圍

3 增加選取範圍

此時增加了右側手指的選取範圍。接下來繼續按住 [Shift] 鍵增加。

③ 繼續按住 [Shift] 鍵增加選取範圍

取消部分選取範圍

1 按住 [Alt] 鍵拖曳（點選）要取消選取的範圍

若要取消多餘的選取範圍，可按住 [Alt] 鍵（Mac 為 [option] 鍵），再拖曳或點選多餘的選取範圍。按住 [Alt] 鍵時，滑鼠游標的下方會顯示減號。

一開始的選取範圍

❶ 按住 [Alt] 鍵＋點選或拖曳

POINT

按下選項列的 🖻 再繼續選取，也能解除選取範圍。

❷ 取消這部份的選取

建立共通的選取範圍

可將目前的選取範圍與之後的選取範圍交集處轉換成選取範圍。

1 建立選取範圍

先用**矩形選取畫面工具**建立選取範圍（範例選取的是右側的影像）。

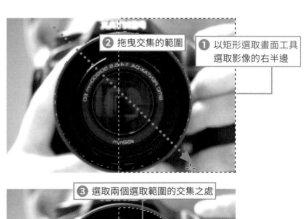

❷ 拖曳交集的範圍

❶ 以矩形選取畫面工具選取影像的右半邊

2 按下「與選取範圍相交」鈕

點選**選項列**的**與選取範圍相交**鈕 🖻，再以選取工具選取影像。範例使用的是**橢圓選取畫面工具**。

3 交集的部分轉換成選取範圍

兩個選取範圍的交集處轉換成選取範圍。按住 [Shift] ＋ [Alt] 鍵（Mac 為 [Shift] ＋ [Option] 鍵）再拖曳工具，也能建立相交集的選取範圍。

❸ 選取兩個選取範圍的交集之處

5-8
反轉選取範圍

使用頻率
★ ★ ★

從拍攝的人像、建築、物品、背景……等,這些容易選取的部分選取,再反轉選取範圍,就能快速建立需要的選取範圍。

---

1 建立選取範圍

先用任何一種選取工具建立選取範圍。這次選取的是鏡頭。

❶ 建立選取範圍

---

2 執行「反轉」命令

在顯示選取範圍後,執行**選取 / 反轉**命令(Shift + Ctrl + I)。

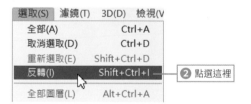

選取(S) 濾鏡(T) 3D(D) 檢視(V
全部(A)　　　　Ctrl+A
取消選取(D)　　Ctrl+D
重新選取(E)　　Shift+Ctrl+D
反轉(I)　　　　Shift+Ctrl+I　← ❷ 點選這裡
全部圖層(L)　　Alt+Ctrl+A

---

3 選取範圍反轉了

此時選取範圍會反轉為原本未選取的部分,剛剛選取的部分成為選取範圍以外的區域,未選取的部分成為選取範圍。

❸ 反轉選取範圍了

CHAPTER 5　建立與操作選取範圍

5-9
變更選取範圍與遮色片

使用頻率	建立選取範圍後,可從**選取**功能表的**修改**選擇邊界、平滑、擴張、縮減
★ ★ ☆	等功能,調整選取範圍的大小及邊緣的平滑度。

變更選取範圍的邊界

建立選取範圍後,執行**選取**功能表的**修改**命令,選擇**邊界**、**平滑**、**擴張**等功能,可變更選取範圍的大小及形狀。

邊界

平滑

擴張

「調整邊緣」功能(CC 2015 以前的版本)

選取功能表的**調整邊緣**可於視窗統一設定要變更的項目。

以拖曳的方式正確指定邊緣的調整範圍

以拖曳的方式刪除邊緣的調整範圍

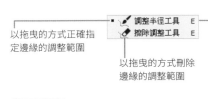

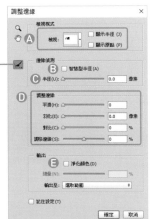

Ⓐ 切換預覽方式

Ⓑ 自動調整邊緣的半徑

Ⓒ 提高這個值,可讓精細的選取範圍變得更柔和

Ⓓ 讓邊緣變得平滑、模糊或調整對比,讓邊緣往內外移動

Ⓔ 將彩色的邊緣(影像的多餘邊緣)置換成相鄰像素的顏色
輸出欄位可指定置換後的影像儲存位置(例如新圖層)

> **POINT**
> Photoshop CC 2017 之後的版本,沒有這項命令,取而代之的是選取並遮住命令,在內容面板執行調整邊緣的操作,請參考下一頁。

在「選取並遮住」工作區調整選取範圍的邊緣（CC 2017 之後的版本）

建立選取範圍後，從**選取**功能表點選**選取並遮住**命令，即可切換選取範圍的檢視模式並可調整邊界與平滑程度。也可以點選任一個選取工具，按下**選項列**的**選取並遮住**鈕，開啟**內容**面板。

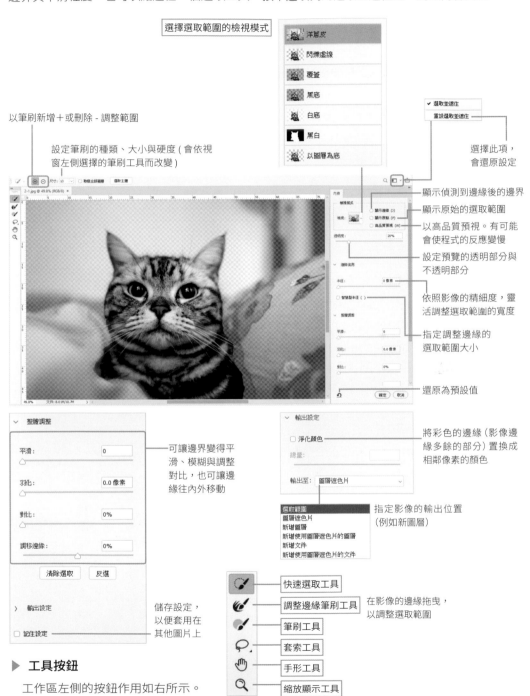

以筆刷新增＋或刪除 - 調整範圍

設定筆刷的種類、大小與硬度 (會依視窗左側選擇的筆刷工具而改變)

選擇選取範圍的檢視模式
- 洋蔥皮
- 閃爍虛線
- 覆蓋
- 黑底
- 白底
- 黑白
- 以圖層為底

✓ 選取並遮住
重設選取並遮住

選擇此項，會還原設定

顯示偵測到邊緣後的邊界

顯示原始的選取範圍

以高品質預視。有可能會使程式的反應變慢

設定預覽的透明部分與不透明部分

依照影像的精細度，靈活調整選取範圍的寬度

指定調整邊緣的選取範圍大小

還原為預設值

整體調整
- 平滑：0
- 羽化：0.0 像素
- 對比：0%
- 調移邊緣：0%

清除選取　反選

輸出設定

記住設定

可讓邊界變得平滑、模糊與調整對比，也可讓邊緣往內外移動

儲存設定，以便套用在其他圖片上

輸出設定
- 淨化顏色
- 總量：
- 輸出至：圖層遮色片
  - 選取範圍
  - 圖層遮色片
  - 新增圖層
  - 新增使用圖層遮色片的圖層
  - 新增文件
  - 新增使用圖層遮色片的文件

將彩色的邊緣（影像邊緣多餘的部分）置換成相鄰像素的顏色

指定影像的輸出位置（例如新圖層）

- 快速選取工具
- 調整邊緣筆刷工具
- 筆刷工具
- 套索工具
- 手形工具
- 縮放顯示工具

在影像的邊緣拖曳，以調整選取範圍

▶ **工具按鈕**

工作區左側的按鈕作用如右所示。

CHAPTER 5　建立與操作選取範圍

5-10
選取特定顏色與特定範圍

使用頻率	
★ ★ ☆	選取工具不只可以選取「形狀」，也可以選取特定的顏色範圍或色系。接下來將說明顏色範圍、連續相近色、相近色以及焦點區域的用法。

選取特定顏色（顏色範圍）

選取功能表的顏色範圍可選取影像中特定的色系。

1 開啟「顏色範圍」視窗

從選取功能表點選顏色範圍，開啟顏色範圍視窗。

選取(S) 濾鏡(T) 3D(D) 檢視(V
全部(A)   Ctrl+A
取消選取(D)   Ctrl+D
重新選取(E)   Shift+Ctrl+D
反轉(I)   Shift+Ctrl+I

隔離圖層

顏色範圍(C)...   ──────① 點選此命令
焦點區域(U)...

2 設定要選擇的色系

接下來以視窗中的滴管工具 🖊 點選影像視窗裡的主體。預視的白色部分為選取範圍，黑色部分為未選取範圍。若想增加選取範圍，可按下增加至樣本鈕 🖊。

此外，在選取列示窗選擇色系後，就會自動選取屬於該色系的顏色。

在選取列示窗選擇皮膚色調，可快速選出臉部與膚色的部位

可更正確地指定多個色域

顏色範圍   ✕

選取(C): 🖊 樣本顏色   ┌─ 確定 ──────③ 按下此鈕
☐ 偵測臉孔(D) ☐ 當地化顏色叢集(Z) │ 取消
朦朧(F):   159   │ 載入(L)...
                ──△──   │ 儲存(S)...   ──── 增加至樣本
範圍(R):   %   │ 🖊 🖊 🖊   ──── 從樣本中減去
                                   │ ☐ 負片效果(I)
預覽畫面 ──   └─ ② 用滴管在影像中
                                       點選，指定色域

◉ 選取範圍(E) ○ 影像(M)

選取範圍預視(T): 無   ── 無
                                   灰階
                                   黑色邊緣調合
                                   白色邊緣調合
                                   快速遮色片

TIPS 「朦朧」滑桿

在選取列示窗選擇「顏色」以外的選項，即可用朦朧滑桿設定顏色範圍的多寡。

TIPS 皮膚色調

在選取列示窗中點選皮膚色調，即可調整朦朧滑桿，輕鬆選取人像的皮膚。勾選偵測臉孔選項，可更輕易偵測到臉部範圍。

連續相近色

1 用「魔術棒工具」選取顏色

先利用魔術棒工具選取局部影像。

① 利用魔術棒工具點選影像

2 選擇「連續相近色」

從選取功能表點選連續相近色命令。

選取(S) 濾鏡(T) 3D(D) 檢視(V)	
全部(A)	Ctrl+A
取消選取(D)	Ctrl+D
重新選取(E)	Shift+Ctrl+D
反轉(I)	Shift+Ctrl+I
全部圖層(L)	Alt+Ctrl+A
取消選取圖層(S)	
尋找圖層	Alt+Shift+Ctrl+F
隔離圖層	
顏色範圍(C)...	
焦點區域(U)...	
主體	
選取並遮住(K)...	Alt+Ctrl+R
修改(M)	▶
連續相近色(G)	
相近色(R)	

② 點選此命令

3 增加選取範圍

此時將自動選取接近選取範圍的同色系顏色，同時增加選取範圍。

> **TIPS 選取顏色的範圍**
>
> 連續相近色一樣可用魔術棒工具的選項列的容許度設定。如果只想增加與目前選取範圍相近的顏色，可降低容許度的值，若想選取更多同色系的顏色，可增加此選項數值。

選取「相近色」

選取功能表的**相近色**與**連續相近色**效果相同，但是**連續相近色**只能選擇相鄰的相近色，**相近色**命令則可一併選取不相鄰的相近色。

1 利用「魔術棒工具」選取顏色

利用魔術棒工具點選天空的部分。

① 利用魔術棒工具選取

2 執行「相近色」命令

從選取功能表點選相近色。

② 點選此命令

3 新增選取範圍

連同與目前選取範圍不相鄰的相近色都選取了。

TIPS 擴張的顏色範圍

擴張的顏色範圍也由**魔術棒工具**的**選項列**的**容許度**決定，所以只想增加與目前選取範圍相同顏色時，可降低**容許度**的數值，若想多選取同色系的顏色，可調高此選項數值。

③ 連不相鄰的相近色都選取了

焦點區域（CC 2014 版之後的功能）

選取功能表的焦點區域可選擇影像中的對焦區域。

1 點選「焦點區域」

開啟影像後，從選取功能表點選焦點區域後，可開啟焦點區域視窗，自動根據影像的內容選擇焦點區域。

原始影像

2 調整焦點範圍

向右拖曳焦點範圍的滑桿，即可放寬焦點範圍，往左拖曳則可縮小焦點範圍（拉曳到最右端會顯示完整影像）。

2 拖曳

3 手動調整焦點區域

按下視窗左側的焦點區域新增工具在影像裡拖曳，可增加焦點區域。若拖曳的是焦點區域消去工具則可縮減焦點區域。

4 輸出選取範圍

在視窗中設定輸出位置後，再按下確定鈕，即可確定選取範圍。

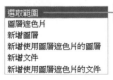

5 選擇輸出位置

---

1 從選取功能表點選焦點區域

勾選後，將自動辨識焦點區域

POINT

進階的影像雜訊層級可在影像的雜訊較多，導致選取範圍增加時調整。

3 選取範圍改變了

4 在影像內部拖曳，增加或縮減焦點區域

6 選取影像了

5-11
儲存與載入選取範圍

使用頻率
★ ★ ★

選取範圍可在**色版**面板命名與儲存,而且可隨時載入。記錄的選取範圍可儲存為**透明色版**。

儲存選取範圍

　為了在取消選取範圍後,也能使用該選取範圍,可先將其儲存起來,之後再載入與使用。

① 選擇「儲存選取範圍」命令

先建立選取範圍,執行**選取 / 儲存選取範圍**命令後,會開啟**儲存選取範圍**視窗。

① 建立選取範圍

② 點選此命令

② 設定目的地與名稱

設定儲存目的地與名稱後,按下**確定**鈕,即可儲存選取範圍。該選取範圍將儲存為**色版**面板的透明色版,而且會以剛剛設定的名稱命名。

POINT

若是在色版列示窗中,點選現存的透明色版,即可在下方的操作區,點選取代色版、增加到色版、由色版減去、和色版相交選項。

③ 輸入選取範圍的名稱

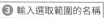

④ 按下此鈕

選擇新增色版

TIPS 於「色版」面板儲存

建立選取範圍後,按下**色版**面板的 鈕,即可直接新增為 **Alpha 1** 色版,不需要開啟視窗。
按住 Alt 鍵(Mac 為 option 鍵)再按下 鈕,即可開啟**新增色版**視窗。

⑤ 選取範圍儲存為透明色版

載入選取範圍

儲存的選取範圍（透明色版）在取消後，仍可隨時載入。

1 選擇「載入選取範圍」命令

從**選取**功能表點選**載入選取範圍**。

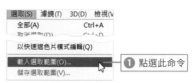

① 點選此命令

2 指定色版

開啟**載入選取範圍**視窗後，在**色版**列示窗選擇要載入為選取範圍的色版。

③ 按下此鈕

② 選擇要載入的色版

3 載入為選取範圍

剛剛選擇的色版，將作為選取範圍載入。

▶ 按住 Ctrl 鍵載入透明色版的選取範圍

即使不使用**載入選取範圍**命令，也可以點選的方式載入選取範圍。

1 按住 Ctrl 鍵＋點選

按住 Ctrl 鍵（Mac 為 ⌘ 鍵）再點選**色版**面板的色版名稱。

① 按住 Ctrl 再點選

2 載入選取範圍

點選的透明色版會載入為選取範圍。

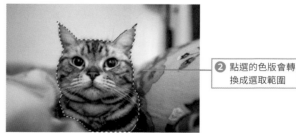

② 點選的色版會轉換成選取範圍

選取範圍與 Alpha 色版

Photoshop 可利用**工具**面板裡的多項選取工具選取影像範圍，大部份的選取工具會以「形狀」或「色彩」來建立選取範圍。除此之外，還可以利用 **Alpha 色版**建立漸層，製作半透明效果。

1 建立漸層的 Alpha 色版

開啟**色版**面板，按下**建立新色版**鈕 🔲，此時將新增 **Alpha 1** 色版，畫面會是全黑。接著在 Alpha 色版中使用**漸層工具**，繪製白色到黑色的漸層（有關繪製漸層的方法請參考 8-39 頁）。

❶ 在新增的 Alpha 色版繪製漸層

2 載入 Alpha 色版

按住 Ctrl 鍵（Mac 為 ⌘）點選 Alpha 色版，將 Alpha 色版當成選取範圍載入。

POINT

讓選取範圍具有階調，就能將選取範圍設成某部分的選取程度為 50%，某些部分為 10% 的情況。若是在選取程度為 50% 的部分填滿某種顏色，該顏色就會減少為 50%。此外，若套用的是濾鏡，濾鏡的效果也會只有 50%。

❸ 建立選取範圍了

❷ 按住 Ctrl 再點選，就可載入選取範圍

3 具有階調的選取範圍

在**色版**面板點選 **RGB**（或 CMYK）色版，按下 Delete 鍵刪除選取範圍。在開啟的**填滿**視窗中，選擇**背景色**再按下**確定**鈕。由於選取範圍具有連續的階調，所以刪除的範圍也會有。由上而下的刪除程度也越來越弱。

❺ 具有階調的選取範圍影像被刪除了

❹ 點選 RGB 色版再按下 Delete 鍵

5-12
選取範圍的剪下、拷貝、貼上

使用頻率	選取範圍內的影像可剪下、拷貝 & 貼上、裁切、移動到其他視窗或圖
★ ★ ☆	層，也可以調整形狀。

選取範圍的剪下與拷貝、貼上

選取範圍可透過剪下或拷貝的操作移到剪貼簿，再以點陣圖的方式貼至其他圖層、視窗或應用
程式。

1 建立選取範圍後剪下

建立選取範圍之後，可剪下或按下
Delete 鍵，刪除選取範圍內的影像。

POINT

按下 Delete 鍵刪除影像，此時影像不
會移動到剪貼簿。

① 建立選取範圍

編輯(E)	影像(I)	圖層(L)	文字(Y)
還原載入選取範圍(O)			Ctrl+Z
向前(W)			Shift+Ctrl+Z
退後(K)			Alt+Ctrl+Z
淡化(D)...			Shift+Ctrl+F
剪下(T)			Ctrl+X
拷貝(C)			Ctrl+C
拷貝合併(Y)			Shift+Ctrl+C
貼上(P)			Ctrl+V

② 點選此命令

2 顯示背景色或
下方圖層的影像

剪下影像後，若下層是**背景**圖層就會
顯示**工具**面板裡的「背景色」，若下
層有另外的圖層，就會顯示該圖層的
影像。

③ 刪除選取的範圍

下層為背景圖層，背景色為白色的情況

將背景圖層設定為圖層 0 的情況

下層另有圖層的情況

選取範圍的拷貝 & 貼上

① 複製選取範圍的影像

建立選取範圍後，執行**編輯**功能表的**拷貝**（Ctrl + C 鍵）命令，原始影像就會複製一份到剪貼簿。

① 建立選取範圍　　② 點選此命令

② 貼到其他影像裡

開啟另一個影像視窗，再從**編輯**功能表點選**貼上**（Ctrl + V 鍵），剪貼簿的影像就會以新圖層的方式貼入。

③ 開啟其他影像　　④ 點選此命令

③ 圖層裡的影像可隨意移動

新圖層裡的影像，可利用**移動工具** 🕂 隨意在視窗內移動。

⑤ 貼入影像，新增圖層

新增的圖層

TIPS　快速切換成「移動工具」

無論選擇哪種工具，在影像中按住 Ctrl 鍵（Mac 為 ⌘ 鍵），滑鼠游標會切換成**移動工具**，此時可以移動影像的位置。

⑥ 利用移動工具移動

貼入的影像會建立在新圖層，所以與背景影像是互相獨立的，可移動或利用邊框縮小，也可設定不透明度或混合模式

TIPS　剪貼簿

剪下或拷貝後，選取範圍的影像會暫時儲存至「剪貼簿」，此時可以將影像貼入 Photoshop 的視窗或是其他的應用程式。在下次剪下或拷貝之前，剪貼簿的資料不會有任何變化，所以可重複貼上相同的資料。

貼入範圍內

有時會想把拷貝的影像貼入特定範圍內。此時要使用的不是**貼上**命令，而是**編輯**功能表下的**選擇性貼上**的**貼入範圍內**命令（ Alt ＋ Shift ＋ Ctrl ＋ V 鍵）。

1 拷貝選取範圍

開啟要貼上的影像，再選取整張影像。執行**編輯**功能表的**拷貝**（ Ctrl ＋ C 鍵），將原始影像複製到剪貼簿。

1 選取與拷貝整張影像

2 貼入到其他影像的選取範圍

開啟要將影像貼入選取範圍的檔案。建立選取範圍（背景部分）。從**編輯**功能表的**選擇性貼上**點選**貼入範圍內**（ Alt ＋ Shift ＋ Ctrl ＋ V 鍵），將剪貼簿裡的影像當成新圖層貼入。

3 點選此命令

2 選取背景

3 新增圖層遮色片

貼入的圖層會另外建立圖層遮色片（參考 6-45 頁）。

圖層遮色片

影像貼入選取範圍內

CHAPTER 5　建立與操作選取範圍

TIPS 選擇性貼上

選擇性貼上的子功能表，還有**就地貼上**與**貼至範圍外**的命令。

TIPS 拷貝合併

拷貝選取的影像時，會拷貝選取中圖層的影像。**編輯**功能表的**拷貝合併**（ Shift ＋ Ctrl ＋ C 鍵）可拷貝所有可見的圖層。一般的**拷貝**是以選取中的圖層為對象，但是**拷貝合併**卻是以所有可見的圖層為對象。

5-13
裁切選取範圍

使用頻率	可利用選取範圍的形狀裁切影像多餘的部分。要裁切影像可利用選取範
★ ★ ★	圍或是**裁切工具**。

矩形選取範圍的裁切（修剪）

1 建立選取範圍

先利用**矩形選取畫面工具** 建立選取範圍。也可以建立不規則的選取範圍。

① 選取範圍

2 執行「裁切」功能

執行**影像**功能表的**裁切**。此時影像會被裁切，只剩下選取範圍裡的影像。

② 選擇此命令

③ 選取範圍以外的部份會被裁切

使用「裁切工具」

1 建立裁切範圍

先利用**裁切工具**  拖曳選取要裁切的範圍。在**選項列**設定裁切覆蓋、角度修正與其他選項。

① 利用裁切工具拖曳

2 調整邊界

顯示控制點與邊界後,拖曳控制點調整邊界。

> **POINT**
>
> 按下選項列的拉直圖示,再拖曳要呈水平的部分,拖曳的參考線上就會顯示旋轉角度。若是啟用內容感知選項,當影像的角落有空白時,會自動以周圍的像素來填補空白。

③ 調整完成,在範圍內雙按滑鼠左鍵

② 以控制點調整位置

3 雙按滑鼠左鍵完成裁切

在裁切框內雙按滑鼠左鍵或按下 Enter 鍵即可裁切影像。

> **POINT**
>
> 若取消勾選選項列的刪除裁切的像素選項,裁切之後,被刪除的資料仍會留在周圍的黑色區域裡,利用移動工具拖曳,即可變更裁切的位置。

TIPS　透視裁切工具

使用**透視裁切工具**(**裁切工具**的子工具)可校正相機鏡頭的歪斜並裁切影像。此外,也可在照片中顯示參考線,藉此依照片中的垂直或水平線來裁切。

修剪

使用**影像**功能表的**修剪**,可修剪影像中的透明部分。你可以根據左側、頂端、右側、底部的像素顏色來修剪。

1 選擇「修剪」命令

執行**影像**功能表的**修剪**命令。

2 修剪設定

在視窗中進行各種修剪設定。

從影像的邊緣刪除透明部分,
留下沒有透明部分的最小影像

刪除影像右下角像素顏色區域

刪除影像左上角像素顏色區域

從頂端、底部、左側、右側選擇多個要修剪的區域

5-14
刪除影像並讓背景變透明

使用頻率	
★ ☆ ☆	橡皮擦工具 的子工具有讓背景變成透明的**魔術橡皮擦工具** 與**背景橡皮擦工具** 。這兩項工具可讓多餘的部分變透明，顯示下層圖層的內容，也可以只保留必要的部分，同時裁切影像。

利用「魔術橡皮擦工具」刪除影像

魔術橡皮擦工具 會辨識點選位置的像素顏色，再依照**選項列**設定的**容許度**刪除影像，讓影像變成透明。

1 選擇「魔術橡皮擦工具」

從**橡皮擦工具**的子工具選擇**魔術橡皮擦工具** 。視需求設定**選項列**的容許度。

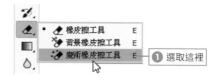

❶ 選取這裡

2 用「魔術橡皮擦工具」點選

點選影像中要刪除的地方。

❷ 點選這裡

3 依「容許度」設定刪除影像

此時將根據**選項列**的**容許度**設定刪除影像，刪除的部分會變成透明（**選項列**的設定參考下一頁）。接著繼續點選其他部分，刪除影像。

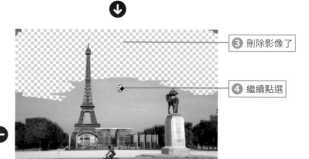

❸ 刪除影像了

❹ 繼續點選

❺ 刪除的範圍變大了

POINT

用魔術橡皮擦工具刪除影像時，原本的背景圖層會轉換成圖層 0。

「魔術橡皮擦工具」的選項設定

選擇魔術橡皮擦工具 🔳 之後，**選項列**會顯示相關的選項。

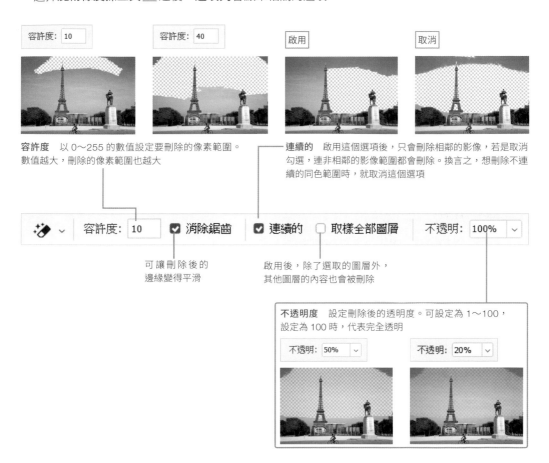

容許度 以 0～255 的數值設定要刪除的像素範圍。數值越大，刪除的像素範圍也越大

連續的 啟用這個選項後，只會刪除相鄰的影像，若是取消勾選，連非相鄰的影像範圍都會刪除。換言之，想刪除不連續的同色範圍時，就取消這個選項

可讓刪除後的邊緣變得平滑

啟用後，除了選取的圖層外，其他圖層的內容也會被刪除

不透明度 設定刪除後的透明度。可設定為 1～100，設定為 100 時，代表完全透明

背景橡皮擦工具

　背景橡皮擦工具 🔳 可刪除拖曳位置的像素，讓圖層的背景變透明。**魔術橡皮擦工具** 🔳 是以點選位置的像素顏色為基準，還可設定不同程度的背景透明度。橡皮擦類的工具在刪除影像時，會依照筆刷的大小填入背景色，但是**背景橡皮擦工具** 🔳 會辨識筆刷中心點的顏色，再刪除該筆刷範圍內的目標顏色。

▶ 指定要刪除的顏色

　選擇**背景橡皮擦工具** 🔳 後，**選項列**就會顯示**背景橡皮擦工具**的相關選項。將**取樣**設定為**一次**，再以 🔳 點選，辨識像素的顏色，就會依照**容許度**以及辨識的顏色刪除像素。換言之，可以只刪除一開始點選位置的色調。此外，可一邊調整筆刷的大小，一邊刪除像素。

CHAPTER 5 建立與操作選取範圍

Photoshop　5-29

點選連續，就能以
拖曳過程中的像素
顏色，連續刪除影
像。範例在鐵塔周
圍拖曳，完美地裁
出鐵塔

取樣：連續

設定為一次，就會
以一開始點選的位
置的像素顏色為基
準，刪除拖曳過的
影像，同時讓刪除
的部分變成透明。
此例使用的是較大
的筆刷，而且設定
為非連續的

取樣：一次

以背景色為基準，
刪除拖曳過的範
圍，再讓該範圍變
成透明

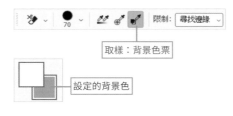

取樣：背景色票

設定的背景色

▶ 指定刪除範圍

限制下拉式列示窗有三個選項，
第一種是只刪除相鄰的像素（連續
的），第二種是刪除不相鄰的同色範
圍（非連續的），最後一種是一邊尋
找邊緣，一邊刪除像素（尋找邊緣）。

設定為尋找邊緣就會以像素為
單位，一邊偵測同色的密集度、色
彩變化造成的邊緣，找到的邊緣都
會辨識為刪除範圍，而這個過程需
要花費較多的時間。由於這個設定
可刪除筆刷範圍內的特定邊緣的像
素，所以很適合用來進行毛髮去背
這類邊緣較複雜的影像。

連續的

以連續的像素作為刪除對象

非連續的

即使辨識到的像素範圍不連續，也
讓筆刷抹過的顏色全部變得透明

設定為尋找邊緣就會偵測同色的密
集度與色彩變化造成的邊緣，藉此
設定要刪除的範圍，所以能夠只刪
除筆刷塗過的特定顏色

6

—

圖層的操作

在 Photoshop 中，影像是以「圖層」一層層相疊的
構造來管理與編輯。每個圖層可以鎖定、隱藏，也可
以套用色調校正這類的「調整圖層」，或是套用具有
特殊效果的「圖層樣式」，讓影像更有變化。

6-1
關於「圖層」

使用頻率

★ ★ ★

圖層就像透明底片,是影像上的層次結構。你可以透過圖層來顯示、隱藏或編輯複雜的影像,也可以分別在每個圖層套用圖層樣式、色調校正或濾鏡。

▍何謂「圖層」?

　　Photoshop 可重疊像透明底片般的**圖層**,也能個別編輯每個圖層。圖層是由影像、形狀、文字所組成,多個圖層可組成一個群組。圖層裡沒有物件的透明部分,下層圖層的內容就會透到上層來,每個圖層可指定不透明度、混合模式,也能調整重疊順序或是顯示與隱藏,也可以套用**圖層樣式**,讓影像有不同效果。圖層的另一個特色:可建立色調校正這類的調整圖層,以便再次調整效果的強度或是刪除效果。

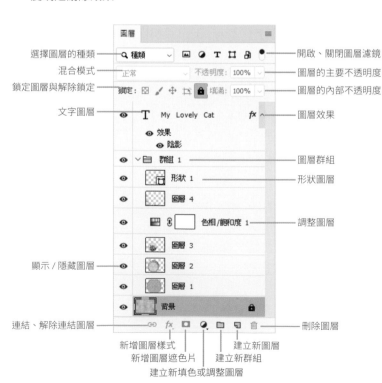

- 選擇圖層的種類
- 混合模式
- 鎖定圖層與解除鎖定
- 文字圖層
- 顯示 / 隱藏圖層
- 連結、解除連結圖層
- 開啟、關閉圖層濾鏡
- 圖層的主要不透明度
- 圖層的內部不透明度
- 圖層效果
- 圖層群組
- 形狀圖層
- 調整圖層
- 刪除圖層
- 新增圖層樣式
- 新增圖層遮色片
- 建立新填色或調整圖層
- 建立新圖層
- 建立新群組

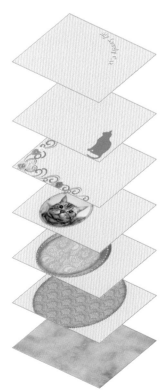

6-2
建立新圖層

使用頻率

在 Photoshop 開啟照片檔案後，圖層面板只會顯示背景圖層，接下來我們要在圖層面板新增一個空白圖層，以便後續的編輯作業。

建立新圖層

① 點選「新增圖層」

開啟照片類的檔案後，從圖層面板功能表點選**新增圖層**命令，或是按下圖層面板下方的**建立新圖層**鈕 🔲（此時不會開啟**新增圖層**視窗），都可建立新圖層。

② 輸入圖層名稱

輸入新圖層的名稱，再視情況設定顏色、混合模式與不透明度。設定完成後，按下**確定**鈕。

③ 新增圖層

此時，新圖層會建立在**背景**圖層的上方（新增在選取圖層上方），並顯示剛才輸入的圖層名稱，此時圖層為透明狀態，所以原本的影像沒有變化。

TIPS 「背景」圖層

開啟數位相機拍攝的照片時，只會有**背景**圖層。**背景**圖層的右側會顯示鎖頭符號，無法設定不透明度、混合模式與鎖定。

雙按**背景**圖層會開啟**新增圖層**視窗，此時輸入圖層名稱後，再按下**確定**鈕，可讓**背景**圖層轉換成一般圖層。

其它新增圖層的方法

接著再說明幾種新增圖層的方法。

▶ 貼入複製的影像

貼入複製的影像會自動在目前的
圖層上方建立影像圖層。

POINT

將影像檔案從「檔案總管」拖曳到
Photoshop 的文件時，預設會新增為
「智慧型物件」圖層。

貼入複製的影像，就會新增圖層

將剪下或拷貝
的影像貼入，
也會建立新的
影像圖層

▶ 輸入文字時

以文字工具 T. 輸入文字時，會自動新增文字圖層（參考 7-2 頁）。

▶ 建立形狀時

以矩形、橢圓形、自訂形狀工具新增形狀時，就會自動新增形狀圖層。

▶ 建立調整圖層時

建立調整圖層時，會自動新增調整圖層。

TIPS 從選取範圍建立新的圖層

利用上一章所學的方法，在影像中建立選取範
圍。再執行**圖層**功能表的**新增／拷貝的圖層**
（ Ctrl ＋ J 鍵），選取範圍就會複製成一個新圖
層。若是點選**剪下的圖層**（ Shift ＋ Ctrl ＋ J
鍵），就會剪下原始影像再新增圖層。

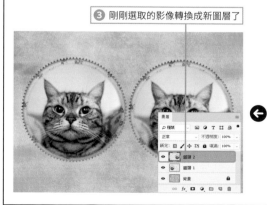

❸ 剛剛選取的影像轉換成新圖層了

❷ 選擇此命令

❶ 建立選取範圍

		CS6	CC	CC14	CC15	CC17	CC18	CC19

6-3
圖層的移動、複製、刪除

使用頻率

圖層內的影像或形狀可在圖層內部移動，圖層也可複製與刪除。
接下來就為大家說明這些操作。

利用「移動工具」移動圖層內的影像

利用**移動工具** ⊕ 拖曳圖層內的影像，即可調整影像的位置。

1 選擇要移動的影像圖層

點選要移動的影像圖層（選取狀態）。

❶ 點選這裡

TIPS　以像素為單位移動

按住 Ctrl + ←、→、↑、↓ 能以像素為單位移動圖層裡的影像。

2 移動圖層裡的影像

在**工具面板**中點選**移動工具** ⊕ ，即可移動選取圖層中的影像。只要不是點選**筆型工具** ⊘ 或**手形工具** ✋ ，按住 Ctrl 鍵（啟用自動選取）再拖曳影像，就能移動未選取圖層的影像。

❷ 拖曳移動圖層裡的影像

TIPS　顯示「智慧型參考線」

利用**移動工具** ⊕ 將圖層物件移動到影像的邊緣或中心點時，會顯示粉紅色（預設值）的**智慧型參考線**，可以精確地與其他物件對齊。從**檢視**功能表的**顯示**勾選**智慧型參考線**，即可顯示智慧型參考線。

TIPS　利用滑鼠右鍵選取圖層

選取**移動工具** ⊕ 後，在影像裡按下滑鼠右鍵可開啟功能表，功能表裡會顯示圖層名稱，此時可選擇要選取的圖層。此外，按住 Shift ＋點選，可同時選取多個圖層。

圖層的「自動選取」與移動

　　勾選**移動工具**  選項列的**自動選取**，再從下拉列示窗點選**圖層**之後，利用**移動工具** 點選影像中有像素的部份，就能在**圖層**面板裡選取該圖層。若選擇的是**群組**，則會連同包含該物件的群組一併選擇。

　　同時選取多個物件，可利用**移動工具** 一起移動或變形。此外，按住 Shift 鍵在圖層面板裡點選圖層，也可以同時選取多個物件。同時選取多個圖層後，若點選圖層面板的**連結圖層鈕** ，就能同時移動。

> **TIPS**　「選取」功能表
>
> **選取**功能表中包括了**全部圖層**、**取消選取圖層**、**尋找圖層**這類命令，可視情況來選取圖層或解除選取。

---

① 勾選「自動選取」

在**移動工具** 選項列勾選**自動選取**，再從下拉列示窗點選**圖層**。

① 勾選後，選擇圖層

---

② 同時選取要移動的圖層

按住 Shift 鍵點選不同圖層的物件，即可同時選取圖層面板裡的兩個圖層。

③ 選取多個圖層

② 按住 Shift 鍵再點選

---

③ 讓多個圖層同時移動

用**移動工具**在畫面中拖曳，即可同時移動多個圖層。

④ 同時拖曳2個圖層

> **POINT**
>
> 若是利用 6-11 頁的方法將圖層整理成群組，就能同時移動群組內的圖層。

調整圖層的重疊順序

圖層可透過拖曳的方式，自由調整上下順序。

1 往上拖曳圖層

要調整圖層的重疊順序時，可往上或往下拖曳選取的圖層。此外，**背景**圖層無法移動，其他的圖層也無法移動到**背景**圖層下方。

2 圖層的重疊順序改變了

改變圖層的排列順序了。

TIPS 利用命令調整圖層順序

從**圖層**功能表的**排列順序**選擇：
移至最前（ Shift + Ctrl +] ）
前移（ Ctrl +] ）
後移（ Ctrl + [）
移至最後（ Shift + Ctrl + [）
反轉

2 原本在下層的圖層移到上層

複製圖層

複製圖層後，可以讓相同的影像重疊，再利用**混合模式**或**濾鏡**合成影像。

1 拖曳要複製的圖層

將要複製的圖層拖曳到**建立新圖層**鈕 即可。若是按住 Alt （ option ）鍵再拖曳至**建立新圖層**鈕 ，會開啟**複製圖層**視窗，此時可設定圖層名稱、目的地文件與工作區域再複製。

1 拖曳到這裡

2 圖層複製了

2 圖層複製了

在拖曳的圖層上方新增相同的圖層。

刪除多餘的圖層

刪除多餘的圖層之後，可讓該圖層從**圖層**面板消失。若有多餘的圖層，檔案會變大。刪除後，Photoshop 的執行速度也會比較順暢。

---

1 點選要刪除的圖層

先點選要刪除的圖層（選取狀態）。

❶ 點選此圖層

---

2 刪除圖層

點選**圖層**面板的**刪除圖層鈕**🗑，即可刪除圖層。此外，也可以直接將圖層拖曳到**刪除圖層鈕**🗑。

❷ 拖曳到這裡

❷ 按下此鈕

> **TIPS**　調整縮圖的大小
>
> 從**圖層**面板功能表點選**面板選項**，即可調整縮圖的大小。
>
>

> **TIPS**　定義與套用變數
>
> 從**影像**功能表的**變數**點選**定義**，可開啟**變數**視窗。若是文字圖層，可在此定義文字的顯示與取代方式；若是影像圖層則可定義影像的顯示與取代方式。
>
> 在最上面的列示窗選擇**定義**，可點選變數類型，若是選擇**資料集**，可按下**新增資料集鈕**，指定用來取代的文字與影像檔案（可同時指定多個）。定義完成，可從**檔案**功能表的**轉存**點選**資料集做為檔案**，將所有資料集轉存為 Photoshop 檔案。
>
>

6-4
圖層的顯示與鎖定

使用頻率	圖層變多之後，管理就會變得複雜，此時除了可在圖層面板隱藏圖層或圖層群組，也可以利用篩選器找出指定的圖層。
★ ★ ★	

顯示與隱藏圖層

當影像中有多個圖層時，可利用下列這些方法讓特定的圖層顯示或隱藏。

1 點選 👁 圖示

點選圖層面板左側的 👁 圖示。

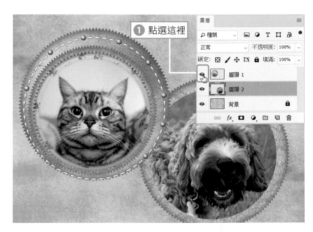
❶ 點選這裡

TIPS　隱藏其他圖層

按住 Alt 鍵（Mac 為 option）再點選 👁 圖示，就只會顯示該圖層，讓其他圖層全部隱藏。

---

2 圖層隱藏了

此時 👁 圖示將隱藏，圖層也跟著隱藏。

❷ 隱藏圖示了

TIPS　在圖示上拖曳

要讓多個連續的圖層顯示或隱藏時，可利用滑鼠拖曳圖示部分。

依類別篩選圖層

圖層一旦變多，只顯示特定種類的圖層或特定名稱的圖層會比較容易管理。從圖層面板最上方的**篩選器**列示窗，可選擇**種類**、**名稱**、**效果**、**模式**、**屬性**、**顏色**，然後輸入名稱或是從列示窗中選擇項目，都可篩選出要顯示的圖層。點選右側的 ⚫，可啟用或關閉篩選器。

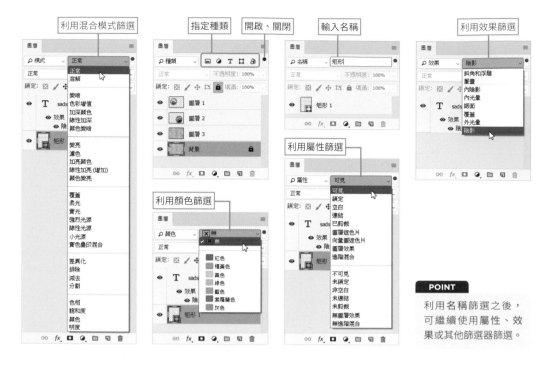

利用混合模式篩選　指定種類　開啟、關閉　輸入名稱　利用效果篩選

利用屬性篩選

利用顏色篩選

POINT

利用名稱篩選之後，
可繼續使用屬性、效
果或其他篩選器篩選。

鎖定圖層

圖層面板可鎖定選取的圖層，禁止移動影像或繪圖。共有 5 種鎖定按鈕可使用。

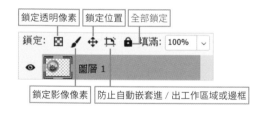

鎖定透明像素　鎖定位置　全部鎖定

鎖定影像像素　防止自動嵌套進 / 出工作區域或邊框

鎖定透明像素　只有非透明像素的部分填滿漸層色

鎖定圖層內的透明像素，無法編輯該部分，只有非透明像
素的部分可以編輯

鎖定位置

雖然可以修改影像，卻不能移動，否則會顯示警告訊息

6-5
以群組管理圖層

使用頻率

★ ★ ☆

建立類似資料夾的**群組**，可統一管理圖層。若同時有多個圖層存在，就能以展開或折疊的方式輕鬆管理。

▌如何建立「群組」？

將多個圖層整理成**群組**會比較容易管理，而且群組內還可以建立子群組。

1 建立群組

選取想要建立群組的下方圖層。按下圖層面板的**建立新群組**鈕 ▢。

2 建立新群組了

在選取的圖層上方會新增群組。

> **POINT**
>
> 建立群組後，群組會命名為**群組 1**。雙按群組名稱可反白標示，此時可重新命名為想要的名稱。

❶ 點選此圖層　　❸ 建立群組了

❷ 按下此鈕

3 將影像移動至群組裡

將圖層拖曳至群組，即可將影像移動到群組裡。此外，一次選取多個圖層再建立群組，這些圖層就會自動移入新增的群組裡。

> **POINT**
>
> 點選圖層群組的 ∨ 即可折疊群組。從圖層面板功能表點選收合所有群組，即可收合文件內的所有群組。

❹ 拖曳圖層　　❺ 圖層移到群組內了

刪除多餘的群組與群組內容

多餘的群組影像可連同群組一起刪除，或是只選擇群組資料夾後再刪除。

1 點選「刪除圖層」

選取要刪除的群組後，再按下刪除圖層鈕。

2 選擇要刪除的對象

此時會開啟交談窗，從中可選擇只刪除群組的資料夾，還是要連同群組內的圖層一併刪除。

刪除群組與內容

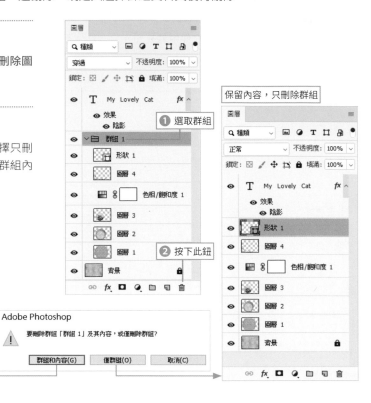

保留內容，只刪除群組

Adobe Photoshop

⚠ 要刪除群組「群組 1」及其內容，或僅刪除群組？

群組和內容(G)　　僅群組(O)　　取消(C)

TIPS **群組的不透明度與鎖定**

群組也可以設定不透明度或是套用混合模式以及鎖定。

群組也可設定不透明度或混合模式

6-6
合併圖層

使用頻率
★ ★ ☆

文件中若有多個圖層，且不需要再做修改，可合併成一個圖層，或是只將需要的圖層合併成單一圖層。此外，存檔時選擇不含圖層的檔案格式，或是希望圖層構造變得簡單時，都可以合併圖層。

與下方的圖層合併

選取圖層後，可與下方的圖層合併。當貼入影像時，與下方的圖層合併是很常見的操作，讓我們記住這個操作的快速鍵吧！

1 選擇「向下合併圖層」

要與下方的圖層合併時，可先點選圖層，再從圖層功能表或面板功能表點選向下合併圖層（ Ctrl ＋ E ）。

2 合併為單一圖層

此時將與下方圖層合併為單一圖層。若是按住 Alt 鍵（Mac 為 option 鍵）再點選向下合併圖層，可將目前圖層的影像複製到下方圖層。

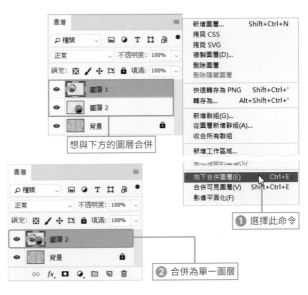

合併可見圖層

也可以只合併圖層面板中，顯示 👁 圖示的圖層。

1 選擇「合併可見圖層」

選取要合併的圖層（顯示中的圖層），再從圖層功能表或圖層面板功能表點選合併可見圖層（ Ctrl ＋ Shift ＋ E ）。

② 合併為單一圖層

此時可見圖層會合併為單一圖層。若
是按住 [Alt] 鍵 (Mac 為 [option] 鍵) 再
點選**合併可見圖層**命令，可將所有可
見圖層複製到選取中的圖層。

② 合併為單一圖層

POINT

要合併剪裁遮色片或群組這類圖層時，可點選剪裁遮色片下方
的圖層，再從圖層功能表或圖層面板功能表點選合併剪裁遮色
片 ([Ctrl] + [E])。

影像平面化

　　影像平面化可將所有影像圖層合併成一個圖層。若是圖層或背景為透明的影像，當另存為
BMP 或 EPS 格式的檔案，檔案名稱會加上「**的拷貝**」，無法以相同的名稱儲存。此時執行**影像
平面化**命令，就能儲存為 EPS 格式或其他格式。

① 點選「影像平面化」

從**圖層**功能表或**圖層**面板功能表點選
影像平面化。

POINT

若有隱藏的圖層，就會顯示是否放棄
隱藏圖層的視窗，可視情況做選擇。

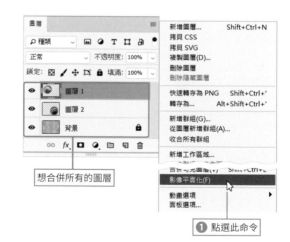

想合併所有的圖層

① 點選此命令

② 整合為背景

影像將全部整合成沒有透明部分的**背
景**圖層。

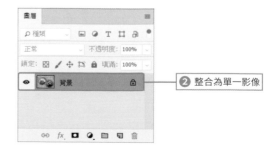

② 整合為單一影像

6-7
以不透明度或混合模式合成

使用頻率
★ ★ ★

每個圖層都可以設定不透明度，讓影像變得透明，也可以利用混合模式指定與下層圖層合成的方法。這是影像合成的基本操作。

設定圖層的不透明度

圖層若設定了**不透明度**，下層圖層的影像就會透到上層來。通常我們會在**圖層**面板設定不透明度，但若要與其他的圖層效果搭配，則會從**圖層**功能表下的**圖層樣式**點選混合選項，再於圖層樣式視窗設定**不透明度**。100% 代表完全不透明，會完全遮住下層的圖層，0% 代表完全透明。

拖曳滑桿，設定不透明度

「圖層樣式」視窗	「圖層」面板

利用「混合模式」合成

替圖層設定混合模式，可以藉此指定合成的方法。直接使用**圖層**面板的下拉式功能表就可以選擇混合模式。套用混合模式後的結果請參考 16-17 頁的一覽表。

圖層的混合模式與繪圖工具的混合模式效果相同，但是兩者的使用方法可說是完全不同。使用繪圖工具時，設定的混合模式只會套用在選取中的圖層，而混合模式則會套用在選取中的圖層以及下方的所有圖層。

於「圖層」面板設定

於「圖層樣式」視窗設定

正常

色彩增值

濾色

實色疊印混合

6-8
圖層樣式的「混合選項」設定

使用頻率
★ ★ ☆

圖層樣式提供多種效果，例如：陰影、光暈、漸層、……等，在替圖層加上效果前，首先說明混合選項中的混合模式與不透明度的使用。

圖層樣式的混合設定

在圖層樣式的**混合選項**中，可設定混合模式、不透明度以及其他進階的效果設定。

1 選擇「混合選項」

雙按圖層面板的圖層縮圖，或是從圖層面板功能表點選**混合選項**命令，或按下圖層面板的**增加圖層樣式鈕** _fx_ ，都可以開啟圖層樣式視窗。

❶ 選取圖層
❷ 按下此鈕
❸ 選擇此命令

2 顯示圖層樣式

圖層樣式視窗左側的第一個項目是**混合選項**，點選此項即可在視窗右側設定混合模式、不透明度、進階混合、……等設定。

設定圖層效果

進階圖層樣式設定

▶ 填色的不透明度

圖層的**主要不透明度**可調整圖層整體的不透明度，而**填滿**的不透明度則可設定不會對斜角或陰影這類圖層樣式造成影響的不透明度。

圖層的主要不透明度「35%」

圖層的填滿不透明度「35%」

▶ 色版

在圖層或圖層群組繪圖（剪裁或穿透）時，可勾選**色版**的資料，限制繪圖的範圍。預設值是勾選 RGB 這三個色版。

▶ 穿透

穿透的下拉列示窗可指定穿透哪個圖層，以便瀏覽其他圖層的內容。**填滿**的不透明度愈接近 0，套用該設定的圖層其下方圖層就愈清楚，但是套用穿過效果後，就不會讓下方的圖層透到上層來。設定穿過的條件如下。

在群組內的圖層設定**穿過**選項
在裁剪群組設定**穿過**選項

讓我們試著在群組內的文字圖層設定**穿過**效果。群組本身的混合模式就是**穿過**。

群組的混合模式設定為「穿過」

雙按群組的文字圖層的圖層樣式名稱，再於**圖層樣式**視窗的**混合選項**設定**穿透**。

下方圖層因為填滿的不透明度設定而穿透

套用的圖層的點陣效果被忽略，直接穿透

下方的形狀圖層無法在文字內部顯示，群組下方的圖層可在文字內部顯示

剪裁群組的上方停止穿透

群組下方的圖層無法於文字內部顯示

混合範圍

混合範圍這項功能可在重疊的 2 個圖層間，減少影像的亮部、陰影範圍或色彩值，並指定上層影像的顯示範圍。

▶ 此圖層

此圖層滑桿可縮減目前選擇的圖層的色彩值（0～255）。左側的滑桿可讓影像的黑色部分消失，右側的滑桿可讓白色的部分消失，然後顯示下方的影像。

▶ 下面圖層

下面圖層的滑桿能以下方圖層的影像為縮減色彩值的基準，並讓這個設定套用在選取的圖層。

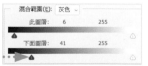

6-9
圖層樣式

使用頻率
★ ★ ☆

Photoshop 可在圖層套用樣式，讓各種影像套用特殊效果，也能套用複雜的圖層樣式。接下來就為大家介紹混合選項以外的樣式。

套用圖層樣式

1 選擇圖層樣式

選取要套用效果的圖層（範例選取的是文字圖層）。按下**增加圖層樣式按鈕**，再選擇要套用的樣式（**陰影**）。

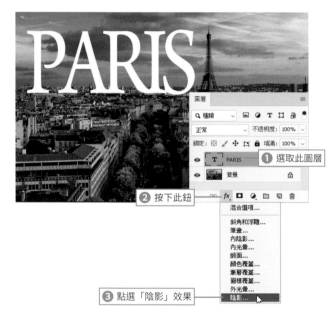

① 選取此圖層

② 按下此鈕

③ 點選「陰影」效果

⑤ 設定樣式

⑥ 按下此鈕

2 設定樣式（陰影）

開啟**圖層樣式**視窗後，會看到左側最下方的**陰影**樣式已經被選取。完成**陰影**樣式的各項設定後，按下**確定**鈕。

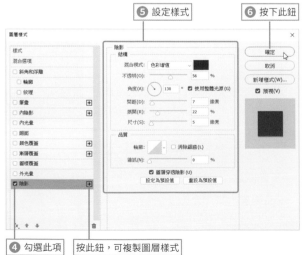

TIPS 同時設定多個圖層樣式

在**圖層樣式**視窗的左側樣式列表，可同時設定多個樣式。各種樣式可組合成意想不到的效果。

④ 勾選此項　　按此鈕，可複製圖層樣式

3　套用樣式了

套用圖層樣式了。圖層的右側會顯示套用了圖層樣式的圖示 *fx*，下方則會顯示套用的效果名稱。點選 👁 可隱藏套用的效果，雙按效果名稱可開啟**圖層樣式**視窗，重新設定圖層樣式。

⑦ 套用陰影效果了

表示套用圖層效果的符號

雙點這裡可開啟「圖層樣式」視窗

陰影

陰影效果可替影像、文字與形狀設定陰影，營造立體的效果。陰影的長度、角度、展開範圍、雜訊、形狀都可調整，請依需求設定想要的陰影效果。

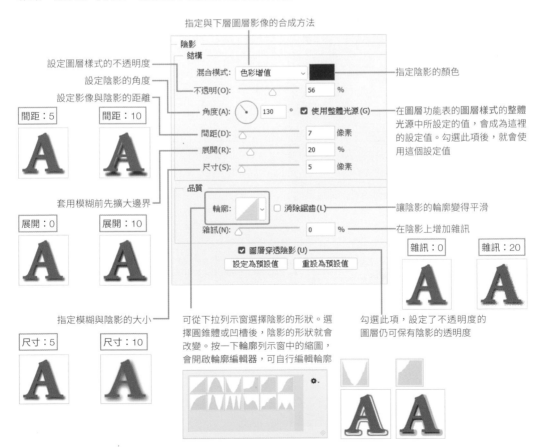

指定與下層圖層影像的合成方法

設定圖層樣式的不透明度

設定陰影的角度

設定影像與陰影的距離

間距：5　　間距：10

指定陰影的顏色

在圖層功能表的圖層樣式的整體光源中所設定的值，會成為這裡的設定值。勾選此項後，就會使用這個設定值

套用模糊前先擴大邊界

展開：0　　展開：10

讓陰影的輪廓變得平滑

在陰影上增加雜訊

雜訊：0　　雜訊：20

指定模糊與陰影的大小

尺寸：5　　尺寸：10

可從下拉列示窗選擇陰影的形狀。選擇圓錐體或凹槽後，陰影的形狀就會改變。按一下輪廓列示窗中的縮圖，會開啟輪廓編輯器，可自行編輯輪廓

勾選此項，設定了不透明度的圖層仍可保有陰影的透明度

內陰影

　　內陰影就是陰影進入影像內部的效果。以文字而言，可營造文字往內凹陷的效果。

內陰影或內光暈的遮罩邊界在模糊之前就先內縮

外光暈

　　讓影像的外側模糊，營造從後面打光的效果。若想製作出噴槍的效果，就很適合套用外光暈。

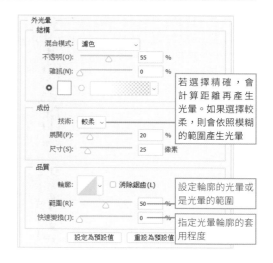

若選擇精確，會計算距離再產生光暈。如果選擇較柔，則會依照模糊的範圍產生光暈

設定輪廓的光暈或是光暈的範圍

指定光暈輪廓的套用程度

內光暈

　　從影像的輪廓往內部模糊。選擇**居中**時，會於影像的中心點套用光暈，邊緣則不套用。選擇**邊緣**則從影像的輪廓開始往內側套用。

選擇居中，就會從中央往外側套用光暈，選擇邊緣則從影像的輪廓往內側套用

斜角和浮雕

可在影像的一邊套用亮部效果，並在相反方向的另一邊套用陰影效果。套用這個效果後，可繼續套用**輪廓**與**紋理**樣式。

選擇平滑可套用模糊效果，營造平滑的感覺
選擇雕鑿硬邊可計算距離再套用效果
選擇雕鑿柔邊可計算修正的距離再套用效果

| 平滑 | 雕鑿硬邊 | 雕鑿柔邊 |

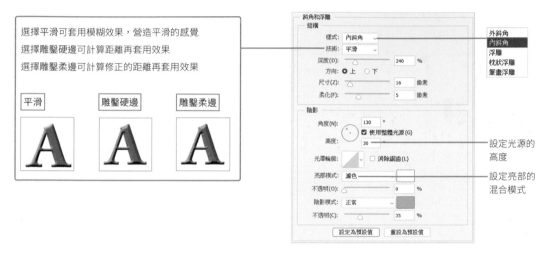

設定光源的高度

設定亮部的混合模式

▶ **輪廓**

啟用**輪廓**可設定斜角和浮雕的輪廓形狀與範圍。

▶ 紋理

勾選**紋理**項目，即可選擇紋理，再將斜角和浮雕的效果套用至影像。

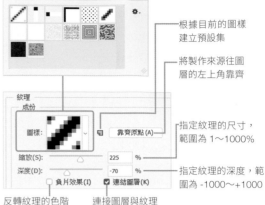

根據目前的圖樣建立預設集

將製作來源往圖層的左上角靠齊

指定紋理的尺寸，範圍為 1～1000%

指定紋理的深度，範圍為 -1000～+1000

反轉紋理的色階

連接圖層與紋理

鍛面

依照圖層的影像形狀套用色調。

顏色、漸層、圖樣覆蓋

以指定的顏色、漸層、圖樣以及指定的混合模式填滿圖層內的非透明部分。也可以設定不透明度。

這個效果與在**圖層**面板中啟用**鎖定透明像素**，填滿影像或套用漸層得到的效果相同。

設定漸層的樣式

使漸層對齊圖層

圖層樣式的複製 & 貼上

設定的圖層樣式，可以只複製樣式到其他圖層或其他文件的圖層。

1 選取要複製的圖層樣式

選取要複製圖層樣式的圖層，再從圖層功能表的圖層樣式中點選**拷貝圖層樣式**。

① 選取圖層

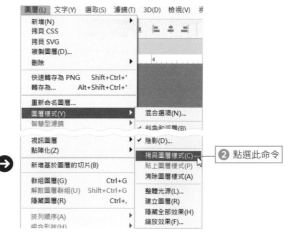

② 點選此命令

2 貼上圖層樣式

開啟其他影像，再選取圖層（範例點選的是文字圖層）。從圖層功能表的**圖層樣式**子功能表中，點選**貼上圖層樣式**。

③ 開啟其他影像，選擇要套用圖層樣式的圖層

3 套用圖層樣式

此時圖層樣式將套用到其他影像的文字圖層。

④ 套用圖層樣式了

隱藏與清除圖層樣式

圖層樣式可隨時隱藏或是清除。選取套用了圖層樣式的圖層，再從圖層功能表的**圖層樣式**選擇**隱藏全部效果**，可隱藏所有圖層的圖層樣式。

選取套用了圖層樣式的圖層，再從圖層功能表的**圖層樣式**選擇**清除圖層樣式**，可清除所有套用的效果。也可以直接從圖層面板將**圖層樣式**拖曳到 🗑，一樣可清除圖層樣式。

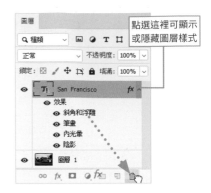

點選這裡可顯示或隱藏圖層樣式

縮放圖層樣式

圖層樣式可設定縮放的比例 (%)。從圖層功能表的**圖層樣式**點選**縮放效果**。

將圖層樣式轉換成影像圖層

圖層樣式可獨立分割成另一個影像圖層。將圖層樣式轉換成影像後，可以再套用濾鏡或筆刷。

1 選擇「建立圖層」

選取套用圖層樣式的圖層，再從圖層功能表的圖層樣式點選建立圖層。

2 按下「確定」鈕

按下確定鈕。

3 圖層樣式分割成圖層

圖層樣式點陣化為影像圖層。

1 按下此鈕

2 圖層樣式分割成圖層

6-10
「樣式」面板

使用頻率	建立完成的圖層樣式可先新增至樣式面板，後續就能將相同的樣式套用至其他圖層。
★ ★ ☆	

套用「樣式」面板的樣式

1 開啟「樣式」面板

先選取要套用樣式的圖層。

> **POINT**
>
> 若樣式面板尚未開啟，可從視窗功能
> 表點選樣式，開啟樣式面板。

2 在圖層中套用樣式

點選預先新增至**樣式**面板的樣式，就
能將樣式套用在剛剛選取的圖層上。

樣式面板功能表內建了其他的樣式集，載入之後，即可用於按鈕或標幟的設計。若想使用預設的樣式集，可點選**重設樣式**。

此外，從**編輯**功能表的**預設集**點選**預設集管理員**，也能變更樣式預設集的種類。

玻璃按鈕

影像效果

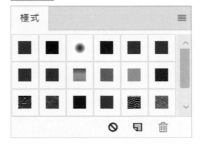

網頁樣式

按鈕

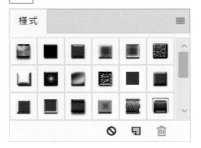

紋理

相片效果

將圖層樣式新增至「樣式」面板

將建立的圖層樣式新增至**樣式**面板,就能在其他的圖層套用該樣式。

1　點選「建立新增樣式」鈕

選取設定了圖層樣式的圖層,再按下**樣式**面板的**建立新增樣式鈕** 。

❶ 選擇圖層

❷ 按下此鈕

2　替樣式命名

開啟**新增樣式**視窗後,輸入樣式名稱,並依照需求設定選項,最後按下**確定**鈕。

POINT

勾選新增至我目前的資料庫,則會將樣式儲存在 Creative Cloud 資料庫中,可與其他應用程式一樣共用樣式。

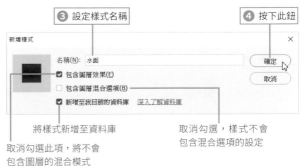

❸ 設定樣式名稱　　　　　　　　❹ 按下此鈕

將樣式新增至資料庫

取消勾選此項,將不會包含圖層的混合模式

取消勾選,樣式不會包含混合選項的設定

3　新增圖層樣式了

樣式面板將新增圖層樣式。

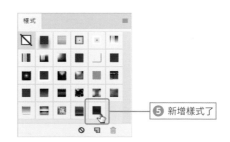
❺ 新增樣式了

TIPS　**顯示樣式的方法**

從**樣式**面板功能表點選**僅文字**,可以只顯示樣式的名稱,若點選**縮圖**或**清單**,即可以大、小圖示顯示。

6-11
圖層的變形操作

使用頻率 ★★★	圖層內的影像可旋轉、縮放或扭曲，而且各圖層的影像還可以對齊或等距地排列。

縮放圖層內的影像

要放大、縮小圖層內的影像時，拉曳「變形框」是最快的方法。

1 選取圖層

在圖層面板中選取圖層或群組。

2 顯示邊框

在移動工具的選項列，勾選顯示變形控制項。

3 拖曳控制點

顯示「變形框」後，拖曳四個角落或邊線中央的控制點，即可縮放影像。

POINT

執行編輯功能表的任意變形，也會顯示「變形框」，用控制點來縮放影像。

POINT

按住 Shift 鍵拖曳，可維持原有的比例縮放。

④ 按下 `Enter` 鍵確定

按下 `Enter` 鍵確定縮放。群組或是連結圖層的多個物件也能同時變形。若設定了選取範圍，就能只讓選取範圍變形。

POINT

點選選項列右側的確認變形也能確定變形。

④ 按下 `Enter` 鍵確定

依照內容做縮放

縮放影像時，若有特定部份不想被放大、縮小，可執行**編輯**功能表的**內容感知比率**命令，將要保護的部分先建立色版。

① 建立 Alpha 色版

首先，替不想縮放的部份建立 Alpha 色版。請選取銅像的部份 (不需保護底座)，再儲存為 Alpha 色版 (儲存方法請參考 5-21 頁)。

❶ 建立 Alpha 色版

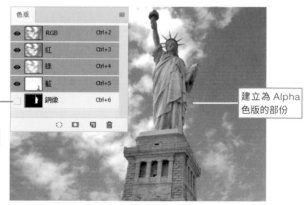

建立為 Alpha 色版的部份

② 執行「內容感知比率」命令

選擇要縮放的目標，再從編輯功能表點選**內容感知比率**。在選項列的**保護**選擇 Alpha 色版 (銅像)。

❸ 指定 Alpha 色版

❷ 建立選取範圍

③ 拖曳控制點縮放影像

拖曳控制點縮小影像後，被保護的銅像部分不會縮小，只有底座的部分會縮小。

④ 拖曳後縮小

以透明色版指定的部分不會縮小

只有底座的部分縮小

▌旋轉圖層影像

透過「變形框」縮放圖層影像時，也可以利用控制點來旋轉影像。

① 顯示「變形框」

選取要旋轉的圖層或群組，再於**移動工具**的選項列勾選**顯示變形控制項**。

② 勾選此項

① 選取圖層

顯示「變形框」

② 拖曳旋轉控制點

將滑鼠游標移到控制點外側後，會顯示旋轉控制點 ⤵，此時可開始拖曳，影像也會跟著旋轉。

④ 拖曳此處

③ 顯示旋轉控制點

3　確定變形

按下 Enter 鍵或是點選**選項列**的確認變形鈕 ✓，即可完成旋轉。

> **TIPS**　**以 15°為單位旋轉**
>
> 按住 Shift 鍵再拖曳控制點，就能讓旋轉的角度限制在 15°之內。

> **TIPS**　**以 90°、180° 旋轉**
>
> **編輯**功能表的**變形**子功能表還有**旋轉 180 度**、**順時針旋轉 90 度**與**逆時針旋轉 90 度**的命令。

▶ 變更旋轉的中心點

旋轉的中心點預設為影像的中央，可藉由拖曳的方式移動到其它地方。

1　拖曳中心點

一般來說，變形的中心點符號✥都位在圖層或群組影像的中心位置。將變形中心點拖曳到邊緣，就能以影像的邊緣作為旋轉的中心點。

2　確認中心點移動了

試著拖曳影像的控制點，讓影像旋轉後，發現這次旋轉的確以不同位置的中心點為軸心。

將影像傾斜

要讓圖層中的影像傾斜，可從**編輯**功能表的**變形**選取**傾斜**。

1 將邊線水平或垂直移動

拖曳四邊邊線中央的控制點，將邊線往水平或垂直方向移動。

① 拖曳中央的控制點

> **TIPS** 以影像的中心為軸心，讓影像對稱地傾斜
>
> 按住 Alt 鍵再拖曳，就能以影像的中心點為軸心，對稱地傾斜影像。

2 拖曳角落控制點，往水平或垂直方向移動

拖曳角落的控制點，可以只讓該角落往水平或垂直方向移動，其它三個角落不會變動。

② 拖曳角落的控制點

> **POINT**
> 當使用「變形框」來縮放影像時，只要按住 Ctrl + Shift 鍵再拖曳控制點，即可快速切換成「傾斜」來變形。

讓影像自由變形

要讓圖層中的影像自由變形，可從**編輯**功能表的**變形**選取**扭曲**。

1 將控制點拖曳至任何的位置

拖曳**扭曲**的控制點，可將控制點移動到任何位置，自由地扭曲影像。

將控制點拖曳至任意的位置

> **POINT**
> 若是以「變形框」扭曲影像，可按住 Ctrl 鍵再拖曳控制點。

影像的透視變形

要縮放影像的四個邊，使其看起來具有**透視**效果時，可從**編輯**功能表的**變形**選取**透視**。

1 讓左右或上下的邊對稱變形

拖曳控制點可讓左右或上下的邊對稱變形。

拖曳

影像的水平 / 垂直翻轉

要讓圖層中的影像翻轉，可從**編輯**功能表的**變形**選取**垂直翻轉**或**水平翻轉**。此外，將控制點往另一端的控制點拖曳，即可讓影像以任意的寬度翻轉。

水平翻轉

垂直翻轉

以任意的寬度拖曳翻轉

拖曳

6-12
彎曲變形及透視

使用頻率	使用 Photoshop 的彎曲、操控彎曲、透視彎曲、……等功能，即可拖曳路徑或圖釘，讓影像變扭曲或是修正透視造成的變形。
★ ☆ ☆	

利用「彎曲」功能變形

彎曲效果不只可套用在文字上，圖層內的物件或形狀也可以套用彎曲效果。

1 顯示網紋

先選取要套用彎曲效果的圖層。再從**編輯**功能表的**變形**中選取**彎曲**，即會顯示網紋。

❶ 顯示網紋

2 建立彎曲形狀

拖曳網紋的控制點或方向線，建立彎曲形狀。決定形狀後，按下**選項列**的**確認變形** ✓ 或是按下 Enter 鍵。

❷ 拖曳控制點或方向線

❸ 按下 Enter 鍵確定變形

▶ 從「選項列」套用彎曲效果

執行**彎曲**命令後，也可以從**選項列**的**彎曲**列示窗中，套用預設的形狀。

選擇形狀

拱形

標幟

操控彎曲（CC 2014 之後的功能）

操控彎曲可在顯示網紋後，以不影響其他區域為前提，只讓圖層、圖層遮色片或向量遮色片變形。

① 顯示網紋

請先選取要變形的圖層，再從**編輯**功能表點選**操控彎曲**，影像上就會顯示網紋。

① 顯示網紋

② 在網紋上配置圖釘

在網紋上點、按，可配置固定或要變形的圖釘。

POINT

將影像轉換成智慧型物件再變形，不會破壞原始影像，可多次修改變形。此外，文字可先點陣化再變形。

② 陸續配置圖釘

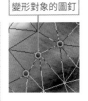
變形對象的圖釘

③ 拖曳圖釘

拖曳圖釘，即可在其他圖釘固定位置的狀況下，讓拖曳的部分變形。按下 [Enter] 鍵確定變形。

POINT

按住 [Alt] 鍵 + 按一下圖釘，可移除圖釘。若是設置了太多圖釘，導致圖釘重疊在一起，可按下選項列中圖釘深度的 ▛ 來解決。

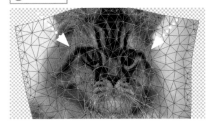
③ 拖曳變形

按住 [Alt] 鍵，再將滑鼠游標移到圖釘的附近，圖釘附近就會顯示圓形。沿著圓形拖曳滑鼠游標，可讓影像以圖釘為軸心旋轉

網紋的延展性　網紋的密度　擴張或縮減變形區域

透視彎曲（CC 2017 之後的功能）

執行**編輯**功能表中的**透視彎曲**可建立矩形框，只要將矩形框周圍的圖釘對準建築物的邊緣，就能修正以廣角鏡頭仰拍建築物所造成的透視變形。

② 點選「彎曲」

④ 按此鈕確定變形

① 將矩形框上的圖釘依建築物的外觀配置

③ 拖曳圖釘

POINT

編註：若無法使用此功能，請執行編輯→偏好設定→效能，開啟視窗後，勾選使用圖形處理器，再按下進階設定鈕，勾選使用圖形處理器加速運算。

6-13
智慧型物件

智慧型物件可在維持原影像畫質下縮放、旋轉、彎曲影像,也能變更影像的解析度與套用濾鏡,是一種非破壞性的功能。

利用「智慧型物件」變形

選取圖層後,從圖層面板功能表點選**轉換為智慧型物件**,即可將影像轉換為智慧型物件。

1 準備影像

在右圖的範例裡,左邊是智慧型物件,右邊是一般的點陣圖物件。

智慧型物件　　　　　　　　　　　點陣圖物件

2 縮小影像尺寸

將兩邊的影像,分別執行**編輯→變形→縮放**,再於選項列的 **W** 與 **H** 輸入 25%。

W: 25%　∞　H: 25%　　　縮小為 25%

一般的物件與智慧型物件都縮小為 25%

3 將影像尺寸放大為 4 倍

將縮小的兩個物件放大 4 倍,還原為原本的尺寸。執行**縮放**命令後,智慧型物件的 **W** 與 **H** 為 25%,所以會還原為 100%。而點陣圖物件在執行**縮放**命令後,縮小的尺寸會成為 100%,所以還原後,會變成 400%。

25% → 100%

W: 100.00%　∞　H: 100.00%

智慧型物件

100% → 400%

W: 400%　∞　H: 400%

點陣圖物件

POINT

在「智慧型物件」上套用濾鏡,就能以「智慧型濾鏡」的方式套用,之後就可以像調整圖層樣式一樣,利用圖層重複設定濾鏡效果(參考 13-4 頁)。

④ 確認影像

經過縮放後，智慧型物件可保有原本
的畫質，但是點陣圖物件的畫質卻下
降了。

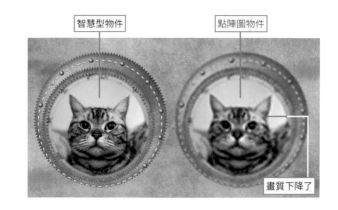

智慧型物件　點陣圖物件

畫質下降了

編輯「智慧型物件」

　智慧型物件可直接套用圖層樣式、不透明度、混合模式與濾鏡，完成影像的調整，但是不能直
接套用陰影／亮部、HDR 色調等色調調整，要調整色調，請利用以下的操作來完成。

① 選擇「編輯內容」

在智慧型物件圖層按下滑鼠右鍵，選
擇編輯內容。

② 點選這裡

① 按滑鼠右鍵

② 於編輯視窗調整色調

接著會開啟另一個文件視窗，此視窗
的影像就是還沒轉換成智慧型物件的
圖層，此時可調整色調 (右圖範例調
整的是色相)。

③ 開啟編輯視窗　④ 變更色相後，儲存與關閉視窗

③ 調整的結果套用在智慧型物件

儲存與關閉視窗後，剛剛的調整結果
就會套用在智慧型物件。若有智慧型
物件的副本，也會套用編輯結果。

6-14
圖層構圖

使用頻率

★ ☆ ☆

Photoshop 提供了圖層構圖功能，可將不同的圖層設定、版面編排儲存起來。當我們想要比較不同的版面排列時，只要在圖層構圖面板中切換記錄即可。

▌何謂「圖層構圖」？

提出平面設計、網頁設計給客戶時，通常都會製作多個版本。例如：Logo 的顏色有所更動的版本，或是只有影像替換的版本，在之前的 Photoshop 版本中，通常為了要還原這類部分的變更，都必須複製圖層，再以圖層的可見度控制是否顯示另外的設計版本。現在只要使用**圖層構圖**這項功能，就能替圖層的狀態 (可見度與排列順序) 命名，將狀態儲存至**圖層構圖**面板。接下來要示範更換網頁設計背景影像的版本。

1 可見度的設定

在**圖層**面板設定圖層的顯示／隱藏，設定成想儲存為圖層構圖的狀態。

❶ 隱藏圖層　　顯示這個圖層

2 按下「建立新增圖層構圖」鈕

按下圖層構圖面板的建立新增圖層構圖鈕 🔲，新增圖層構圖。

❷ 按下此鈕

③ 設定圖層構圖

開啟**圖層構圖選項**視窗後，輸入圖層構圖名稱，再於**套用到圖層**勾選要記錄成圖層構圖的項目。可視需要輸入註解。按下**確定**鈕完成設定。

④ 勾選這裡　③ 輸入圖層構圖名稱
⑤ 點選這裡

④ 新增為圖層構圖

圖層的可見度狀態新增為圖層構圖。

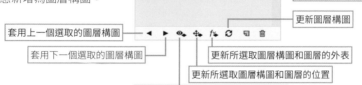

⑥ 新增為圖層構圖
更新圖層構圖
套用上一個選取的圖層構圖
套用下一個選取的圖層構圖
更新所選取圖層構圖和圖層的外表
更新所選取圖層構圖和圖層的位置
更新所選取圖層構圖和圖層的可見度

⑤ 新增其他的圖層構圖

接著讓其他的圖層顯示，再將該狀態新增為圖層構圖。這次範例是顯示紫色 Logo 的圖層。

點選後，就會顯示圖層構圖的狀態

6-15
圖層的對齊、均分與自動對齊

| 使用頻率 ★★☆ | 可讓多個連結的圖層影，對齊邊緣或是等距排列。 |

▌圖層的對齊

❶ 選取多個圖層，再設定連結

選取多個要對齊影像的圖層，再按下
圖層面板的連結圖層鈕 。

> **POINT**
>
> 要選取多個相鄰的圖層可按住 Shift
> 鍵點選開頭與結束的圖層。若圖層不
> 相鄰，可按住 Ctrl 鍵再點選。

❷ 點選基準圖層

在連結的圖層中，點選做為對齊基準
的圖層。

❸ 對齊

從圖層功能表的對齊點選頂端邊緣。
也可以從選項列按下對齊頂端邊緣
▔。剛剛選取的圖層就會以物件的
頂端為基準，對齊所有物件。

❸ 點選基準圖層
❶ 選取多個圖層
❷ 點選連結圖層鈕

❹ 選取這裡

❺ 連結的圖層都對齊基準圖層的頂端

讓圖層的影像均勻分散

圖層功能表的**均分**命令，可讓選取的圖層影像沿著基準線均勻分散。與**對齊**命令不同的是，不管以哪個圖層為基準，效果都是一樣。

原始影像

頂端邊緣

垂直居中
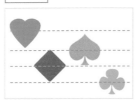

底部邊緣

左側邊緣

水平居中

右側邊緣

圖層的「自動對齊」

Photoshop 可自動連接每張含有局部相同內容的全景影像。此外，也可將視訊的影格轉換成圖層後再對齊。

1 在「圖層」面板配置影像

此範例要製作全景影像，所以在圖層面板配置了五張照片。不需要先將這些圖層的影像錯開來。

❶ 在圖層配置影像

2 選取圖層

按住 Shift 鍵在圖層面板中，選取要對齊的圖層。

❷ 選取要對齊的圖層

若有不想移動的圖層，可先鎖定圖層

③ 執行「自動對齊圖層」

從**編輯**功能表點選**自動對齊圖層**，就會開啟視窗，讓你選擇對齊方式。這裡選擇的是**自動**。

③ 點選此項　④ 按下此鈕

④ 自動對齊

此時圖層將自動對齊，照片也會無縫重疊。如果重疊的結果不佳，可試著從視窗點選**透視、圓筒式、重新定位**這些選項。

若是點選**球面**，再執行 **3D →新增來自選取圖層的 3D 模型**，再執行 **3D →球面全景**，就能以 3D 資料建立 360°全景影像。

TIPS 　**自動混合圖層**

編輯功能表的自動混合圖層，可在多個圖層的銜接部分無法順利銜接或是曝光度不一致時，讓影像變得平滑，也能調整色調再讓影像銜接。處理後的圖層會分別新增遮色片。

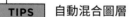

合成前

合成後

6-16
建立圖層遮色片

使用頻率

圖層遮色片可控制圖層內的局部或全部影像是否顯示。由於不是直接在影像上建立遮色片範圍，所以操作會稍微複雜一點，但是在進行影像合成時，這是非常好用的功能，請務必學會。

建立圖層遮色片

❶ 選取影像的範圍

選取要控制（可見度）影像的範圍。

❶ 建立選取範圍

> **TIPS　選取影像的快速鍵**
>
> 按住 Ctrl 鍵點選圖層面板的縮圖，就能自動辨識圖層內的影像，依此建立選取範圍。

❷ 選取圖層

在圖層面板選取要設定圖層遮色片的圖層。

❷ 選取圖層

❸ 遮住選取範圍之外的部分

從圖層功能表的圖層遮色片選擇顯現選取範圍。也可以按下圖層面板的增加圖層遮色片鈕 ◻ 建立。

❸ 按下此鈕

❸ 選擇此命令

④ 顯示連結圖示

此時圖層縮圖與圖層遮色片縮圖之間
會顯示連結圖示。

連結圖示

遮色片縮圖

圖層遮色片的操作

　　選取遮色片縮圖後可填色，也可在**內容**面板調整濃度、羽化與遮色片範圍。填入黑色時，下層
的影像會透上來，填入灰色時，會以中間色調的模式與背景混合。也可以設為漸層，所以能套用
各種效果。

① 點選圖層遮色片縮圖

點選圖層遮色片的縮圖，將圖層遮色
片切換成可編輯的狀態。

❶ 點選這裡

② 調整圖層遮色片

在圖層遮色片填色或設定漸層色，再
於**內容**面板調整濃度與羽化。

以 50% 灰階填色

在「內容」面板設定「羽化」

設定漸層色

▶ 選取「隱藏選取範圍」的情況

　　選取好要作為圖層遮色片的範圍後，執行圖層功能表的**圖層遮色片**選擇**隱藏選取範圍**，可將選取範圍轉成遮色片，並隱藏選取範圍內的影像。此外，按住 Alt 鍵（Mac 為 option 鍵）點選圖層面板的**增加圖層遮色片**鈕，也可以建立相同的遮色片。

「內容」面板的操作

　　內容面板可根據選取範圍或路徑範圍新增遮色片，也能設定遮色片的濃度、羽化與調整遮色片邊界。

Alt ＋點選，可建立隱藏整個圖層的遮色片

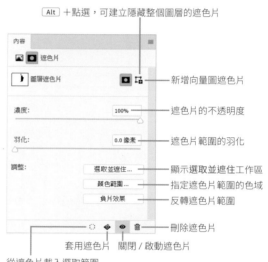

新增向量圖遮色片

遮色片的不透明度

遮色片範圍的羽化

顯示選取並遮住工作區

指定遮色片範圍的色域

反轉遮色片範圍

刪除遮色片

套用遮色片　關閉 / 啟動遮色片

從遮色片載入選取範圍

TIPS 　解除圖層遮色片的快速鍵

按住 Shift 鍵再點選遮色片縮圖，或按下**內容**面板的**關閉 / 啟動遮色片**鈕，都可停止使用圖層遮色片。

按住 Shift 鍵點選

也可以按此鈕

解除圖層遮色片了

刪除圖層遮色片

若圖層遮色片不再需要，可以刪除遮色片。

1　刪除圖層遮色片

點選圖層遮色片圖示，再按下**刪除圖層**鈕 🗑。或是按下**內容**面板的**刪除遮色片**鈕 🗑。

❶ 點選這裡

❷ 按下此鈕

❷ 按下此鈕

2　按下「刪除」鈕

接著會開啟交談窗，詢問你是否要刪除遮色片，請按下**刪除**鈕，即可刪除圖層遮色片。

❸ 按下此鈕

3　圖層遮色片刪除了

刪除圖層遮色片了。

❹ 圖層遮色片被刪除了

TIPS　平面化所有遮色片

從**檔案**功能表的**指令碼**點選**平面化所有遮色片**，遮色片效果會與影像合成在一起，並且刪除遮色片，刪除遮色片後可以讓檔案變得比較小。

		CS6	CC	CC14	CC15	CC17	CC18	CC19

6-17
建立剪裁遮色片

使用頻率
★ ☆ ☆

你可以對多個圖層做分組，再以某個圖層的上方影像作為遮色片。

建立剪裁遮色片

① 點選圖層的邊界

按住 Alt 鍵（Mac 為 option 鍵），然後在圖層與圖層之間的邊界按一下。

POINT

在圖層面板點選圖層，再從圖層功能表點選建立剪裁遮色片（Alt + Ctrl + G）也可以建立剪裁遮色片。

① 按住 Alt 鍵 + 按一下滑鼠左鍵

② 建立剪裁遮色片

此時將與下方的圖層組成群組，下層的影像將當成上層影像的遮色片使用。右圖是將下層的文字圖層當成上層糖果影像的剪裁遮色片使用。

TIPS　應用剪裁遮色片的方法

剪裁遮色片的基本效果就是在文字圖層上方疊上照片圖層，並讓這兩個圖層組成群組，做出以文字切割照片的效果。

② 建立剪裁遮色片

圖層的群組化

讓圖層組成群組不僅可整理成單一圖層，還可讓下層圖層當成上層圖層的**剪裁遮色片**使用。最下層的圖層會在圖層名稱顯示底線，與上層圖層之間的邊界也會轉換成虛線，縮圖也會往右移動。

這是建立剪裁遮色片最簡單的方法。不過，在這個狀態下，群組之內的所有圖層並未連結，所以還是可以個別移動。要拖曳剪裁遮色片，讓多個圖層的影像一起移動，可先按下**連結圖層**鈕 🔗。

點選這裡連結圖層

▶ 群組化調整圖層

調整圖層（參考 9-2 頁）若與下層的影像圖層組成群組，以調整圖層指定的色調校正範圍只會套用在緊鄰的下層圖層。

文字、填滿與3D圖層

除了影像圖層之外，圖層還有文字圖層、填滿圖層與 3D 圖層。輸入文字後產生的文字圖層，是 Logo 設計與介面設計不可或缺的功能。

| | | CS6 | CC | CC14 | CC15 | CC17 | CC18 | CC19 |

7-1
輸入文字

使用頻率

★ ★ ★

Photoshop 不僅可以合成與編修影像，也可以輸入文字製作 Logo。輸入文字可使用文字工具，輸入後的文字也可繼續調整大小、顏色或是進行效果設定。

▌輸入文字

要在影像中輸入文字，可使用**文字工具**。**文字工具**分成「水平」與「垂直」兩種，點選工具後，在影像上按一下滑鼠左鍵，即可輸入文字。

1 選取「水平文字工具」 T.

從**工具面板**點選水平文字工具 T. 。

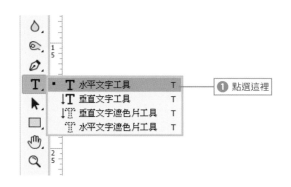

1 點選這裡

TIPS 輸入的文字顏色

文字的顏色會使用**選項列**設定的顏色，也會與**工具面板**的**前景色**連動。

2 在要輸入的位置按滑鼠左鍵

CC 2018 前的版本，在視窗內要開始輸入文字的位置按一下滑鼠左鍵，**圖層面板**就會新增文字圖層，此時只要在游標閃爍處輸入文字即可。
自 CC 2019 開始，使用文字工具在影像中按一下，會自動輸入「Lorem Ipsum」預留位置文字，並呈選取狀態，只要刪掉預留文字，輸入自己想要的文字即可。

3 設定文字格式

輸入文字後，可在**選項列**設定文字的顏色、字體、樣式、尺寸、對齊方式（參考 7-6 頁）。也可以先設定好格式，再輸入文字。

2 設定文字的格式

3 點選要開始輸入文字的位置

④ 新增文字圖層

以**水平文字工具** T 點選影像時，圖層面板就會新增文字圖層。

⑤ 設定文字的格式

輸入文字後，可按下**選項列**右側的**確定鈕** ✓（也可按下鍵盤數字區的 Enter 鍵）。點選文字方塊的外側也能確定輸入。按下**選項列**的**取消鈕** ⊘，就會取消輸入，文字圖層也會消失。

⑥ 按下此鈕

▶ **輸入多行文字**

剛才輸入的是單行文字，也可以拖曳**水平文字工具** T，在矩形的文字區塊中輸入多行文字。

① 拖曳「水平文字工具」

點選**水平文字工具** T 後，在影像中拖曳出一個區塊。

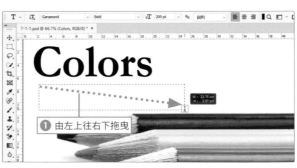

① 由左上往右下拖曳

② 輸入文字

在拖曳出的區塊中輸入文字，此時到了行末會自動換行。可視情況在**選項列**設定格式。

② 輸入文字

3 調整區塊的大小

在確認輸入文字前，拖曳四周的控制點，可調整區塊大小。

③ 拖曳控制點，調整文字區塊的大小

輸入垂直文字

1 點選「垂直文字工具」

從工具面板點選垂直文字工具。

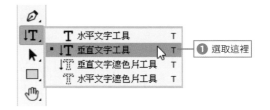

① 選取這裡

2 點選後輸入

點選影像後，即可在該位置輸入垂直文字。按下選項列的切換文字方向，即可將目前圖層裡的文字轉成垂直或水平方向。

② 按一下，即會顯示垂直文字滑鼠游標

③ 輸入文字

TIPS 沿著形狀輸入

文字也可以沿著物體的形狀、路徑輸入，或是沿著路徑移動文字。

以水平文字工具點選後輸入

以路徑選取工具的滑鼠游標，移動文字位置或是往路徑的另一側移動

			CS6	CC	CC14	CC15	CC17	CC18	CC19

7-2
移動與選取文字

使用頻率 ★ ★ ★	你可以選取個別的文字或是文字圖層來設定格式。要變更文字的位置，可使用移動工具來移動。

移動文字

　　輸入文字後，可利用**移動工具** 移動選取的文字圖層，將文字拖曳到適當的位置。

POINT
選取工具面板的其他工具時，按住 Ctrl 鍵，滑鼠游標就會變成移動工具的游標，此時可以移動文字物件。

拖曳文字的位置

選取整個文字圖層

1　雙按圖層縮圖

雙按圖層面板裡的文字圖層縮圖。

1 雙按這裡

2　選取所有文字

此時可選取圖層內的所有文字，也可以設定文字整體的格式。

2 選取所有文字

▶ 局部選取文字

　　若想局部選取文字，可像常見的文書處理軟體一樣，以文字工具 拖曳選取需要的文字。

拖曳選取部分的文字

7-3
設定文字的格式

使用頻率	接著一起練習替輸入的文字設定字體、尺寸、段落以及其他格式
★ ★ ★	的方法吧！格式設定可在輸入文字前或輸入後做設定。

變更字體

選取文字後，可從**選項列**的**搜尋並選取字體**下拉式列示窗，選擇需要的字體。若是有粗體或斜體的字體，也可以另外指定字體樣式。

輸入部分的字體名稱，篩選出需要的字體

選擇字體樣式

選取字體

文字功能表的**字體預視大小**可設定在功能表顯示的字體預視大小。

TIPS OpenType SVG 字體

從 CC 2017 開始可指定 OpenType SVG 字體。這是一種可在字符設定各種顏色與漸層，也可使用**字符**面板選擇特定的字符。

TIPS 利用「符合字體」從影像中尋找字體

假如不知道影像裡的文字是什麼字體，可先選取該文字圖層，再從**文字**功能表點選**符合字體**，Photoshop 就會找出形狀類似的字體（CC 2015.5 之後的版本）。

TIPS 調整文字大小的單位

預設的文字大小單位為 **pt**。在**編輯**功能表的**偏好設定**的**單位和尺標**可選擇文字大小的單位。共有**像素**、**點**、**公釐**這些單位可以選擇。

設定文字大小

在**選項列**的**設定字體大小**列示窗中可選擇字體大小，也可以直接輸入數值。

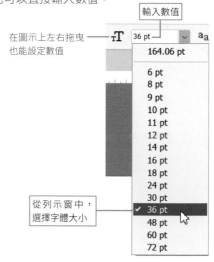

在圖示上左右拖曳也能設定數值

輸入數值

從列示窗中，選擇字體大小

TIPS	調整字體大小的快速鍵

Ctrl + Shift + <　縮小 2pt
Ctrl + Shift + >　放大 2pt

TIPS	選取文字的快速鍵

Alt + ↑　行距減少 2pt
Alt + ↓　行距增加 2pt
Alt + Shift + ↑　將基線位移增加 2pt
Alt + Shift + ↓　將基線位移減少 2pt
Alt + →　增加字距微調 10pt
Alt + ←　減少字距微調 10pt

TIPS	在「內容」面板變更文字格式

選取文字內容或是在**圖層**面板選取文字圖層後，**內容**面板就會切換成**文字圖層屬性**，可在此變更文字方塊的大小、字體、字體大小、對齊方式與顏色。

設定消除鋸齒的程度

消除鋸齒的設定有**無、銳利、尖銳、強烈、平滑**、Windows LCD、Windows 可以選擇，Windows 與 Windows LCD 則是重現螢幕上的文字外觀。

設定消除鋸齒的程度

無　　銳利　　尖銳　　強烈　　平滑

對齊方式的設定

要對齊文字，可利用文字工具 T. 點選的位置作為對齊的基準。水平文字有**左側對齊文字、文字居中、右側對齊文字**，垂直文字有**頂端對齊文字、文字居中、底部對齊文字**這些選項可以選擇。

水平文字　　　　　垂直文字

左側　　　　　　右側　　頂端　　　　　底部
對齊文字　文字居中　對齊文字　對齊文字　文字居中　對齊文字

POINT

若是多行文字，還可利用**段落**面板選擇三種齊行方式或全部齊行方式。

變更文字的顏色

選取文字後，可在**檢色器**自由設定顏色。

② 按下此色塊

① 點選「顏色」

請先選取文字。按下**選項列**的設定文字顏色方塊。

① 選取文字

② 在「檢色器」中挑選顏色

開啟**檢色器**視窗，可從中挑選文字顏色或是設定之後要輸入文字的顏色。

④ 按下此鈕

③ 點選顏色

也可以直接在此輸入數值

POINT

若是以文字工具選取文字，可在選取的文字上套用顏色設定；若選取文字圖層，會在所有文字上套用顏色設定。

TIPS 系統沒有對應的字體

在開啟檔案時，若文字使用了系統所沒有的字體，就會顯示如右圖的**遺失字體**交談窗。你可以從列示窗中選擇替代的字體，再按下**解決字體**鈕，即可開啟檔案。

當沒有系統字體時，**圖層**面板的文字圖層也會顯示警告符號。雙按此符號，會開啟交談窗，詢問你是否要使用替代字體，或是直接保有字體的外觀形狀。

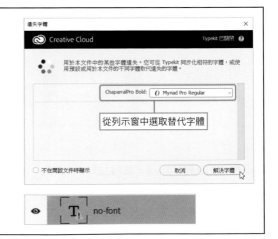

從列示窗中選取替代字體

TIPS 圖案字體的支援

CC 2017 之後的版本可使用圖案字體，文件也可以連同笑臉、國旗、路標、動物、人物、場所這類圖案字體一併儲存。EmojiOne 字體以及其他 SVG 圖案字體，則可利用一個或多個字體建立特定的複合字符。例如建立國旗或是變更人物、身體器官（例如手、鼻）這類特定字符的皮膚顏色。

7-4
「字元」面板與「段落」面板

使用頻率	不論是單行文字或多行文字，都可利用字元面板或段落面板進一
★ ★ ☆	步設定格式。

在「字元」面板設定文字格式

1 按下選項列的「切換字元和段落面板」鈕 📋

按下**切換字元和段落面板鈕** 📋 ，或面板停駐區的**字元鈕** 🅰 ，可顯示**字元**及**段落**面板。此外，從**文字**功能表的**面板**也能選取要開啟的面板。

① 按下切換字元和段落面板鈕或字元鈕

Colored Pencil

2 顯示「字元」、「段落」面板

字元面板可設定字體大小、行距、字距微調、字距、水平縮放、上標、下標這些樣式。此外，**段落**面板則可設定全部齊行、縮排、避頭尾組合、文字間距組合、連字這些樣式。

② 顯示面板

「字元」面板功能表

按下**字元**面板功能表鈕 ≡ ，即可在功能表中替選取的文字圖層或文字設定粗體、斜體、底線這類文字樣式。若選取的是 OpenType 字體，則可依照文字種類設定連字、標題替代字、花飾字這些格式。

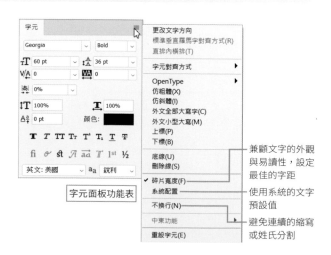

字元面板功能表

兼顧文字的外觀與易讀性，設定最佳的字距

使用系統的文字預設值

避免連續的縮寫或姓氏分割

▶ OpenType 的設定

Ⓐ 將英文的 fi、ff、ffi、fl 這類字元轉換成連字。

Ⓑ 以筆記體字型內建的替代字讓文字如同手寫文字般連結。

Ⓒ 置換成 ct、st、ft 這類單組文字。

Ⓓ 置換成擴張筆畫的字符。

Ⓔ 高度較低的英文數字於基線下方顯示。

Ⓕ 適合接合處理的替代格式。

Ⓖ 設定為較大的文字格式（大型文字）。

Ⓗ 在字體家族增加符號，當成裝飾或邊界使用。

Ⓘ 讓序數（1st、2nd 這類數字）自動轉換成上標文字。

Ⓙ 將斜線分割的分數轉換成分數格式。

Ⓚ 將標準字體轉換成 JIS78 字體。

Ⓛ 將標準圖案字體轉換成日文專業字體。

Ⓜ 將標準字體轉換成日文傳統字體

Ⓝ 置換成等比公制字

Ⓞ 將水平的標準假名字體轉換成最適合水平方向的圖案字體。

Ⓟ 將標準等比公制字體轉換成斜體字。

POINT

OpenType 的設定項目，會隨著字體的種類，出現可設定與不可設定的項目。

▌「段落」面板功能表

段落面板功能表可設定避頭尾組合的推出、推入、懸掛式符號、齊行、連字符號等設定。

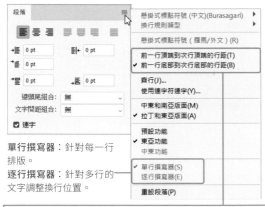

單行撰寫器：針對每一行排版。

逐行撰寫器：針對多行的文字調整換行位置。

前一行頂端到次行頂端的行距：可讓目前的行距作為行距基準。
前一行底部到次行底部的行距：只在輸入水平文字的時候，讓文字的基線作為行距的標準。

TIPS　新增至工具預設集

經常使用的字型或樣式，可按下**選項列**的**「工具預設」揀選器**的建立新增工具預設鈕新增，之後就能隨時使用。

TIPS　「字元樣式」、「段落樣式」面板

字元樣式面板、**段落樣式**面板可仿照 InDesign 的方式，將現有的字元樣式或段落樣式新增為樣式，再套用至文字圖層。面板功能表的**樣式選項**還可進一步設定字元或段落的格式。

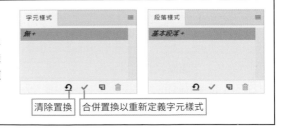

清除置換　合併置換以重新定義字元樣式

7-5
建立文字形狀的選取範圍

使用頻率
★ ★ ☆

文字遮色片工具可建立文字形狀的選取範圍，用來替文字的選取範圍填色，或是當成遮色片使用，可在各種影像合成時做應用。

1 選取「文字遮色片工具」

選取工具面板的**水平文字遮色片工具**。

① 點選此項

2 在影像上按一下

在影像上按一下，整體影像會被遮色片覆蓋。CC 2019 會自動輸入「Lorem Ipsum」預留位置文字，並呈選取狀態，刪掉預留文字，輸入自己想要的文字即可。

② 點選工具後，整張影像會被遮色片覆蓋，也會顯示輸入文字的滑鼠游標

③ 輸入文字

3 輸入文字

在影像中輸入文字，並設定好樣式。

4 確定後建立文字的選取範圍

按下**選項列**的**確定鈕** ✓，即可根據剛剛輸入的文字建立選取範圍。此時可將影像貼入選取範圍，也可新增為 Alpha 色版，用來合成影像或是進行各種影像處理。

④ 確定後，即可建立選取範圍

POINT

從**圖層**功能表的**新增**點選**拷貝的圖層**，可將文字範圍新增為圖層，再用來執行各種影像處理。

TIPS **在文字圖層套用濾鏡**

在文字圖層套用濾鏡時，會顯示是否點陣化的視窗，此時按下**確定**就會先點陣化文字再套用濾鏡。從**圖層**功能表的**點陣化**點選**文字**，即可事先點陣化文字。

7-6
彎曲文字

使用頻率	輸入的文字若與彎曲文字或圖層樣式組合在一起，就能輕鬆製作
★ ★ ☆	出平面作品或網頁用的 LOGO。

利用「彎曲文字」功能扭曲文字

讓輸入的文字彎曲或扭曲的效果稱為**彎曲文字**。套用彎曲文字的圖層可再次編輯，所以後續可繼續輸入文字或是套用圖層樣式。

1 選取文字

選取文字或是將滑鼠游標置入文字。

2 按下「建立彎曲文字」鈕

按下**選項列**的**建立彎曲文字**鈕 。

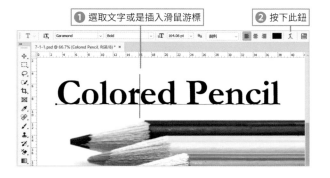

❶ 選取文字或是插入滑鼠游標　❷ 按下此鈕

3 開啟視窗

此時將開啟**彎曲文字**視窗。請在樣式選擇**標幟**。設定彎曲、扭曲的數值後，按下**確定**鈕。

❻ 按下此鈕
❺ 調整效果

❸ 開啟彎曲文字視窗

❹ 選擇此項

❼ 調整文字的位置

7-7
填色圖層

使用頻率	利用純色、漸層、圖樣可建立填色圖層。將填色建立成圖層後，就能隨時控制圖層的顯示 / 隱藏，也能鎖定與刪除，而且也會同時建立圖層遮色片，所以能自由地調整套用填色的程度。
★ ★ ☆	

建立填色圖層

　　按下圖層面板的**建立新填色或調整圖層鈕** ◑，就會開啟功能表。這裡除了可選擇 9-2 頁介紹的調整圖層，也能選擇**純色**、**漸層**、**圖樣**這三個建立填色圖層的命令。接下來我們將建立純色填色圖層。

1　點選「純色」

選取要套用純色的圖層，再按下圖層面板的建立新填色或調整圖層鈕 ◑，然後選擇純色。

2　指定顏色

開啟檢色器（純色）視窗後，可選擇要填入的顏色。

④ 選擇要填入的顏色

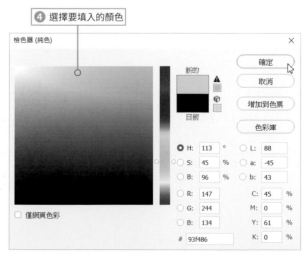

③ 建立色彩填色圖層

如此一來即可建立色彩填色圖層。

❺ 建立色彩填色圖層

圖層遮色片

TIPS 從「圖層」功能表執行
相同的處理

填色圖層可從**圖層**功能表的**新增填
滿圖層**選擇類型後再建立。

變更填滿的顏色

若想變更填滿的顏色,可雙按圖層縮圖,開啟**檢色器**視窗重新挑選。

① 雙按圖層縮圖

雙按**色彩填色**的圖層縮圖。

❶ 雙按縮圖

② 指定顏色

在**檢色器(純色)**視窗指定要變更的
顏色。

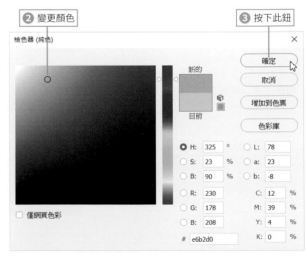

❷ 變更顏色

❸ 按下此鈕

④ 變更色彩填色圖層的顏色

③ 圖層的顏色改變了

色彩填色圖層的顏色改變了。

操作圖層遮色片

新增的色彩填色圖層會顯示圖層遮色片圖示。選取色彩填色圖層後，可用**漸層工具**或**筆刷工具**在圖層內部以遮色片範圍的方式設定填色的套用程度。圖層遮色片的操作請參考 6-45 頁的說明。

① 點選「圖層遮色片」圖示

點選「圖層遮色片」圖示，讓圖層遮色片切換成編輯狀態（啟用）。

① 點選此處

② 建立漸層

從**工具**面板點選**漸層工具**，再於畫面拖曳，建立漸層色。

② 點選漸層工具

③ 拖曳漸層工具

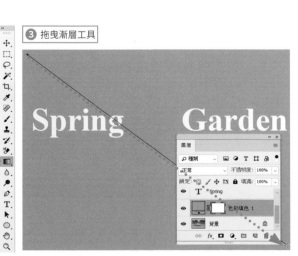

POINT

在此，我們將漸層套用在遮色片上，如果使用黑色筆刷工具塗抹，則該區域將不會填入色彩並顯示下層的影像。

③ 圖層遮色片填入漸層色彩

此時將建立漸層的遮色片，色彩填色圖層的顏色也將依漸層的色階填入。左側漸層色較濃的位置反而填入的顏色變淡了。

④ 在遮色片上套用漸層

建立漸層填色圖層

① 按下「建立新填色或調整圖層」鈕 。

按下圖層面板的建立新填色或調整圖層按鈕 ，再選擇漸層。

② 選擇此項

① 按下此鈕

② 指定漸層的細部設定

開啟漸層填色視窗之後，設定漸層的細節。

③ 設定要填入的漸層色

③ 建立漸層填色圖層

如此一來就能建立漸層填色圖層。

雙按縮圖即可再次編輯

7-8
3D 圖層與 3D 的設定

使用頻率	Photoshop 可根據文字、形狀建立 3D 物件，也可編輯填色、光線、視圖、材質或是場景，也能輕鬆與 2D 物件做合成 (CS6 只有 Extended 版才有 3D 功能)。
★ ☆ ☆	

Photoshop 的 3D 概要

　Photoshop 支援一般常用的 3D 格式，可建立、編輯、打光、運算 3D 模型。你可以載入或轉存成 Collada、OBJ、STL、KMZ 這些檔案格式，也可載入 3DS 的格式，還能以 Adobe Flash 3D 格式轉存 3D 作品，再於網頁瀏覽器顯示。

> **POINT**
> 編輯 3D 物件時，建議從視窗功能表的工作區點選 3D，這樣就能切換成 3D 專用的工作區。

從平面影像建立 3D 形狀

① 準備 2D 影像

在 Photoshop 開啟右側的酒標影像。

② 建立酒瓶形狀

從 **3D** 功能表點選新增來自圖層的網紋→網紋預設集→酒瓶。
或是在 **3D** 面板的從預設集的網紋點選酒瓶，再按下建立鈕。

> **POINT**
> 繪製好的形狀或輸入的文字，可在 3D 面板的來源列示窗中選擇圖層，再選 3D 明信片或 3D 模型轉換成 3D。

❶ 開啟影像　❷ 從列示窗中點選酒瓶　❸ 按建立鈕

③ 建立 3D 形狀

2D 的酒標就會自動拼貼到預設的 3D 酒瓶模型。

> **POINT**
> 為了讓酒標與酒瓶密合，必須先在 Photoshop 調整酒標與影像的大小。

視圖　3D 軸

④ 用「3D 旋轉工具」旋轉 3D
物件

利用**選項列**的 3D 物件旋轉工具往上
下左右拖曳，即可旋轉 3D 物件。

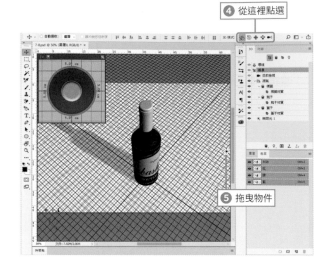

④ 從這裡點選

⑤ 拖曳物件

3D 工具

選項列內建了調整 3D 視圖的工具，而**滴管工具**的子工具也有 **3D 材質滴管工具**，**漸層工具**的
子工具也有 **3D 材質拖移工具**。

記錄 3D 材質屬性的滴管工具

利用在 3D 材質選擇
的顏色或檢色器挑選
的材質填滿顏色

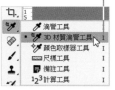

Ⓐ 往上下拖曳可旋轉 X 軸，往左右拖曳可旋轉 Y 軸

Ⓑ 往左右拖曳可旋轉 Z 軸

Ⓒ 往左右拖曳可往水平方向移動，往上下拖曳可往垂
直方向移動

Ⓓ 往上下拖曳可調整模型的透視距離

Ⓔ 往上下拖曳可縮放模型

TIPS **將文字轉換成 3D**

選取文字圖層後，再從**文字**功能表點選**建立 3D 文字**，文字就會轉換成 3D 物件，也會自動切換成 3D 工
作區。

TIPS **3D 檔案的儲存與轉存**

要將 3D 模型的位置、打光、算圖模式、剖面儲存為檔案時，可儲存為一般的 Photoshop 格式或
TIFF、PDF 格式。此外，在 **3D** 功能表點選**轉存 3D 圖層**，就能以 Collada DAE／Flash 3D／Google
Earth 4／3D PDF／STL／U3D／Wavefront|OBJ／虛擬實境模組化語言 |VRML 的格式轉存。能儲存算
圖設定的只有 Collada DAE 格式。

「3D」面板與「內容」面板的設定

點選 3D 圖層之後，**3D** 面板會顯示網紋、材質、燈光這些元件，而這些元件都可於面板調整。

▶ **濾鏡：整個場景**

位於 **3D** 面板最上方的**濾鏡：整個場景**具有環境、場景、目前檢視、材質、燈光等項目，這些項目都可在**內容**面板設定。

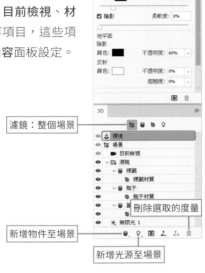

濾鏡：整個場景

刪除選取的度量

新增物件至場景

新增光源至場景

演算

取消列印

開始列印

▶ **濾鏡：網紋**

點選**濾鏡：網紋**，就能在 **3D** 面板編輯選取的 3D，也能在**內容**面板編輯**捕捉陰影**（是否在選取的網紋表面顯示其他陰影）、**投射陰影**（是否將選取網紋的陰影投射至其他網紋的表面）。

濾鏡：網紋

POINT

內容面板的**座標**可設定視圖的位置、旋轉角度與 3D 透視。

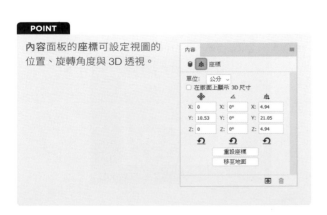

▶ 濾鏡：材料

濾鏡：**材料**會顯示目前使用的材質。**內容**面板則可設定材質的顏色、不透明度、凹凸程度、閃亮，也可儲存設定完成的材質。

從材質揀選器挑選材質

▶ 濾鏡：光源

濾鏡：**光源**可利用光源設定物體與陰影的狀態。**3D** 面板可設定**點光**（像燈泡的光）、**聚光燈**（圓錐形的光）、**無限光**（像太陽般單一指向性的光），也可以新增或刪除光源。在**內容**面板中則可進一步設定屬性。

TIPS 建立 3D 明信片

在 **3D** 面板中指定照片、形狀、文字這類來源，再選擇 **3D 明信片**，就可以建立 3D 明信片。

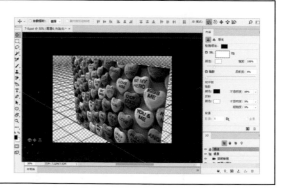

CHAPTER

8

顔色設定、
繪圖與修復工具

本章要進一步介紹 Photoshop 的繪圖工具與影像修
復工具。一開始先說明前景色的設定,以及將這個設
定新增為色票的方法,之後再介紹填色、筆刷、修復
工具、銳利化、模糊、……等工具。

Photoshop SUPER REFERENCE

8-1
設定與填滿顏色

使用頻率

★ ★ ★

要利用繪圖工具繪圖或是填滿選取範圍，就必須事先設定顏色。可設定的顏色有前景色與背景色兩種。

「前景色」與「背景色」

Photoshop 用於繪圖或填色的色彩，分成**前景色**與**背景色**兩種。**前景色**是使用筆刷、鉛筆工具這類繪圖工具繪圖時使用的顏色。**背景色**則可在背景或透明部分受到保護的圖層使用橡皮擦或刪除選取範圍時使用。

「工具」面板的「前景色」與「背景色」設定

目前設定的**前景色**與**背景色**會在**工具**面板中顯示。

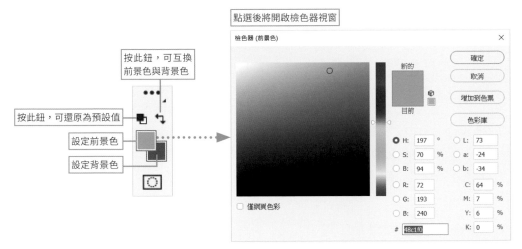

按此鈕，可互換前景色與背景色

按此鈕，可還原為預設值

設定前景色

設定背景色

點選後將開啟檢色器視窗

▶ 切換前景和背景色

按下切換前景和背景色，**前景色**與**背景色**的顏色就會互換（快速鍵為半形的 X）。

▶ 「前景色」與「背景色」的預設值

按下**預設的前景和背景色**，可讓**前景色**與**背景色**分別還原為預設的黑色與白色（快速鍵為半形的 D）。

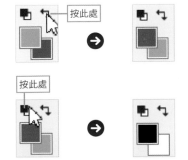

按此處

按此處

在「檢色器」視窗設定顏色

點選**工具**面板的**前景色**或**背景色**,可開啟**檢色器**視窗。

① 點選顏色圖示

點選**前景色**或**背景色**圖示,開啟**檢色器**視窗。

① 點選前景色

② 開啟「檢色器」視窗

開啟**檢色器**視窗後,可在**顏色欄位**或**顏色滑桿**選擇顏色。在顏色滑桿的右側選擇色彩組成元素(HSB、RGB、Lab)後,顏色滑桿會顯示對應的色階範圍。顏色欄位會於水平軸與垂直軸顯示其它的元素範圍。

POINT

如果一開始就知道色彩的數值,可直接在 RGB 或 CMYK 欄位輸入與指定顏色。

② 開啟檢色器　選擇的顏色　新設定的顏色　之前的顏色

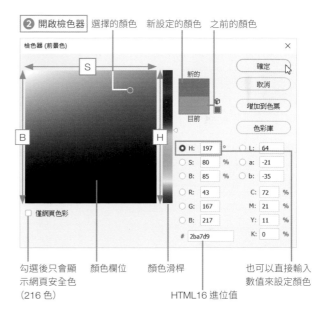

勾選後只會顯示網頁安全色 (216 色)　顏色欄位　顏色滑桿　也可以直接輸入數值來設定顏色

HTML16 進位值

③ 選擇顏色

在此,要設定 RGB 色彩。請點選視窗右側的 **R**,**顏色滑桿**就會顯示 R 的顏色範圍。**顏色欄位**會於水平軸及垂直軸分別顯示剩下的 **G** 與 **B** 顏色範圍。請利用**顏色滑桿**與**顏色欄位**設定顏色。

TIPS　如何取得螢幕上的顏色

開啟**檢色器**視窗後,在影像中按下滑鼠左鍵,即可取得點選處的顏色,也能將這個顏色設為前景色或背景色。

⑤ 顯示 G、B 的顏色範圍　④ 顯示 R 的顏色範圍　⑥ 按下此鈕

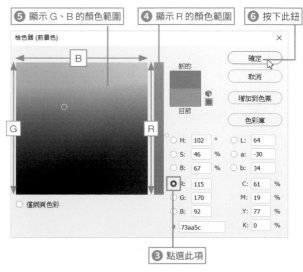

③ 點選此項

④ 完成顏色設定

按下**檢色器**視窗的**確定鈕**，即可完成顏色的設定。設定的顏色將顯示在**工具面板**。

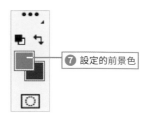

⑦ 設定的前景色

▶ **指定網頁色彩的方法**

勾選**檢色器**視窗下方的**僅網頁色彩**，就會只顯示 Mac 與 Win 共通的網頁安全色 (216 色)。

② 只顯示網頁色彩的範圍

檢色器 (前景色)

① 勾選此項

POINT

網頁安全色簡單地說，就是 Windows 與 Macintosh 都能呈現的顏色。

TIPS 增加到色票

按下**檢色器**視窗的**增加到色票**鈕可將選取的顏色新增為色票。有關色票的操作請參考 8-7 頁的說明。

TIPS 取消勾選「僅網頁色彩」的情形

如果在未勾選**僅網頁色彩**項目的狀態下選取顏色，該顏色的旁邊會顯示 圖示，圖示的下方會顯示最適當的網頁色彩。點選之後，可將剛剛選擇的顏色置換成最適當的網頁色彩。

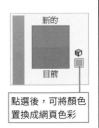

點選後，可將顏色置換成網頁色彩

▶ **超過 CMYK 色域的警告**

選擇顏色後，有時會顯示 ⚠ **列印超出色域**圖示，這代表在 CMYK 模式下無法正確呈現的顏色。點選 ⚠ 符號底下的**選取色域中的顏色**，就能置換成 CMYK 模式裡的相近色。

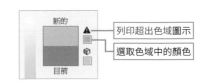

列印超出色域圖示

選取色域中的顏色

▶ 選取「色彩庫」

Photoshop 可使用 ANPA 色彩、DIC 顏色參考、FOCOLTONE、HKS、PANTONE、TOYO COLOR FINDER、TRUMATCH 的色彩庫。這些都是印刷特別色的色彩庫。

---

1 開啟「色彩庫」

在**檢色器**視窗中按下**色彩庫**鈕。

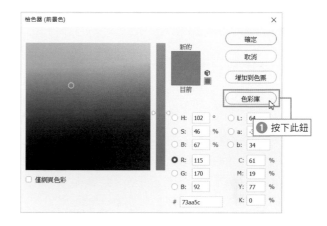

---

2 選擇色彩庫

開啟**色彩庫**視窗後,可從**色表**中選擇要使用的色彩庫。

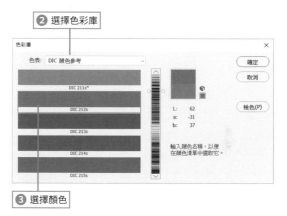

> **TIPS** 建立特別色色版的情況
>
> 從色彩庫選擇特別色,會自動被置換成相近的 RGB 或 CMYK 色彩,所以無法製作特別色色版。若要製作特別色色版,請利用**色版**面板功能表中的**新增特別色色版**功能。

> **TIPS** 以 HTML 碼複製顏色
>
> 在**顏色**面板功能表點選**拷貝顏色的 HTML 色碼**,可將目前設定的顏色的 HTML 標籤及色碼複製到剪貼簿,將這個 HTML 色碼貼入網頁編輯器,就會以 **color="#ff33cc"** 的格式貼入。
>
> 此外,若選擇**拷貝顏色的十六進位碼**,就會將顏色的十六進位碼 **ff33cc** 複製到剪貼簿。

8-2
「顏色」面板與「色票」面板

使用頻率	Photoshop 的填色、筆畫、筆刷的顏色，可以從顏色面板與色票
★ ★ ☆	面板指定。也可以將常用的顏色新增至色票面板中使用。

在「顏色」面板設定顏色

▶ 切換「色彩模式」

顏色面板也能與檢色器一樣設定顏色。左上角的圖示可選擇要設定前景色或背景色，再從右側挑選顏色。預設的色彩模型為色相立方體，可從面板功能表改切換成亮度立方體或其他模式 (如：RGB 滑桿)。

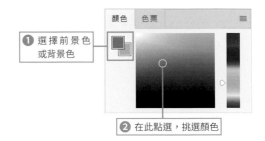

❶ 選擇前景色或背景色

❷ 在此點選，挑選顏色

▶ 利用滑桿調整顏色

按下 ≡ 鈕，開啟面板功能表後，可改選以滑桿顯示再設定顏色。滑桿有 RGB、HSB、CMYK、Lab、網頁色彩這些種類。若要製作網頁影像，請選擇網頁色彩滑桿。點選前景色或背景色後，拖曳滑桿即可調整顏色。

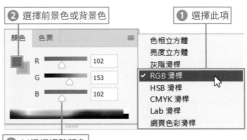

❷ 選擇前景色或背景色
❶ 選擇此項
❸ 以滑桿調整顏色

▶ 列印超出色域

顯示 ⚠ 警告，代表此色彩在 CMYK 模式下無法正確列印，這是因為 CMYK 模式的色域比 RGB 模式小。點選 ⚠ 右側的相近色圖示，即可置換成能在 CMYK 模式正常顯示的色彩。

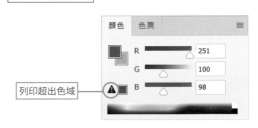

列印超出色域

TIPS 按住 Alt 鍵＋點選，可快速設定前景色或背景色

設定前景色時，若按住 Alt 鍵 (Mac 為 option 鍵)，再點選「取樣顏色」，就能設定背景色。同樣地，若在設定背景色時，按住 Alt 鍵＋點選，就能設定前景色。

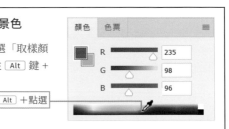

Alt ＋點選

▶ 切換「色彩光譜」

　　按下 ▦ 鈕，可從**顏色**面板功能表中，選擇不同的取樣顏色光譜形狀。也可以在**顏色**面板的下方，按住 Shift 鍵再點選光譜，來切換光譜的形狀。

RGB 色彩光譜
以 RGB 色彩模式（加色法）建立的色彩光譜

CMYK 色彩光譜
以 CMYK 色彩模式（減色法）建立的色彩光譜。會顯示適合印刷領域的光譜

灰階曲線圖
以 0～100% 的範圍顯示灰色濃度的光譜

目前顏色
從目前設定的前景色到背景色的色域轉換而來的光譜

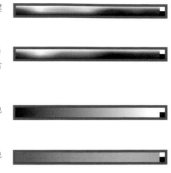

在「色票」面板新增顏色

　　將常用的顏色新增至**色票**面板，就能隨時點選需要的顏色。

```
TIPS   設為背景色

按住 Ctrl 鍵（Mac 為 ⌘ 鍵）再
點選顏色，即可設為背景色。
```

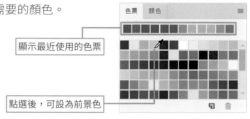

顯示最近使用的色票

點選後，可設為前景色

　　要在**色票**面板新增顏色時，先將要增加的顏色設為**前景色**。在新增色票時會以名稱儲存，請替色票取一個簡單易懂的名稱。

1 點選空白部分

先將要新增的顏色設定為**前景色**。將滑鼠游標移到**色票**面板沒有顏色的空白處，當滑鼠游標變成油漆桶狀時，再點選空白部分。

❶ 設定前景色

2 設定名稱

開啟**色票名稱**視窗後，輸入色票名稱再按下**確定**鈕。若勾選**新增至我目前的資料庫**，可將顏色新增至 Creative Cloud 資料庫。

3 新增顏色了

在**色票**面板中新增色票了。

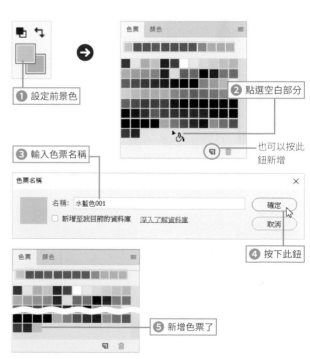

❷ 點選空白部分

也可以按此鈕新增

❸ 輸入色票名稱

色票名稱　　　　　　　　　　　　　　×
名稱：水藍色001　　　　　　　確定
☐ 新增至我目前的資料庫　深入了解資料庫　　取消

❹ 按下此鈕

❺ 新增色票了

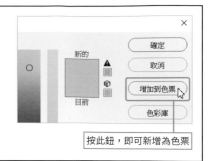
刪除色票

CC 2019、2018 版本，請將滑鼠游標移到要刪除的色票上，再將色票拖曳至垃圾筒即可刪除色票。

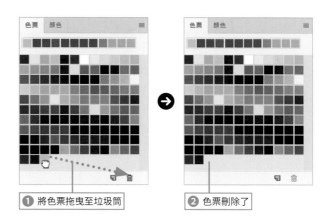

① 將色票拖曳至垃圾筒

② 色票刪除了

儲存色票

新增、刪除色票後，你可以將自訂的色票儲存成色票庫，以便日後再次於其他文件使用。

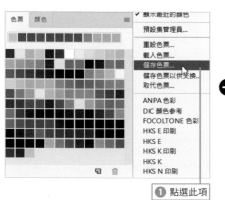

① 點選此項

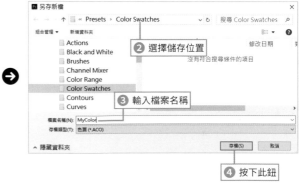

② 選擇儲存位置

③ 輸入檔案名稱

④ 按下此鈕

載入色票

Photoshop 除了預設的色票，也內建了 DIC 這類特別色的色票。這些色票可在載入**色票**面板後使用。

1 選擇顏色參考

開啟**色票**面板功能表後，點選要載入的色票，在此以 **DIC 顏色參考**為例。

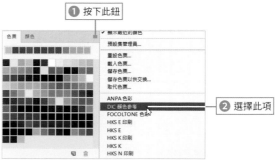

① 按下此鈕

② 選擇此項

2 確認是否置換色票

此時會開啟警告視窗。若想置換色票請按下**確定**鈕。若按下**加入**鈕，可在原本的色票後面增加色票。

③ 按下此鈕

若按此鈕，可在目前的面板增加色票

3 色票變更了

變更為剛剛選擇的色票。

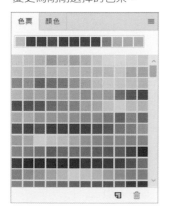

POINT

要讓色票還原為預設值，可從面板功能表點選重設色票。

POINT

載入色票功能，也可以從 HTML、CSS、SVG 檔案載入色票。

TIPS 使用「Adobe Color 主題」面板

從**視窗**功能表的**延伸功能**選擇 **Adobe Color 主題**，即可開啟 **Adobe Color 主題**面板。
從中可搜尋設計師製作的顏色主題，也可載入**色票**面板或是存入 Creative Cloud 資料庫。

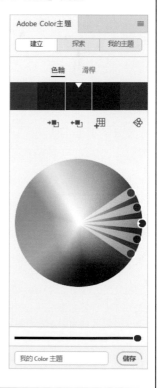

		CS6	CC	CC14	CC15	CC17	CC18	CC19

8-3
「滴管工具」與「HUD 檢色器」

使用頻率

★ ★ ☆

要設定填色或前景色時，可利用滴管工具取得影像的顏色。

▌利用「滴管工具 」取得影像的顏色

利用**滴管工具** 點選影像，可將像素的顏色設為**前景色**，按住 Alt 鍵（Mac 為 option 鍵）再點選，則可設為**背景色**。按住滑鼠左鍵不放，會出現一個色環，色環下方會顯示一開始點選的顏色，上方則會顯示取得的顏色。放開滑鼠左鍵即完成顏色的選取。若開啟多個影像視窗，也可從非作用中的視窗取得顏色。

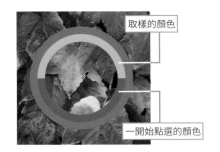

取樣的顏色

一開始點選的顏色

▶「滴管工具 」的選項設定

在**選項列**的**樣本尺寸**列示窗中，可指定要取得顏色的像素範圍。在影像上按滑鼠右鍵，也能指定像素範圍。

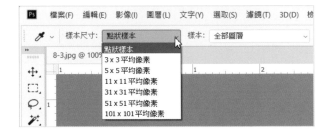

TIPS 切換成「滴管工具」的快速鍵

選取基本的繪圖工具（如：筆刷工具、鉛筆工具）後，只要按住 Alt 鍵就能暫時切換成**滴管工具**。

TIPS 在影像中顯示「檢色器」

按住 Alt + Shift 再按下滑鼠右鍵（Mac 為 control + option + ⌘ +點選），即可在影像中開啟 HUD（Heads Up Display）**檢色器**，可從中直接選取顏色。使用 HUD **檢色器**前，必須先點選**編輯→偏好設定**的**效能**，勾選**使用圖形處理器**。
HUD **檢色器**的外觀（顯示為「色相條」或「色相輪」），則可在**偏好設定的一般頁次**中做設定。

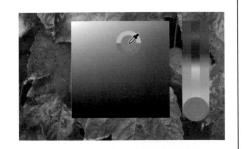

8-4
以單色填滿影像

使用頻率	可利用前景色或背景色填滿影像。
★ ★ ☆	

要填入單色的方法有四種。

> 1. 利用**油漆桶工具**。
> 2. 執行**填滿**命令。
> 3. 使用填色圖層的**純色**(參考 7-13 頁的說明)。
> 4. 使用**圖層樣式**的**顏色覆蓋**(參考 6-24 頁的說明)。

利用「油漆桶工具 」填滿

油漆桶工具 可利用**前景色**填滿點選位置的相近色。若建立了選取範圍,則會依照範圍內的**容許度**設定填滿範圍。

在影像中按一下,填滿顏色

若有多個圖層,可先在圖層面板選取圖層再填滿

▶「選項列」的設定

選擇以前景色或圖樣來填滿,拉下右側的列示窗可選擇圖樣

選擇**混合模式**(參考 16-17 頁說明)

設定不透明度

讓填滿範圍的邊界較為模糊

只填滿在與點選位置相鄰的相近色上

設定填色的範圍。數值愈小,填滿的範圍愈少

設定所有圖層都是填滿的範圍。實際上只有選取的圖層會填滿

利用「填滿」命令填滿

　　從**編輯**功能表點選**填滿**，即可填滿選取範圍或圖層。若未建立選取範圍，則會填滿整張影像。

　　在**填滿**視窗中可選擇填滿的顏色，也可設定**混合模式**（16-17 頁）與**不透明度**。

TIPS　　**填滿的快速鍵**

按住 Alt + Delete 鍵（Mac 為 option + Delete 鍵）可利用**前景色**填滿選取範圍。不過，此時不會顯示視窗，所以無法設定不透明度與**混合模式**。

TIPS　　**利用「填滿」命令修補影像**

首先，選取要修補的部分。從**編輯**功能表點選**填滿**，再於視窗的**內容**（CC 之前的版本為**使用**）選擇**內容感知**，按下**確定**鈕後，即可利用選取範圍的周邊影像來做填補。

❶ 選取要填補的部分

② 選擇此項　　③ 按下此鈕

勾選此項，以周圍的顏色運算混合要填色的顏色

❹ 以周圍的影像來填補

8-5
基本的繪圖工具

使用頻率	Photoshop 內建了筆刷、鉛筆、線條這類基本的繪圖工具,雖然 Photoshop 是影像處理軟體,但只要使用這些工具,就能當成繪圖軟體使用。
★ ★ ★	

筆刷工具

筆刷工具 ✏️ 是可利用筆刷繪圖的工具。

①　選擇筆刷

從**工具**面板選取**筆刷工具** ✏️ 後,可在**選項列**的「**筆刷預設**」揀選器挑選要使用的筆刷。

「**筆刷預設**」**揀選器**除了可挑選筆刷種類,還可設定筆刷的大小與硬度。

> **TIPS　調整筆刷大小的快速鍵**
>
> 〔 縮小筆刷,每按一下縮小一級
> 〕 放大筆刷,每按一下放大一級

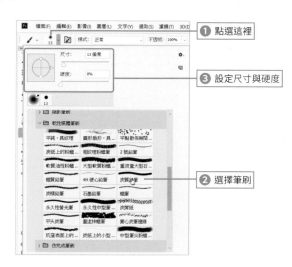

① 點選這裡
③ 設定尺寸與硬度
② 選擇筆刷

②　拖曳繪圖

拖曳筆刷即可以目前的**前景色**繪圖。若想繪製直線,可按住〔Shift〕鍵,再點選直線的起點與終點。此時,點選的兩個點會連成直線。

④ 拖曳繪製

> **POINT**
> 若建立了選取範圍,筆刷的繪製範圍就會限縮在選取範圍之內。

> **TIPS　在筆刷面板中選擇筆刷**
>
> 筆刷也可以從**筆刷**面板中選取。要開啟**筆刷**面板,可點選**視窗**功能表的筆刷。此外,也可按下**選項列**的切換「**筆刷設定**」面板 📄 來開啟。

> **TIPS　開啟「筆刷預設」揀選器**
>
> 選擇**筆刷工具**後,在影像中按下滑鼠右鍵,即可開啟「**筆刷預設**」揀選器,從中可設定筆刷的種類、大小與硬度。此外,也可以按下**選項列**的 📄,開啟**筆刷預設**面板來設定。

▶ 筆刷工具的選項列設定

筆刷工具 🖌 的筆刷大小、不透明度或是其他選項都可在**選項列**設定。

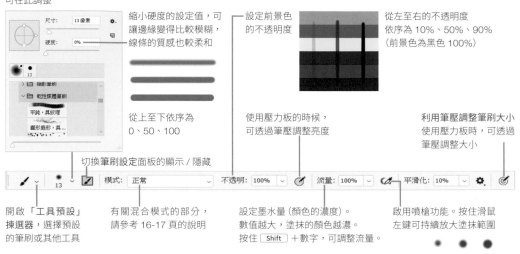

選擇筆刷種類。筆刷的大小、硬度、圓度、角度都可在此調整

縮小硬度的設定值，可讓邊緣變得比較模糊，線條的質感也較柔和

設定前景色的不透明度

從左至右的不透明度依序為 10%、50%、90%（前景色為黑色 100%）

從上至下依序為 0、50、100

使用壓力板的時候，可透過筆壓調整亮度

利用筆壓調整筆刷大小使用壓力板時，可透過筆壓調整大小

切換筆刷設定面板的顯示 / 隱藏

開啟「工具預設」揀選器，選擇預設的筆刷或其他工具

有關混合模式的部分，請參考 16-17 頁的說明

設定墨水量（顏色的濃度）。數值越大，塗抹的顏色越濃。按住 `Shift`＋數字，可調整流量。

啟用噴槍功能。按住滑鼠左鍵可持續放大塗抹範圍

TIPS　畫筆筆刷

畫筆筆刷會在「**筆刷預設**」揀選器或**筆刷**面板以畫筆圖示顯示。選擇畫筆筆刷後，畫面左上角會顯示畫筆筆刷的預視。假設使用的是平板電腦，就能即時預覽筆刷的形狀與角度。若使用的不是平板電腦，就只能預覽固定角度的筆尖形狀。點選後，可調整預覽的角度。

畫筆筆刷預視可在**檢視**功能表的**顯示**，點選**筆刷預視**來切換是否啟用。

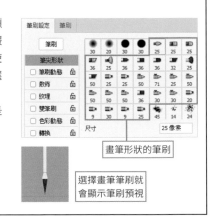

畫筆形狀的筆刷

選擇畫筆筆刷就會顯示筆刷預視

TIPS　HUD 筆刷

按住 `Alt` 鍵再按下滑鼠右鍵（Mac 為 `option`＋`control`＋滑鼠左鍵）即可啟用 **HUD 筆刷**功能，垂直拖曳可調整筆刷的硬度，水平拖曳可調整筆刷的大小。

橡皮擦工具

　　橡皮擦工具 可利用拖曳的方式刪除影像。在**背景**圖層裡，會以設定的**背景色**繪圖。筆刷的種類與大小可在**選項列**選擇。在**背景**圖層之外的圖層拖曳時，影像會被刪除成透明狀態，下層的圖層也會透上來。

在背景圖層裡，會以背景色繪圖

有下層圖層的情況

❶ 在影像中拖曳會刪除影像

❷ 下層圖層會透上來

在此圖層使用橡皮擦工具

▶ **橡皮擦工具的選項列設定**

　　橡皮擦工具 的**選項列**可設定筆刷的形狀、不透明度以及塗抹的濃度。

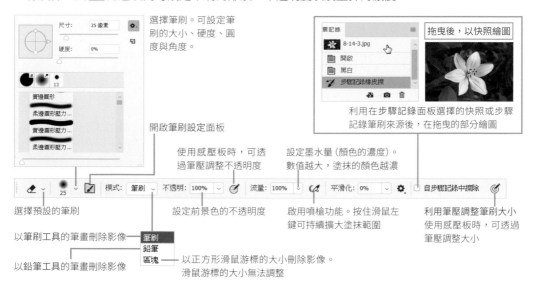

選擇筆刷。可設定筆刷的大小、硬度、圓度與角度。

拖曳後，以快照繪圖

利用在步驟記錄面板選擇的快照或步驟記錄筆刷來源後，在拖曳的部分繪圖

開啟筆刷設定面板

使用感壓板時，可透過筆壓調整不透明度

設定墨水量（顏色的濃度）。數值越大，塗抹的顏色越濃

選擇預設的筆刷

設定前景色的不透明度

啟用噴槍功能。按住滑鼠左鍵可持續擴大塗抹範圍

利用筆壓調整筆刷大小 使用感壓板時，可透過筆壓調整大小

以筆刷工具的筆畫刪除影像

以鉛筆工具的筆畫刪除影像

筆刷 鉛筆 區塊 —— 以正方形滑鼠游標的大小刪除影像。滑鼠游標的大小無法調整

鉛筆工具

　　鉛筆工具 可利用指定的**前景色**拖曳繪圖。筆刷的種類與大小可於**選項列**設定，不過無法設定硬度。要繪製直線時，可按住 Shift 鍵點選直線的起點與終點，此時兩個點之間會以直線連接。**鉛筆工具** 與**筆刷工具** 基本上是相同類型的繪圖工具，但是**筆刷工具**的筆畫會有鋸齒，**鉛筆工具**則沒有。

以鉛筆工具繪製的直線

以筆刷工具繪製的直線

▶ 鉛筆工具的選項列設定

鉛筆工具 ✎ 的選項列可設定筆畫的粗細、混合模式與不透明度。

開啟「工具預設」揀選器

切換筆刷設定面板

設定前景色的不透明度

使用感壓板時，可透過筆壓調整不透明度

利用筆壓調整筆刷大小 使用感壓板時，可透過筆壓調整大小

選擇筆刷。可在此調整筆刷的大小、圓度與角度

從與前景色相同顏色的位置拖曳，即可改以背景色繪圖

TIPS 「鉛筆工具 ✎.」的快速鍵

按下鍵盤的 B 鍵可選取**鉛筆工具**。此時若選取了**筆刷工具**，可按下 Shift + B 鍵切換。

TIPS 限制繪圖範圍

若建立了選取範圍，**鉛筆工具**的繪圖範圍就會限縮在選取範圍之內。

▌混合器筆刷工具 ✓.

　　混合器筆刷工具 ✓. 可仿照油畫或水彩畫的方式，以混合的顏色繪圖，是混合前景色與影像顏色繪圖的工具。筆刷的種類與大小可於**選項列**設定。按住 Shift 鍵再點選起點與終點即可繪製直線。

混合器筆刷工具可混合前景色與影像的顏色再繪圖

▶ **混合器筆刷工具的選項列設定**

混合器筆刷工具 ✔ 的顏色可於**選項列**設定。

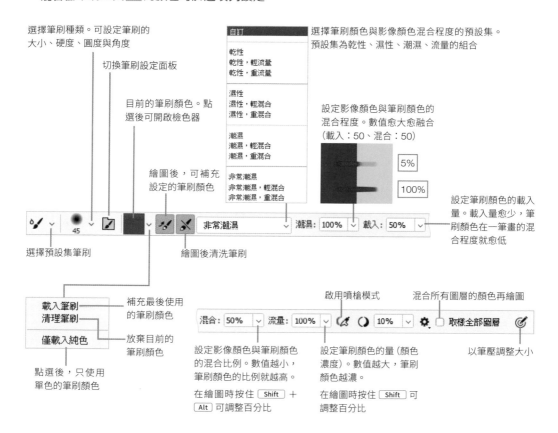

選擇筆刷種類。可設定筆刷的
大小、硬度、圓度與角度

切換筆刷設定面板

目前的筆刷顏色。點
選後可開啟檢色器

繪圖後，可補充
設定的筆刷顏色

選擇預設集筆刷

繪圖後清洗筆刷

自訂 ── 選擇筆刷顏色與影像顏色混合程度的預設集。
預設集為乾性、濕性、潮濕、流量的組合

乾性
乾性，輕流量
乾性，重流量

濕性
濕性，輕混合
濕性，重混合

潮濕
潮濕，輕混合
潮濕，重混合

非常潮濕
非常潮濕，輕混合
非常潮濕，重混合

設定影像顏色與筆刷顏色的
混合程度。數值愈大愈融合
（載入：50、混合：50）

5%

100%

設定筆刷顏色的載入
量。載入量愈少，筆
刷顏色在一筆畫的混
合程度就愈低

載入筆刷
清理筆刷

僅載入純色

補充最後使用
的筆刷顏色

放棄目前的
筆刷顏色

點選後，只使用
單色的筆刷顏色

啟用噴槍模式

混合所有圖層的顏色再繪圖

混合：50%　流量：100%　　　10%　　　取樣全部圖層

以筆壓調整大小

設定影像顏色與筆刷顏色
的混合比例。數值越小，
筆刷顏色的比例就越高。

在繪圖時按住 Shift +
Alt 可調整百分比

設定筆刷顏色的量（顏色
濃度）。數值越大，筆刷
顏色越濃。

在繪圖時按住 Shift 可
調整百分比

▶ **取得顏色**

　　按住 Alt 鍵（Mac 為 option 鍵）可切換成滴管工具，此時可以從影像中挑選筆刷顏色。**選項列**
的顏色設定若是**僅載入純色**，就可利用**滴管工具**挑選純色。若未勾選，可以挑出多種顏色，將這
些顏色設定為**前景色**。

取得點選處的顏色

未勾選僅載入純色時，滑鼠游標會切換成
圖中的形狀，此時可按住 Alt 鍵再點選

8-6
「筆刷」面板與新增筆刷

使用頻率	Photoshop 的筆刷工具可設成不同的筆尖形狀，例如星形、點
★ ★ ★	狀、花形。要變更筆尖形狀，可從筆刷設定或筆刷面板中設定。

「筆刷設定」面板與「筆刷」面板

在**筆刷工具** 或**鉛筆工具** 的**選項列**的「**筆刷預設**」揀選器顯示的筆刷是由**筆刷**面板管理。這些預設的筆刷也會在**筆刷設定**面板顯示，同時也可以新增筆刷或調整筆刷的特性。

> **POINT**
>
> 筆刷設定面板可在視窗功能表點選筆刷（F5 鍵），或是在筆刷工具的選項列，按下 鈕。

「筆刷設定」面板

「筆刷」面板

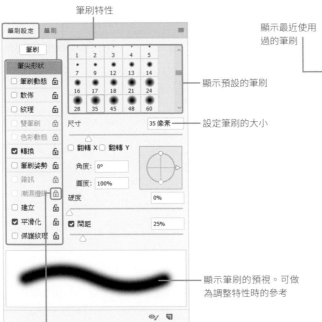

筆刷特性

顯示預設的筆刷

設定筆刷的大小

顯示筆刷的預視。可做為調整特性時的參考

顯示最近使用過的筆刷

設定筆刷大小

可切換成筆刷設定面板

若不想變更某項筆刷特性的設定，可按此鈕來鎖定。舉例來說，鎖定**散佈**之後，就算選擇其他套用**散佈**的預設筆刷，也會套用被鎖定的散佈的設定值

TIPS **刪除筆刷**

點選**筆刷**面板的筆刷，再從面板功能表點選**刪除筆刷**，開啟確認視窗後，按下**確定**鈕，就能刪除剛剛選取的筆刷。

新增筆刷

替新筆刷命名儲存後，就能從「筆刷預設」揀選器點選與使用。

1 設定筆刷特性

開啟**筆刷設定**面板。點選視窗左側的筆刷特性後，視窗右側就會顯示各筆刷特性的設定畫面，從中可變更筆刷的特性。變更後，可新增為新筆刷。

此範例是在**筆尖形狀**調整**角度**與**圓度**，建立橢圓形的筆刷。

從**筆刷設定**面板功能表點選**新增筆刷預設集**或是按下**筆刷設定**面板下方的**建立新筆刷鈕** 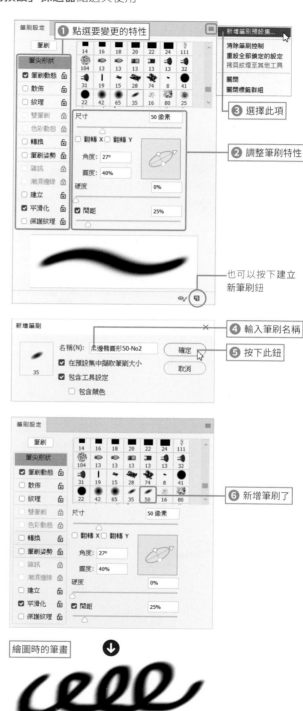，都能新增筆刷。

2 輸入筆刷名稱

開啟**新增筆刷**視窗後，輸入筆刷名稱再按下**確定**鈕。

3 在筆刷預設集確認新筆刷

接著，可在預設集看到剛剛新增的筆刷。讓我們試著用這個筆刷繪圖吧！

CHAPTER 8 顏色設定、繪圖與修復工具

TIPS　刪除筆刷設定

筆刷有很多特性，若希望這些特性還原為預設值，重新設定筆刷，可從**筆刷**面板功能表點選**清除筆刷控制**選項。

① 點選要變更的特性
新增筆刷預設集...
清除筆刷控制
重設全部鎖定的設定
拷貝紋理至其他工具
關閉
關閉標籤群組
③ 選擇此項
② 調整筆刷特性
也可以按下建立新筆刷鈕

④ 輸入筆刷名稱
⑤ 按下此鈕

新增筆刷
名稱(N)：柔邊橢圓形50-No2
☑ 在預設集中擷取筆刷大小
☑ 包含工具設定
☐ 包含顏色

⑥ 新增筆刷了

繪圖時的筆畫

8-7
將影像定義為筆刷

使用頻率
★ ★ ☆

使用自訂筆刷功能，可將影像定義為筆刷。

① 建立選取範圍

在背景圖層以外的圖層，繪製要定義成筆刷的影像，再建立選取範圍。也可以直接使用形狀繪製。

② 選取「定義筆刷預設集」

從編輯功能表選取定義筆刷預設集。

③ 輸入筆刷名稱

在筆刷名稱視窗中輸入筆刷名稱。

④ 新增筆刷

筆刷設定面板與筆刷面板，將新增剛剛設定的筆刷。

① 選取要定義成筆刷的範圍

② 輸入筆刷名稱　③ 按下此鈕

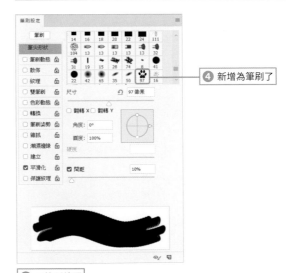

④ 新增為筆刷了

POINT

新定義的筆刷與常用的筆刷可儲存為自己專用的筆刷檔案。載入筆刷檔案後即可再度使用。從筆刷面板功能表點選匯出選取的筆刷，開啟另存新檔視窗後，輸入名稱即可儲存。

⑤ 以筆刷繪圖

在此調整了筆刷的顏色，也使用了剛剛定義的筆刷

8-8
建立有趣的筆刷

使用頻率	筆刷設定面板的各個效果選項，可替筆刷設定成不同的筆尖形狀
★ ★ ☆	及效果。接下來為大家介紹幾種有趣的筆刷，請動手試試看。

如宇宙星雲散佈的筆刷

首先，要製作的是拖曳筆刷後，會根據筆壓繪製大小不一的不規則散佈點狀筆刷。這個筆刷的設定重點在於利用尺寸的快速變換設定不規則的大小。

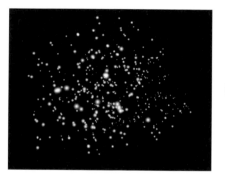

要試著製作如宇宙星雲般散落的點狀筆刷

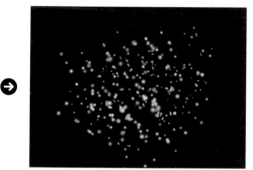

還要繪製彩色的點狀筆刷

1 加寬柔邊圓形的間距

在筆刷設定面板點選筆尖形狀，再從預設集點選柔邊圓形 30。從面板功能表點選清除筆刷控制，即可還原為預設集的預設值。勾選間距再設為 500%，就能拉開拖曳時，筆刷落點的間距。

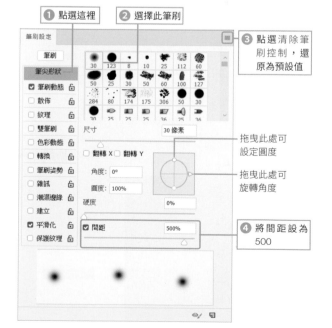

- 1 點選這裡
- 2 選擇此筆刷
- 3 點選清除筆刷控制，還原為預設值
- 拖曳此處可設定圓度
- 拖曳此處可旋轉角度
- 4 將間距設為 500

POINT

硬度可指定模糊效果的起點。數值愈小，愈靠近圓形的中心點。

2　設定不規則的大小

勾選**筆刷動態**，再將**大小快速變換**設為 **50%**。先將**控制**設定為**筆的壓力**，就能在使用感壓板時，透過筆壓控制大小。

POINT

筆刷的快速變換可在繪圖時調整變化的程度。大小快速變換可讓筆刷原有的大小隨時變化。

POINT

控制選項可選擇以何種方式控制筆刷的大小。即使是設定為筆的壓力，用滑鼠繪圖時，也能調整筆刷的大小。

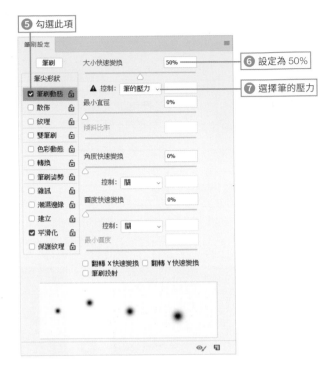

⑤ 勾選此項

⑥ 設定為 50%

⑦ 選擇筆的壓力

3　設定筆刷的散佈方式

勾選**散佈**與完成設定後，就能將筆刷設定成散佈的筆畫。這次將**散佈**設為 **600%**、**數量**設定為 **2**，**數量快速變換**設定為 **50%**。如此一來，筆刷就能更廣泛地塗抹筆畫。

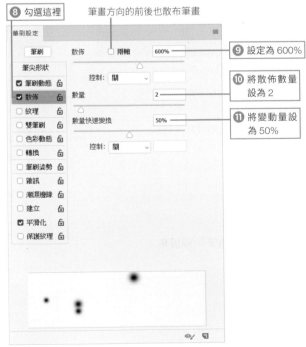

⑧ 勾選這裡

筆畫方向的前後也散布筆畫

⑨ 設定為 600%

⑩ 將散佈數量設為 2

⑪ 將變動量設為 50%

4　試著以筆刷繪圖

接著要使用剛剛設定的筆刷繪圖。此範例是在藍色背景裡以**白色**的**前景色**搭配感壓板繪圖。

⑫ 試著繪圖

POINT

利用滑鼠繪圖時，將筆刷動態的大小快速變換的值調高，可讓點的大小變化有更大的幅度，也能繪製更小的點。

⑤ 讓筆尖變成彩色

接著要讓筆尖變成彩色。勾選**色彩動態**。再勾選**套用每個筆尖**，就能在每個筆尖套用下方設定的顏色。將**色相快速變換**設為 **100%**，可讓**前景色**的色相在顏色變化時，以最大的幅度變化。

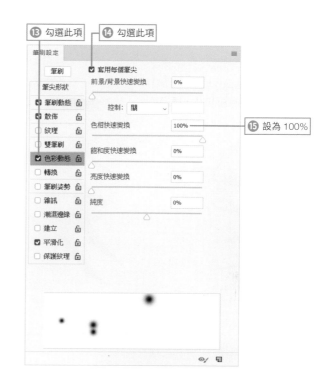

⑬ 勾選此項　⑭ 勾選此項

⑮ 設為 100%

POINT

前景／背景快速變換可設定前景色與背景色的混合比例。飽和度快速變換則可設定飽和度的隨機變換程度，亮度快速變換則可設定亮度的隨機變換程度。純度可設定**前景色**在 HSB 模式底下隨機變換的比例。

⑥ 試著以筆刷繪圖

將**前景色**從白色換成需要的顏色（範例設定的是粉紅色），再利用剛剛設定的筆刷繪圖。拉高色相快速變換的設定值後，筆尖也變得繽紛了。

⑯ 設定前景色

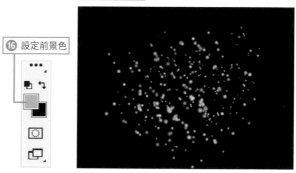

⑰ 以筆刷繪圖

TIPS　儲存為筆刷預設集

若想再度使用這些筆刷的設定，可先新增為筆刷預設集（參考 8-27 頁說明）。

建立平行線筆刷

接著，要建立的是拖曳筆刷後，繪製平行線軌跡，當線條重疊時會如同曲線般交錯的筆刷，而且還要另外設定讓平行線的長度縮短再散佈，看起來像摩擦痕跡的筆刷。

繪製平行線的軌跡

繪圖時，調整平行線的角度

設定散佈選項，
營造短斜線散佈的筆畫

---

❶ 用鉛筆工具 🖉 繪製平行線

選取鉛筆工具 🖉。將筆刷大小設為 5px，再按住 Shift ＋拖曳，繪製兩條水平線。不用刻意設定兩條線的間距。

---

❷ 選擇筆刷範圍，新增為筆刷

利用矩形選取畫面工具 ⬚ 選取平行線的邊緣到另一條的邊緣。選取之後，從編輯功能表點選定義筆刷預設集，將選取範圍新增為筆刷（參考 8-20 頁的說明）。

---

❸ 試著繪圖

選擇筆刷工具 🖌。選擇剛剛新增的筆刷，再於筆刷設定面板功能表點選清除筆刷控制，還原為預設集的預設值。停用工具列的筆壓選項，再由上往下拖曳，會繪製出階梯狀的筆畫。

❶ 以鉛筆工具繪製兩條平行線

❷ 選取平行線的邊緣到另一端的邊緣

❸ 輸入定義的名稱

筆刷名稱
名稱(N)：平行線　　確定
156　　　　　　　　取消

❹ 按下此鈕

❻ 點選這裡

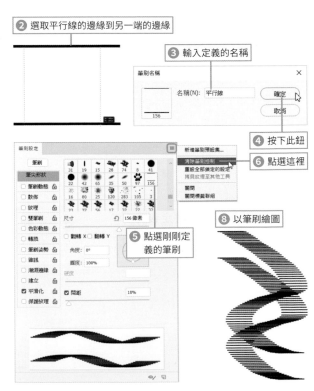

❺ 點選剛剛定義的筆刷

❽ 以筆刷繪圖

❼ 停用筆壓設定

流量：100% ▾　🖌　平滑化：10% ▾　⚙　◎

4 調整角度

將**筆刷設定**面板的**角度**設為「30°」再繪圖。此時的直線已經改變角度，筆畫的形狀也跟著改變。

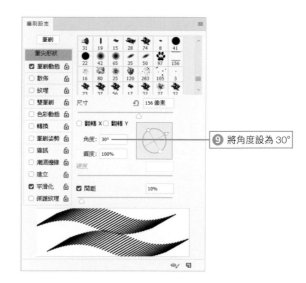

⑨ 將角度設為 30°

5 設定散佈

勾選**散佈**，再將**散佈**設為「150%」，讓筆畫變成散落的短斜線。

⑩ 勾選此項

⑪ 將散佈設為 150%

跟著拖曳方向繪製足跡的筆刷

這次要將動物的足跡定義為筆刷，再讓足跡永遠朝向拖曳的方向。重點在於**筆刷動態**的**角度快速變換**的**控制**設為**方向**。

足跡永遠朝著拖曳的方向。

① 將足跡定義為筆刷

一開始先繪製足跡。足跡可在**自訂形狀工具**中找到。選取要新增為筆刷的範圍。

接著，從**編輯**功能表點選**定義筆刷預設集**，再輸入筆刷的名稱。

① 繪製足跡，再選取要新增為筆刷的範圍

② 選取定義筆刷預設集，再輸入名稱

③ 按下此鈕

筆刷名稱　　　　　　　　　　　　　×

名稱(N)：足跡　　　　確定

取消

229

② 旋轉筆刷

點選**筆刷工具**。再點選剛剛新增的筆刷，從面板功能表點選**清除筆刷控制**，還原為預設集的預設值。將**角度**設為「-90°」，也將**間距**設為「150%」。預視視窗裡的足跡會往右，代表朝向拖曳方向。

朝右代表朝向拖曳的方向

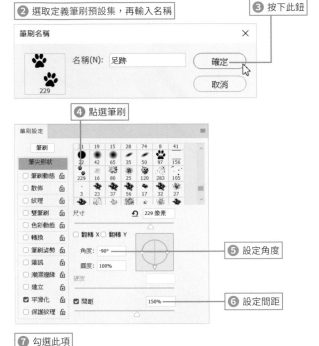

④ 點選筆刷

⑤ 設定角度

⑥ 設定間距

③ 將角度的控制設為「方向」

在筆刷設定面板中勾選**筆刷動態**，將**角度快速變換**的控制設為**方向**。

④ 以筆刷繪圖

利用剛剛設定的筆刷繪圖就會發現，足跡朝向拖曳的方向。

⑦ 勾選此項

⑧ 設為方向

8-9
新增至「工具預設集」

使用頻率	設定完成的筆刷也可以新增至工具預設集，之後就能隨時從工具
★ ★ ☆	預設集點選與使用。

1 點選「建立新增工具預設」

選取要新增的筆刷後，從**筆刷設定**面板功能表點選**新增筆刷預設集**，或是從「**工具預設**」揀選器點選**建立新增工具預設**鈕 。

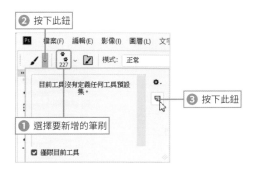

2 輸入筆刷名稱

在**新增工具預設**視窗輸入筆刷名稱。

3 新增至預設集

新增了新的筆刷預設集。

TIPS 切換「筆刷預設」揀選器

筆刷預設揀選器會因為面板功能表的設定而以筆刷名稱、筆觸或筆尖的方式呈現筆刷。

8-10
載入與置換筆刷預設集

| 使用頻率 ★☆☆ | Photoshop 內建了各種形狀的筆刷預設集，載入之後即可使用。 |

1 選擇筆刷預設集

從筆刷預設集面板的面板功能表選擇要載入的筆刷預設集。

POINT

點選筆刷預設集面板功能表的取代筆刷，可將筆刷面板的內容換成載入的筆刷。

POINT

CC 2019/2018 已將內建的筆刷預設集整理在筆刷面板的舊版筆刷資料夾下，不需要另外載入可使用。

2 置換筆刷

開啟是否置換筆刷的視窗後，請按下確定鈕。若按下增加鈕，會將要載入的筆刷新增到筆刷預設集裡。

3 載入筆刷

載入剛剛選取的筆刷預設集了。

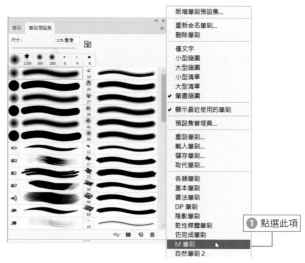

① 點選此項

② 按下此鈕　若要新增至目前的筆刷可按此鈕

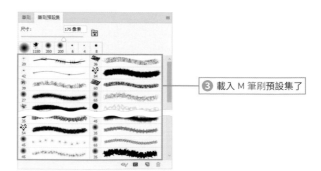

③ 載入 M 筆刷預設集了

▶ 還原為預設值

若希望筆刷面板還原為預設值，可從面板功能表點選重設筆刷。

TIPS 也可在「筆刷預設」揀選器執行相同的操作

筆刷面板的儲存、匯入或是其他操作，有很多都可在**選項列**的「**筆刷預設**」揀選器的功能表執行。

8-11
利用「仿製印章工具」繪圖

使用頻率

★ ☆ ☆

仿製印章工具是將影像裡的特定位置複製到另一個位置的工具，常用來營造相同影像並列的特殊效果，或是用來消除影像的雜點或修補瑕疵。

1 點選複製來源

從工具面板點選仿製印章工具 後，按住 Alt 鍵（Mac 為 option 鍵），讓滑鼠游標轉換成 ⊕，然後點選作為複製來源的位置。

❶ 按住 Alt 鍵＋點選

2 拖曳與複製

放開 Alt 鍵，再於其他位置拖曳，就能在指定的位置繪圖。

繪圖的基準點

❷ 拖曳仿製印章工具

▶ **仿製印章工具的選項列設定**

開啟筆刷設定面板

開啟仿製來源面板

設定塗抹時的不透明度

啟用噴槍模式

選擇目前複製的圖層

使用感壓板時，可利用筆壓調整大小

混合模式。請參考 16-17 頁說明

選擇筆刷。可在此調整筆刷的大小、硬度、圓度與角度

使用感壓板時，可透過筆刷調整不透明度

不勾選此項，每拖曳一次就重新繪製一次來源影像

啟用後，可在複製時忽略調整圖層

TIPS 🔲 **快速鍵**

在英文輸入模式下按 S 鍵，即可選取仿製印章工具 🔲。

對齊：啟用

對齊：取消

▶ 使用「仿製來源」面板

使用**仿製來源**面板仿製時，最多可設定 5 個仿製來源。此外，使用**仿製印章工具**  繪製仿製來源時，可顯示原始影像的覆蓋部分，以方便掌握實際繪製的位置，也能設定來源的大小與位置。

1 利用「仿製來源」面板選擇設定位置

開啟**仿製來源**面板，點選設定仿製來源的按鈕（範例點選的是左側第一個來源按鈕）。

❶ 可點選 5 個仿製來源鈕的其中一個

2 按住 Alt ＋點選設定仿製來源

按住 Alt 鍵（Mac 為 option 鍵）再點選影像，就能設定仿製來源的基準點，同時也能將基準點新增至**仿製來源**面板。

❷ Alt 鍵＋點選

3 「仿製來源」面板的設定

開始複製後，就會顯示與基準位置的偏移量位移距離（基準位置為 0,0 時，右側與下方的距離都為正值）。這時可在面板中調整位移距離，也能設定複製影像的大小與角度。

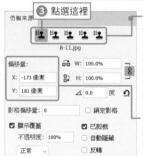

❸ 點選這裡

以相同的步驟設定時，最多可設定 5 個仿製來源。點選按鈕即可選擇來源。也可以將其他檔案的影像設定為仿製來源。
指定仿製來源的檔案關閉後，設定就會消失，後續的設定也會覆蓋之前的設定。

顯示距離基準位置的偏移量。取消勾選選項列的對齊項目，這裡就會顯示來源，也會顯示仿製來源基準位置的座標值

TIPS 顯示覆蓋

勾選**仿製來源**面板的**顯示覆蓋**項目，就會顯示仿製來源的覆蓋部分，也能藉此掌握實際繪製的位置。勾選**已剪裁**則可只在筆刷範圍內顯示覆蓋。若是縮小筆刷，就無法顯示覆蓋。
即使沒有勾選**顯示覆蓋**，按下 Shift ＋ Alt 就能暫時顯示，若在此時拖曳，就能調整繪圖位置。此外，也可設定覆蓋的不透明度、反轉與繪圖時是否自動隱藏。

顯示覆蓋，就能在繪製之前決定仿製的位置

8-12
修掉照片中的雜物或瑕疵

使用頻率	污點修復筆刷工具與修復筆刷工具，可快速移除影像中的污點或
★ ★ ☆	雜物，並根據取樣點周圍的影像當做修復依據。

污點修復筆刷工具

污點修復筆刷工具 可移除影像中的污點，並自動取樣滑鼠點按處的周圍影像做為修復依據。

① 選擇「污點修復筆刷工具」

從**工具**面板選擇**污點修復筆刷工具**。在**選項列**選擇修復方法。
將筆刷尺寸設定成比要修復的部分稍微大一點的尺寸。

① 選擇污點修復筆刷工具

② 將筆刷設成比要修復的部分稍微大一點

② 拖曳與修復

在要修復的位置拖曳（若是修復範圍較小，可以直接以點、按的方式修復）。填入分析周圍顏色所得的顏色，影像就完成修復。

③ 拖曳　　④ 修掉雜物了

▶ **污點修復筆刷工具的選項列設定**

設定混合模式。請參考 16-17 頁的說明　依照點按／拖曳位置的周邊顏色做修復　依照點按／拖曳位置的周邊紋理做修復　使用感壓板時，可透過筆壓調整筆刷的大小

選擇筆刷。可在此調整筆刷的大小、硬度、圓度與角度　依照點按／拖曳位置的周邊顏色填入相同的顏色。最適合用來刪除與背景重疊的電線或是相似的影像

TIPS 擴散

選擇**近似符合**時，可調整**擴散**選項，藉此設定修復範圍的周遭像素擴散至修復範圍的擴散量。數值愈小代表擴散量愈小，愈高則越多。一般來說，質感愈細緻的影像會設定愈小的值，平滑的影像則會設定較高的值。

修復前　　修復後

修復筆刷工具

修復筆刷工具 與**仿製印章工具** 一樣，可將取得的特定位置複製到其他位置。以**修復筆刷工具** 複製的影像會與複製目標位置的顏色與色調融合，藉此修復影像。

1 點選複製來源

從工具面板點選**修復筆刷工具** ，再按住 [Alt] 鍵 (Mac 為 [option] 鍵) 點選要作為複製來源的位置。

❶ 點選修復筆刷工具

❷ [Alt] ＋點選

2 設定「擴散」

依照修復的位置設定**擴散**。

❸ 設定擴散

樣本：目前圖層　擴散：2

❹ 拖曳　　**❺ 將畫面中央的水鳥修掉了**

3 在要修復的位置拖曳

在要修復的位置拖曳。複製來源的影像會自動與複製目標位置的顏色與色調融合，藉此修復影像。

TIPS　選擇最適當的筆刷

若設定與要修復的位置一樣尺寸的筆刷，就能完美地修復影像。

TIPS　使用「仿製來源」面板

修復筆刷工具 也能與**仿製印章工具** 一樣，利用**仿製來源**面板設定多個複製來源，還能顯示覆蓋的部分。

▶ **修復筆刷工具的選項列設定**

Ⓐ Ⓑ Ⓒ Ⓓ Ⓔ Ⓕ Ⓖ

19　模式：正常　來源：取樣 圖樣　□ 對齊　樣本：目前圖層　擴散：2

Ⓐ 開啟仿製來源面板

Ⓑ 根據 [Alt] ＋點選的位置描繪

Ⓒ 使用選取的圖樣描繪

Ⓓ 若不勾選此項，每次放開滑鼠左鈕，再進行複製時，都會從 [Alt] ＋點選的位置開始複製影像。勾選此項，就算中途放開滑鼠左鍵，會從最近一次的取樣點開始複製

Ⓔ 選擇目標圖層

Ⓕ 設定修復時，是否包含調整圖層。若不想包含，可按此鈕隱藏調整圖層的效果

Ⓖ 使用感壓筆時，可利用筆壓調整大小

設定修復位置的周遭像素擴散至修復位置的擴散量。數值愈小代表擴散量愈小，數值愈大則愈多。一般來說，質感越細緻的影像會設定愈小的值，平滑的影像則會設定較高的值

設定值：2

設定值：7

利用「修補工具 ◎」複製選取範圍內的影像

　　點選**修補工具 ◎**後,可先圈選出欲修補的地方,再用滑鼠將該選取區移到仿製的來源區域,則修補區便會自動複製來源區的影像。

① 選擇「來源」再指定範圍

從工具面板選擇修補工具 ◎,再從選項列選擇**來源**。

② 以套索指定範圍

在影像上圈選出要修補的範圍。

③ 拖曳與修復

將剛剛建立的選取範圍拖曳至要填滿的位置,影像就修補完成了。

▶ **選取「目的地」再修正**

　　也可以反過來,先選取複製的來源區域,再將選取區內的影像複製到目的位置(要修補的區域)。

① 選擇「目的地」再指定範圍

在選項列選擇**目的地**,再利用套索工具指定要套用至修復位置的影像範圍。

② 以套索指定範圍

選取複製的來源區域。

③ 拖曳與修復

將剛剛選取的範圍拖曳至要修復的位置,影像就完成修補了。

TIPS	**擴散**

設定周圍的像素擴散至修復範圍的擴散量。使用方法請參考 8-31 頁的說明。

TIPS	**以「內容感知」模式修復**

若將**修補**設定為**內容感知**,就能依照拖曳位置的內容修正影像。修正的步驟與選擇**來源**時一樣。

內容感知移動工具

內容感知移動工具 可將選取的物件不著痕跡地移動至其他位置，而原本物件的所在處，也會自動根據周遭的內容來填滿。

1 選擇「移動」

從**工具**面板點選**內容感知移動工具**，再於**選項列**選擇**移動**，勾選**陰影變形**項目。

> **POINT**
>
> 內容感知移動工具，在 CC 2015 之後的版本，選項列多了陰影變形功能。

選擇延伸可複製到拖曳的目的地

① 選擇模式

移動
延伸

結構：選擇與拖曳目的地的影像的融合度。1 是較不融合，5 是最融合

顏色：若是移動目的地的下層有漸層色，可設定顏色的融合程度。10 為最融合，0 為停用此選項

勾選此項，會在拖曳後顯示邊框，可藉此縮放或旋轉影像

2 選取要移動的範圍

選取要移動的範圍，再以滑鼠拖曳。

② 選取影像

3 拖曳與移動

將選取的範圍移動至目的地。

③ 拖曳

4 視情況調整形狀

顯示邊框後，可視情況拖曳控制點，縮放影像的大小或旋轉，按下**選項列**的 ✓ 可確定變形。此時影像將不著痕跡地移動到目的地，而原本位置的影像也會依照周圍的內容來填滿。

④ 拖曳控制點來縮放

⑤ 按下此鈕

⑥ 不著痕跡地移動　　⑦ 依照周圍內容覆蓋

8-13
局部修補工具

使用頻率	本節要介紹三個以拖曳的方式來做局部修補的工具，例如讓局部影像變清晰、或變模糊，或是以指尖塗抹的方式製造特別的影像效果。
★ ★ ☆	

模糊工具

在影像上拖曳滑鼠來塗抹，讓局部影像變模糊的工具。按住 `Alt` 鍵（Mac 為 `option` 鍵），可暫時切換成**銳利化工具** △。

▶ **模糊工具的選項列設定**

模糊工具 ○ 的選項可於工具選項列設定。

使用感壓筆時，可利用筆壓調整大小

開啟筆刷設定面板　設定效果的強度。數值愈大代表愈模糊　勾選此項，可對所有圖層套用效果

讓這個部分帶有朦朧感

銳利化工具 △.

讓滑鼠拖曳過的部分變得較清晰的工具。**銳利化工具** △ 的粗細可於**筆刷設定**面板選擇。按住 `Alt` 鍵可暫時切換成**模糊工具** ○。

邊緣的部分變得銳利

▶ **銳利化工具的選項列設定**

銳利化工具 △ 的選項可於**選項列**設定。

勾選此項，可對所有圖層套用效果　　　使用感壓筆時，可利用筆壓調整大小

開啟筆刷設定面板　設定效果的強度。數值愈大代表愈銳利　勾選此項，可盡量避免畫質劣化以及出現雜點，同時讓邊緣變得銳利

指尖工具

指尖工具 可營造以指尖塗抹顏料未乾的圖案效果。

 ➡

拖曳火焰部分，
拉長火焰

▶ 指尖工具的選項列設定

指尖工具 的選項可於選項列設定。

開啟筆刷設定面板

使用感壓筆時，可
利用筆壓調整大小

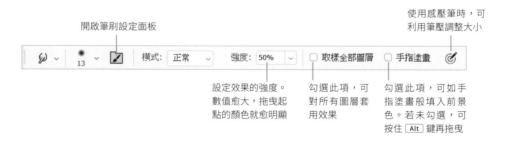

設定效果的強度。
數值愈大，拖曳起
點的顏色就愈明顯

勾選此項，可
對所有圖層套
用效果

勾選此項，可如手
指塗畫般填入前景
色。若未勾選，可
按住 Alt 鍵再拖曳

TIPS 紅眼工具

紅眼工具 （在**污點修復筆刷工具**底下）可輕輕一點就修正紅眼。也可透過**選項列**輕鬆完成設定。

8-14
調整影像的局部亮度與顏色

使用頻率	在此要介紹的是,利用拖曳筆刷就能調整影像的局部亮度或色彩的工具。
★ ★ ☆	

「加亮工具 🔍」與「加深工具 ✋」

加亮工具 🔍 可讓滑鼠拖曳過的部分變亮。按住 Alt 鍵(Mac 為 option 鍵)可暫時切換成加深工具。

加深工具 ✋ 可讓滑鼠拖曳過的部分變暗。按住 Alt 鍵(Mac 為 option 鍵)可暫時切換成加亮工具。

▶ 加亮工具與加深工具的選項列設定

加亮工具 🔍 與加深工具 ✋ 的筆刷、曝光度以及其他設定都可在選項列設定。

開啟筆刷設定面板

勾選此項,可維持周遭的色調,同時調整顏色的亮度

選擇要調整的色調。
陰影調整的是較暗的色調,亮部則是較亮的色調

設定曝光度。數值愈大,調整亮度的效果愈明顯

使用感壓筆時,可利用筆壓調整大小

陰影
中間調
亮部

以加亮工具變亮

以加深工具變暗

海綿工具 🧽

海綿工具 🧽 可調整影像的局部飽和度 (色彩的鮮豔度)。

▶ 海棉工具的選項列設定

海綿工具  的筆刷、飽和度以及其他設定可於**選項列**設定。

開啟筆刷設定面板

使用感壓筆時,可利用筆壓調整大小

模式:去色　流量:50%　自然飽和度

去色
加色

設定調升或
調降飽和度

設定效果的強度。數值
愈高,效果愈強

使用噴槍時,
可按此鈕

勾選此項,再調整飽和度,可讓剪裁的部分
(亮部變成白色的像素,陰影變成黑色的像
素)最小化,調整為自然的飽和度

顏色取代工具

顏色取代工具 (在**筆刷工具**底下)可辨識筆刷中心點經過的部分,再置換繪製部分的顏色。看起來就像是套用顏色濾鏡的效果。

① 設定「顏色取代工具」

在**工具面板**點選**顏色取代工具** ,再選擇要置換的顏色。在**選項列**進行相關設定。

❶ 設定前景色

❷ 拖曳與填色　　　　❸ 變更顏色了

② 拖曳與置換顏色

在要置換顏色的影像上拖曳。取得位於筆刷中心點的＋的像素後,筆刷會判斷筆刷內的顏色範圍,再根據**選項列**的設定填色。

▶ 顏色取代工具的選項列設定

顏色取代工具 的相關選項,可在**選項列**設定。

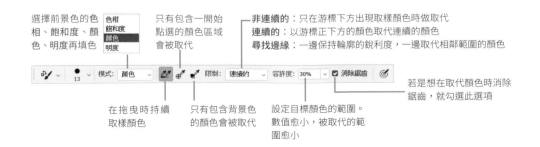

選擇前景色的色
相、飽和度、顏
色、明度再填色

色相
飽和度
顏色
明度

只有包含一開始
點選的顏色區域
會被取代

非連續的:只在游標下方出現取樣顏色時做取代
連續的:以游標正下方的顏色取代連續的顏色
尋找邊緣:一邊保持輪廓的銳利度,一邊取代相鄰範圍的顏色

模式:顏色　限制:連續的　容許度:30%　消除鋸齒

在拖曳時持續
取樣顏色

只有包含背景色
的顏色會被取代

設定目標顏色的範圍。
數值愈小,被取代的範
圍愈小

若是想在取代顏色時消除
鋸齒,就勾選此選項

8-15
繪製與建立漸層

使用頻率

★ ★ ☆

要繪製顏色緩緩變化的漸層可使用漸層工具。漸層的顏色與模式都可自行設定。

「漸層工具」與種類

要填入漸層色可使用**漸層工具**。

Photoshop 內建了五種不同類型的漸層，可從**選項列**選擇。這些漸層只有填入形狀不同，填入的方法與選項設定都是相同的。

模式: 正常　　不透明: 100%

線性漸層
以線性漸層填色。沿著直線從起點到終點建立漸層。

放射性漸層
以圓形中心為起點，在圓形外圍的終點之間填入顏色。

角度漸層
讓起點與終點連成的線，以起點為中心逆時針旋轉，並在旋轉的路徑填入漸層。若是起點與終點的顏色相同，就無法突顯角度漸層的特色。

反射性漸層
以起點為中心，在終點的另一側繪製從起點到終點的線性漸層。

菱形漸層
以中心點為起點，並以正方形的轉角為終點，填入菱形的漸層。

利用「漸層工具」填色

接著使用**漸層工具**填色。若建立了選取範圍，就只會在選取範圍內填色。

1 建立選取範圍

先建立要填色的選取範圍。若沒有建立選取範圍，就會以整個圖層為填色範圍。

2 拖曳方向

從工具面板點選**漸層工具**。點選**選項列**的**按一下以開啟漸層揀選器**，再選擇要使用的漸層，然後拖曳漸層的方向。

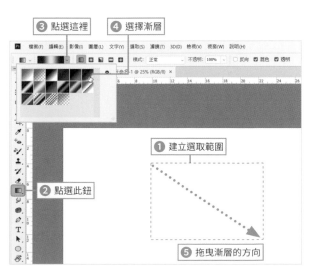

③ 點選這裡　④ 選擇漸層

① 建立選取範圍

② 點選此鈕

⑤ 拖曳漸層的方向

❸ 填入漸層了

選取範圍填滿漸層色了。

⑥ 填滿漸層了

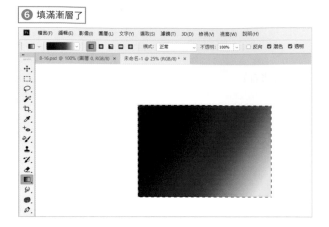

▶ **漸層工具的選項列設定**

套用漸層之前，可先在**選項列**設定漸層的混合模式、不透明度與漸層種類。

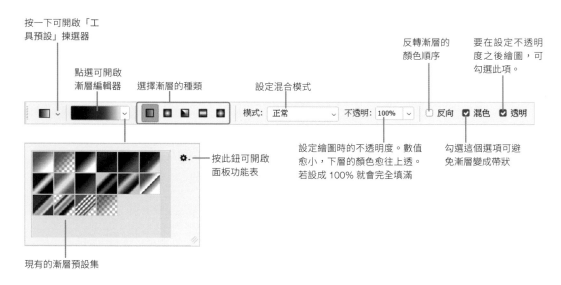

按一下可開啟「工具預設」揀選器

點選可開啟漸層編輯器

選擇漸層的種類

設定混合模式

反轉漸層的顏色順序

要在設定不透明度之後繪圖，可勾選此項。

按此鈕可開啟面板功能表

設定繪圖時的不透明度。數值愈小，下層的顏色愈往上透。若設成 100% 就會完全填滿

勾選這個選項可避免漸層變成帶狀

現有的漸層預設集

建立與編輯漸層

除了內建的漸層之外，也能自訂漸層的顏色排列。

❶ 開啟「漸層編輯器」

按下**選項列**的漸層色彩，開啟**漸層編輯器**視窗。在**漸層編輯器**視窗，可編輯漸層的顏色與名稱，建立新漸層。

❶ 按一下此漸層色塊

```
TIPS    色標
```

色標會隨著選取的顏色變色。
🏠前景色　🏠背景色
🏠使用者自訂的顏色
　（於檢色器視窗選擇）

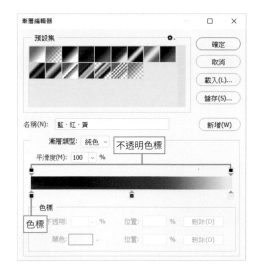

2　設定漸層色

點選漸層的**色標**，即可選取色標。按
下顏色鈕，開啟**檢色器**視窗後，可指
定漸層的顏色。漸層的變化量可滑動
色彩中點調整。輸入漸層名稱後，再
按下**新增**鈕，即可建立新漸層。

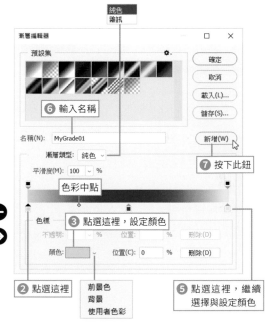

```
POINT
```

若在漸層編輯器視窗的漸層類型選擇
雜訊，漸層的色階就不再平滑，而是
挾雜著雜訊。

3　建立了新漸層

預設集將新增漸層。

▶ **起點、終點、色彩中點的設定**

滑動起點、終點與色彩中點（漸層條下方的菱形）可調整漸層色的變化。在**位置**方塊的數值代表起點、終點、色彩中點在漸層條裡的位置。

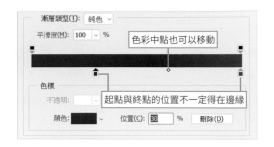

色彩中點也可以移動

起點與終點的位置不一定得在邊緣

建立多種顏色的漸層

在漸層條下方按一下，就能增加中間色的色標，點選色標後在**顏色**欄挑選顏色。

建立中間色後，色標之間就會新增菱形的色彩中點。色彩中點與色標一樣可以移動，也能以百分比的數值指定位置。色彩中點位置的百分比代表將相鄰的兩個色標間距視為 100%。

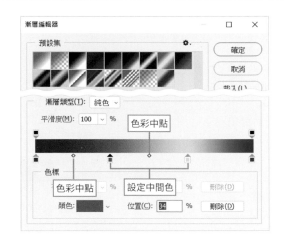

色彩中點

色彩中點

設定中間色

漸層的不透明度設定

漸層色也可設定不透明度的色階。選擇漸層條上方的**不透明度色標**，再於**不透明度**欄位設定不透明度。

POINT

若沒有先勾選選項列的透明項目，就無法填入設定了不透明度的漸層。

❶ 點選不透明色標

❷ 設定不透明度

TIPS **載入與儲存漸層**

Photoshop 可將漸層的設定儲存為檔案，之後即可在重新安裝 Photoshop 時載入使用。

在**選項列**的漸層面板功能表，即可點選新增、重設、載入、儲存、取代漸層這些選項。此外，若點選下方的預設集，也可載入漸層預設集。

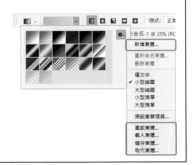

8-16
圖樣的定義與填滿

使用頻率	Photoshop 可將指定的選取範圍定義為圖樣，之後就能做為填滿命令或是其他填滿方式的來源。
★ ★ ☆	

定義圖樣

將矩形選取範圍內的影像定義為**圖樣**，即可排列圖樣或是以圖樣填滿。

1 建立圖樣的選取範圍

利用**矩形選取畫面工具** 選取要定義為圖樣的影像範圍。

❶ 建立選取範圍

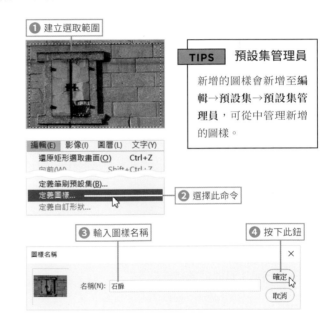

TIPS　預設集管理員

新增的圖樣會新增至**編輯→預設集→預設集管理員**，可從中管理新增的圖樣。

2 選擇「定義圖樣」

從編輯功能表點選**定義圖樣**。

```
編輯(E)　影像(I)　圖層(L)　文字(Y)
    還原矩形選取畫面(O)      Ctrl+Z
    向前(W)              Shift+Ctrl+Z
    定義筆刷預設集(B)...
    定義圖樣...                    ❷ 選擇此命令
    定義自訂形狀...
```

3 輸入圖樣名稱

在**圖樣名稱**視窗輸入圖樣名稱，再按下**確定**鈕，即可將圖樣新增至圖樣預設集。

❸ 輸入圖樣名稱　　　❹ 按下此鈕

```
圖樣名稱                              ×
          名稱(N): 石扉          確定
                                取消
```

使用圖樣填滿

定義圖樣之後，圖樣就可作為**填滿**命令或路徑填滿或圖層樣式的**紋理**、**圖樣覆蓋**的來源使用。

```
填滿                                  ×
        內容: 圖樣          ∨     確定
    選項                            取消
        自訂圖樣: ▣ ∨
        ☑ 指令碼(S):  對稱填色  ∨

            磚紋填色
            交叉織物
            沿路徑放置
            隨機填色
            螺旋形
            對稱填色

    混合
        模式: 正常
        不透明度(O): 100   %
        ☐ 保留透明(P)
```

▶ **圖樣填滿與指令碼選項**

在填滿視窗的內容列示窗中選擇圖樣後，在自訂圖樣選擇的圖樣就會從左上角依序填滿。

若是勾選指令碼，選擇磚紋填色、交叉織物、隨機填色、螺旋形、對稱填色，就能依照視窗的設定以不同的方式填入圖樣。若選擇沿路徑放置，則可沿著選取的路徑配置圖樣。

選擇對稱填色後，會開啟進一步設定的視窗

POINT

Photoshop CC 2014（2014.2 版）之後的版本，圖片框與樹就移到濾鏡功能表的演算上色（參考 13-24 頁說明）。在之前的版本從指令碼點選圖片框，就能在影像中繪製與圖樣無關的圖片框圖案。若是選擇樹，可利用各種樹木的插圖填滿畫面。

圖樣印章工具

仿製印章工具 子功能表裡的圖樣印章工具 可利用定義的圖樣繪圖。只要拖曳就能填入選取的圖樣。

▶ **圖樣印章工具的選項列設定**

選項列可設定圖樣的混合模式與不透明度。

開啟「工具預設」揀選器

開啟筆刷設定面板

設定繪圖時的墨水量（顏色濃度）。數值愈大，顏色愈濃

選擇圖樣

為每個筆劃，繪製一樣的偏移量

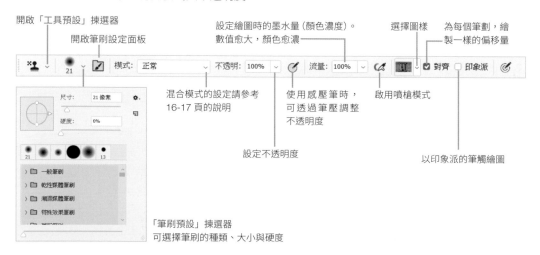

混合模式的設定請參考 16-17 頁的說明

使用感壓筆時，可透過筆壓調整不透明度

啟用噴槍模式

設定不透明度

以印象派的筆觸繪圖

「筆刷預設」揀選器
可選擇筆刷的種類、大小與硬度

CHAPTER

9

—

調整影像的
明暗與色彩

太暗、太亮、色偏、逆光,這些沒拍好的照片都能利
用 Photoshop 內建的各種方法校正。我們可以透過
色階、曲線、色彩平衡以及其他功能做調整。
影像校正的結果也能以圖層的方式管理,只要建立
「調整圖層」,就能隨時重新做設定。

9-1
調整亮度、色彩與「調整圖層」的使用

| 使用頻率 ★ ★ ★ | 影像的亮度、對比、色彩，可以自由調整成符合需要的狀態，而且這些調整結果都能儲存為圖層，不會影響到原始影像。 |

亮度與色彩調整

我們經常在拍完照片後，才發現顏色不鮮明、整體偏暗、過亮、模糊、太過鮮豔、…等問題，但此時已經沒辦法再重拍。還好可以透過 Photoshop 做調整，讓影像接近理想狀態，或是針對局部影像做加強，營造想要的氛圍。

影像功能表的**調整**子功能表，內建了各種明暗、色彩的調整功能。最常使用的就是**色階**、**曲線**、**色相／飽和度**這三個命令。

若事先建立好選取範圍，即可針對該範圍調整，若是沒有建立選取範圍，則會調整整張影像。

調整色調的相關命令

使用「調整圖層」的優點

Photoshop 可將影像的調整結果儲存為獨立的圖層，也就是所謂的**調整圖層**。**調整圖層**的最大優點就是不會改變圖層影像的像素，還可以決定是否顯示調整的結果，更可以編輯遮色片以及重複調整成不同效果。要建立調整圖層，可按下**圖層**面板的 ◑ 鈕。

無調整圖層

套用色相／飽和度調整圖層

只有影像圖層會套用色相／飽和度設定。上方的文字圖層不會套用調整圖層的效果

建立調整圖層

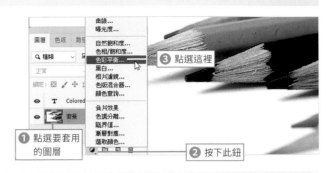

1 新增調整圖層

調整圖層會建立在選取圖層的上方，首先，選取要套用的圖層。再按下**圖層**面板的**建立新填色或調整圖層** ◑. 鈕，再從功能表點選調整項目（此例點選的是**色彩平衡**）。

❶ 點選要套用的圖層
❷ 按下此鈕
❸ 點選這裡

POINT

從圖層功能表點選新增調整圖層命令，即可在視窗中設定圖層名稱、顏色、混合模式與不透明度。

可指定圖層名稱、顏色與不透明度

2 透過「內容」面板修正

此時將自動顯示**內容**面板（範例為**色彩平衡**），可從中調整色調。

❹ 調整色調
編輯遮色片（參考 9-5 頁）
檢視前一個狀態
剪裁至圖層
還原為預設值

3 完成調整圖層的建立

進行到此，即完成調整圖層的建立。所有的調整結果（範例為**色彩平衡**）會套用到調整圖層下方的圖層。選取其他圖層或取消選取調整圖層後，**內容**面板的內容也會隨著選取的圖層改變。

調整圖層
❺ 調整結果只套用在影像上

TIPS 以調整面板校正

開啟**調整**面板，點選各個調整按鈕，就能在**圖層**面板新增調整圖層，之後也能在**內容**面板完成相關的設定。

從調整面板，新增調整圖層

點選此鈕

只在特定範圍套用調整圖層的效果

若沒有事先建立選取範圍，調整圖層的效果就會套用到整個圖層。利用選取範圍建立遮色片後，就只會在選取範圍內套用調整效果。

❶ 建立選取範圍

❶ 建立選取範圍

首先，建立要套用調整圖層效果的選取範圍。在此選取綠色與藍色鉛筆。

> **TIPS　套用多種校正效果**
>
> 一個調整圖層只能指定一種校正效果，若想套用多種校正效果，請建立多個調整圖層。

❷ 套用調整圖層的效果

建立調整圖層後（範例建立的是**色相／飽和度**），調整圖層的效果就只會套用在選取範圍內，調整圖層也會顯示遮色片圖示。選取範圍之外的顏色仍然維持原狀。

❷ 在選取範圍套用色相／飽和度調整圖層

遮色片圖示

> **TIPS　局部刪除調整圖層的效果**
>
> 選取調整圖層的圖層遮色片圖示，再填入黑色，就能刪除效果，填入白色則可啟用效果。填入漸層色則可套用中間調的效果。

填入白色，套用效果

點選圖層遮色片圖示

變更調整圖層的設定

調整圖層可在後續自由變更設定。

1 雙按縮圖

雙按要重新設定的調整圖層縮圖。

❶ 雙按這裡

2 利用「內容」面板重新調整

內容面板的內容是套用的**色相／飽和度**。此外，在圖層面板點選遮色片圖示 ■，**內容**面板的**遮色片**就會顯示，從中可調整遮色片的濃度、羽化、邊界、顏色範圍。

❷ 重新設定數值

3 套用變更

剛剛的變更將自動套用，只有選取範圍內的鉛筆的色相改變了。

TIPS 暫時瀏覽調整前的狀態

利用調整圖層調整後，點選**內容**面板的 👁，就能預視調整前的狀況。

		CS6	CC	CC14	CC15	CC17	CC18	CC19

9-2
「色階分佈圖」的開啟與解讀方式

使用頻率
★ ★ ★

執行 Photoshop 的色階命令後，會開啟代表像素分佈的色階分佈圖，藉此了解影像的色彩分佈資訊。當調整底下的滑桿時，色階分佈圖也會跟著變化。

色階校正的原理（何謂「色階分佈圖」？）

執行**影像**功能表的**調整→色階**命令，可查看色階分佈圖，或是執行**視窗→色階分佈圖**，開啟**色階分佈圖**面板來查看。

若要調整的是 RGB 影像，在**色階**視窗中的**色版**下拉式列示窗，會顯示 R、G、B 三個色版與整體的複合色版。

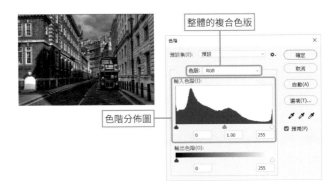

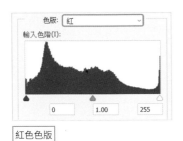

紅色色版

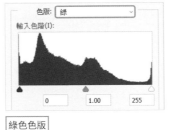

綠色色版

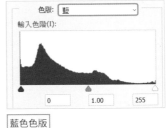

藍色色版

色階分佈圖會將各色版以及整體影像的暗部到亮部分成 256 階，再以堆疊圖表示各色階的像素數量。簡單來說，從左上（黑色）到右下（白色）的漸層影像就會是下列的色階分佈圖。黑色部分的像素較少，愈往中間色階，像素愈多，慢慢接近白色後，像素又漸漸變少。

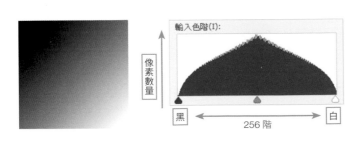

TIPS 顯示色版的快速鍵

Ctrl + 2 複合色版
Ctrl + 3 紅色色版
Ctrl + 4 綠色色版
Ctrl + 5 藍色色版

檢視「色階分佈圖」

在**色階分佈圖**面板中,可從下拉列示窗點選各個色版,將各色版的像素分佈畫成圖表。按下 ☰ 鈕,開啟面板功能表,可選擇**精簡視圖**、**擴展視圖**、**所有色版視圖**模式。此外,當影像中有多個圖層時,可在**來源**列示窗中選擇要查看的圖層。

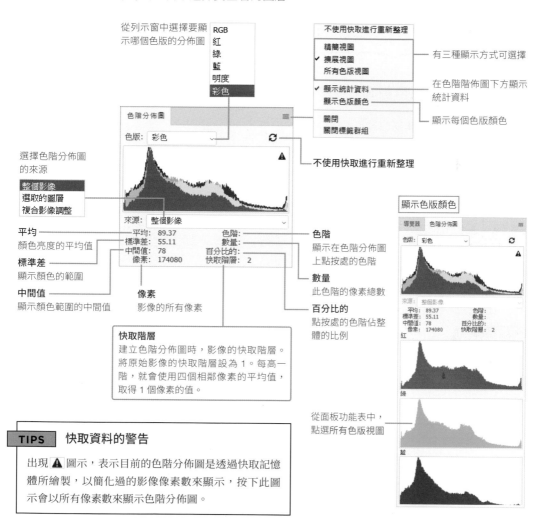

從列示窗中選擇要顯示哪個色版的分佈圖

- RGB
- 紅
- 綠
- 藍
- 明度
- 彩色

不使用快取進行重新整理

- 精簡視圖
- ✓ 擴展視圖
- 所有色版視圖

── 有三種顯示方式可選擇

- ✓ 顯示統計資料
- 顯示色版顏色

── 在色階階佈圖下方顯示統計資料

- 關閉
- 關閉標籤群組

── 顯示每個色版顏色

色階分佈圖

色版: 彩色

選擇色階分佈圖的來源

- 整個影像
- 選取的圖層
- 複合影像調整

來源: 整個影像

── 不使用快取進行重新整理

平均
顏色亮度的平均值

標準差
顯示顏色的範圍

中間值
顯示顏色範圍的中間值

平均:	89.37	色階:
標準差:	55.11	數量:
中間值:	78	百分比的:
像素:	174080	快取階層: 2

像素
影像的所有像素

色階
顯示在色階分佈圖上點按處的色階

數量
此色階的像素總數

百分比的
點按處的色階佔整體的比例

快取階層
建立色階分佈圖時,影像的快取階層。將原始影像的快取階層設為 1。每高一階,就會使用四個相鄰像素的平均值,取得 1 個像素的值。

顯示色版顏色

導覽器 | 色階分佈圖

色版: 彩色

來源: 整個影像

平均:	89.37	色階:
標準差:	55.11	數量:
中間值:	78	百分比的:
像素:	174080	快取階層: 2

紅
綠
藍

從面板功能表中,點選所有色版視圖

TIPS **快取資料的警告**

出現 ⚠ 圖示,表示目前的色階分佈圖是透過快取記憶體所繪製,以簡化過的影像像素數來顯示,按下此圖示會以所有像素數來顯示色階分佈圖。

TIPS **動態範圍**

色階分佈圖的水平寬度稱為**動態範圍**。動態範圍就是亮度最暗到最亮之間的範圍。

TIPS **色階分佈圖變稀疏(像梳子缺齒)的狀況**

當色階分佈圖變稀疏(缺少色階)時,可執行**影像→模式**命令,調整為 **16 位元/色版**模式調整色階後,再切回 **8 位元/色版**模式,多少能改善狀況。

9-3
利用「色階」功能調整影像的明暗

使用頻率	讓我們利用色階功能，將過暗的影像變亮，過亮的影像變暗，以
★ ★ ★	及讓中間調變暗或變亮。

利用▲滑桿增加陰影區，讓影像變暗

色階分佈圖下方有▲▲△三個滑桿，拖曳位置後，可調整影像的亮度。你可以從色階分佈圖一邊判斷亮度的色階有多少像素，一邊調整滑桿的位置。

1 調整暗部

將▲滑桿往右拖曳至 50 的位置，50的色階就會變成最暗點，在▲左側的部分都會變黑。就結果而言，黑色的部分增加了，影像的色彩雖然沒變，但是黑色的範圍增加，像素往黑色的方向移動，整體影像也變暗了。

> **POINT**
>
> 在色階視窗做設定時，若想恢復原始狀態可按住 Alt 鍵，此時取消鈕會變成重設鈕，按下重設鈕可恢復預設值。

原始影像

這個範圍被拉長了

輸入色階(I):

這個範圍變黑了

拖曳或是直接輸入數值

50　　1.00　　255

2 確認色階分佈圖

設定好後按下**確定**鈕，再次開啟色階分佈圖可發現 50～255 的範圍被0～255 的範圍拉長，色階分佈圖也變稀疏 (缺乏色階) 的狀態。

> **POINT**
>
> 輸出色階滑桿可調整陰影與亮部的亮度，削減影像的對比度。
> 往右拖曳▲，影像的陰影部分就會變亮，對比度也會變弱；往左拖曳△，亮部就會變暗，對比度也會變弱。

黑色像素數量增加，中間調變暗，整體影像也變暗

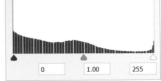

輸入色階(I):

0　　1.00　　255

▌利用△滑桿增加亮部區，讓影像變亮

1　調整亮部

往左拖曳△滑桿至 197 的位置，197 右側的像素就會全部變白，影像就能在保有原本的色彩下變亮。

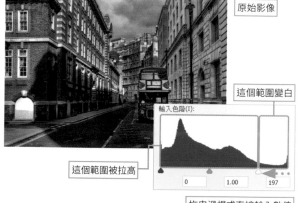

原始影像

這個範圍變白

這個範圍被拉高

輸入色階(I)：

0　　1.00　　197

拖曳滑桿或直接輸入數值

2　確認色階分佈圖

設定好後按下**確定**鈕，再次開啟色階分佈圖，就會發現 0～197 的範圍被 0～225 拉高，色階分佈圖也變成稀疏的狀態 (斷階)。

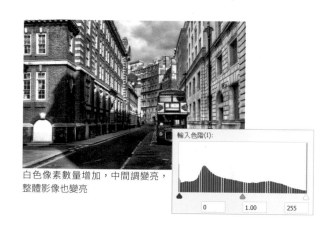

白色像素數量增加，中間調變亮，整體影像也變亮

輸入色階(I)：

0　　1.00　　255

▌利用▲滑桿調整中間調

1　放大中間調 (Gamma)

拖曳▲或△滑桿時，▲滑桿會自動移到▲與△滑桿的中間 (Gamma 值為 1)。

▲滑桿代表的是 Gamma 值，比 1 大時 (位於左側)，影像就會變得明亮；反之，比 1 小，影像會較暗。

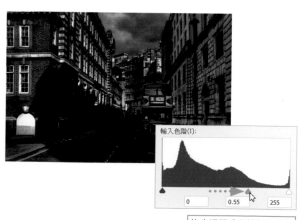

輸入色階(I)：

0　　0.55　　255

拖曳滑桿或直接輸入數值

自動調整色階的按鈕

按下**色階**視窗的**自動**鈕，就能自動將影像最亮的像素設定為 255，同時將最暗的像素設定為 0。

執行**影像**功能表的**自動色調**功能（ Shift + Ctrl + L ）效果一樣。

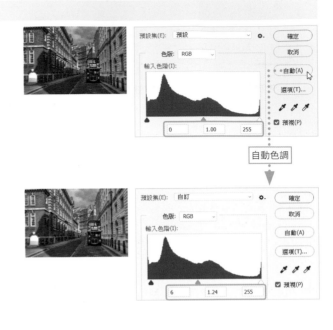

自動色調

| TIPS | 變更「自動調整」的設定範圍 |

在**色階**或**曲線**視窗中，按下**選項**鈕，都會開啟**自動色彩校正選項**視窗。這個視窗可設定自動校正時，要忽略最暗與最亮的幾 % 顏色。預設值為 0.1%，意思是忽略位於最暗與最亮的 0.1% 位置的像素。換言之，就是抹滅影像的 0.1% 像素，或是認為這部分變得死白也不會影響影像。

利用滴管工具指定亮部與暗部

色階視窗中有三個滴管工具，分別是設定最暗點的、設定灰點的與設定最亮點的。

以設定最暗點的點選希望影像中變得最暗的部分後，該位置就會變成最暗的色階。以設定最亮點的點選希望影像中變得最亮的部分後，該位置就會變成最亮的色階。

原始影像

最亮點
灰點
最暗點

以黑色滴管點選

以白色滴管點選

9-4
利用「曲線」調整明暗

使用頻率
★ ★ ☆

曲線功能是透過曲線形狀來調整影像的亮度與對比,是 Photoshop 所有亮度調整工具中,最常使用的工具。

曲線的原理

從**影像**功能表的**調整**點選**曲線**（Ctrl ＋ M）後,即可開啟**曲線**視窗。此外,在**調整**面板中,按下**曲線**鈕也可以開啟。

若調整的是 RGB 影像,在**色版**拉列示窗中,就有**紅**、**綠**、**藍**這三個色版及 RGB 複合色版可選擇。

曲線可調整的對象為每個色版與整體影像,主要是在目前影像值（具 256 階的橫軸）以及變更後的影像值（256 階的縱軸）所組成的矩形裡,利用曲線的形狀調整影像的顏色資訊。

預設的曲線為左下往右上角的 45°線,此時校正前與校正後的結果是相同的。在曲線上拖曳,拖曳處就會自動新增控制點,也能藉此改變曲線的形狀。

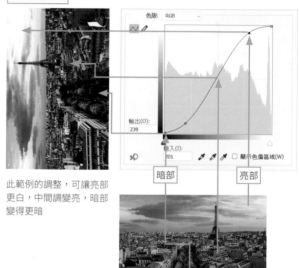

調整後的影像

暗部 亮部

此範例的調整,可讓亮部更白,中間調變亮,暗部變得更暗

原始影像

TIPS 在影像內部拖曳調整

按下**曲線**視窗左下角的鈕,在影像中點選,就能以點選處的像素為基準,再以上下左右拖曳來調整曲線。

TIPS 顯示滑鼠游標在影像上的位置

開啟**曲線**視窗後,將滑鼠游標移到影像裡,滑鼠游標就會變成滴管狀,在影像上點按後,曲線上就會顯示○,並會跟著滑鼠同步移動。（CMYK 模式下無此作用）。

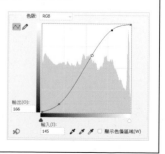

將偏暗的影像調亮

1 開啟「曲線」視窗

這次要校正的是曝光不足的影像。開啟**曲線**視窗或是按下調整面板的**曲線鈕** ⊞，開啟視窗。

① 開啟偏暗的影像

2 向上拖曳曲線

要讓偏暗的影像變亮，要把曲線往上拉。此外，若希望接近白色的部分變白，可將右上角的控制點往左邊拖曳。或是將 △ 滑桿往左拖曳。

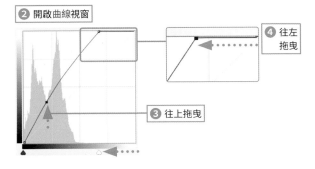

② 開啟曲線視窗
④ 往左拖曳
③ 往上拖曳

3 影像校正了

原本偏暗的影像變亮了。

⑤ 影像變亮了

POINT

若想調暗，可將曲線往右下角拖曳。

▶ 最亮點設定工具 🖋

最亮點設定工具 🖋 可點選要變白（最亮點）的部分，調整亮度與色彩平衡。

1 利用最亮點設定工具 🖋 點選

開啟**曲線**視窗後，利用最亮點設定工具 🖋 點選影像裡要變白的部分。

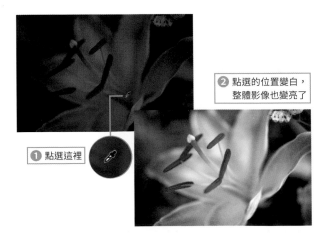

② 點選的位置變白，整體影像也變亮了

① 點選這裡

2 被點選的部分變白

被點選的部分變成最亮的色階，整體影像也跟著變亮。

增加對比

　　使用**曲線**功能可讓模糊、對比不足的影像增加亮部與暗部的強弱。反之,也能讓對比強烈的影像降低對比。

① 開啟影像

開啟整體對比不足的影像。

① 開啟整體對比不足的影像

② 調整控制點與曲線

在**曲線**視窗中,將暗部滑桿往右拖曳,再將亮部滑桿往左拖曳,接著讓中間調變得有點弧度。

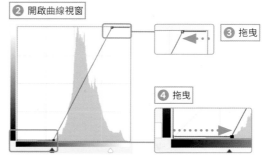
② 開啟曲線視窗　③ 拖曳　④ 拖曳

> **TIPS**　讓曲線還原為初始狀態
>
> 在**曲線**視窗中,按住 [Alt] 鍵,**取消**鈕會變成**重設**鈕,點選後,曲線就會還原為預設的 45°。

③ 增加整體影像的對比了

影像調正後,亮部變得更白,陰影也變得更黑,對比變得更鮮明。

> **TIPS**　曲線選項
>
> **曲線**視窗的右側還有相關的選項設定,可選擇**顯示量**的**光**(RGB 影像是以 0～255 的亮度表示)與**顏料／油墨**(CMYK 影像是以 0～100% 表示)再校正影像。點選**顏料／油墨**可使用代表顏料量,也就是減色法的曲線。RGB 影像的預設值是**光**,CMYK 影像的預設值是**顏料／油墨**。選擇**顏料／油墨**其色階圖的左下角是 0～100% 的白色。
>
> 此外,**顯示**欄位還有**基線**、**相交線**、**色階分佈圖**的選項可以選擇。
>
> 若建立的是**曲線**調整圖層,可在**內容**面板功能表點選**曲線顯示選項**來做設定。
>
>
>

9-5
色彩平衡

★★★

色彩平衡可在保留影像的亮度下，修正顏色。以往是用來校正掃描器造成的色偏，以便接近原稿的顏色。數位影像也可用此功能來校正因光源造成的色偏現象。

使用「色彩平衡」校正

從影像功能表的調整點選色彩平衡（Ctrl ＋ B），即可開啟色彩平衡視窗。

按下圖層面板的 鈕，或是按下調整面板的 鈕，都可使用調整圖層校正色彩。

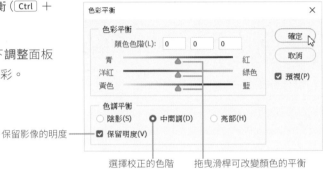

保留影像的明度 —

選擇校正的色階　　拖曳滑桿可改變顏色的平衡

點選陰影、中間調、亮部，即可修正這三個部位的顏色。從色環來看，青－紅、洋紅－綠色、黃色－藍色的軸是補色關係，可試著拖曳滑桿，確認顏色的變化。

底下的設定與影像結果的呈現，都是校正中間調的結果。

原始影像

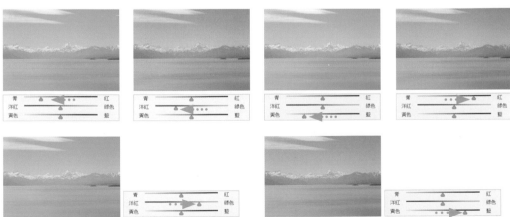

SUPER REFERENCE

▶ 分別校正陰影、中間調、亮部

選擇滑桿下方的**陰影**、**中間調**、**亮部**，即可分別針對影像中的陰影、中間調或亮部調整顏色。

原始影像

將陰影的洋紅設為 -40

將中間調的洋紅設為 -40

將亮部的洋紅設為 -40

▶ 保留明度

勾選**保留明度**即可自動調整補色色版，保留影像的明度。若不勾選，每個色版都是獨立調整的，所以就結果而言，明度會跟著改變。

TIPS　**自動色彩**

點選**影像**功能表的**自動色彩**（ Shift ＋ Ctrl ＋ B ），可自動排除影像多餘的色調。此時會直接變更影像的像素資料。

若以調整圖層校正影像時，開啟**自動色彩校正選項**視窗後，點選**運算規則**下的**尋找深色與淺色**、並勾選**靠齊中間調**，再點選要剪裁的陰影與亮部，調整中間調的目標顏色，按下**確定**鈕回到視窗，再按下**自動**鈕，即可依剛才的設定套用自動色彩。

TIPS　**「曝光度」命令**

從**影像**功能表的**調整**命令下或是按下**調整**面板的**曝光度**鈕，可用來校正高動態範圍影像（HDR 影像）的色調。Photoshop 可對 32 位元／色版的影像套用此命令。
曝光度（降低對陰影的影響，調整色階的亮部）、**偏移量**（讓陰影與中間調變暗，降低對亮部影響）、**Gamma 校正**（調整影像的 Gamma 值），都可調整影像的曝光度。

9-6
亮度、對比

使用頻率	影像→調整功能表中的亮度／對比，可調整影像整體的曝光度、
★ ★ ☆	亮度以及對比度。

調整亮度

1 點選「亮度／對比」

開啟影像後，從影像功能表的調整點
選亮度／對比，開啟亮度／對比視
窗。也可以按下圖層面板的 ◐ 鈕，
或是按下調整面板的 ☀ ，都可使用
調整圖層校正。

2 拖曳滑桿來調整

將亮度滑桿往右拖曳後，影像的亮部
範圍會變多、也會變亮；往左拖曳
時，暗部範圍會變多、變得暗淡。
將對比滑桿往右拖曳時，會增強對
比，往左拖曳則會降低對比。

拖曳滑桿或直接輸入數值

3 影像的亮度改變了

此例，將整體影像調亮，提高對比。

> **POINT**
>
> 勾選使用舊版，可利用 CS3 以前的方
> 法上下移動像素值與完成校正。如此
> 一來，影像就有可能被剪裁，亮部與
> 陰影的細節就有可能喪失。

TIPS 　自動對比

從**影像**功能表點選**自動對比**（ Alt ＋ Shift ＋ Ctrl ＋ L ），影像裡最暗的像素會變黑，最亮的像素會變
白，自動完成陰影與亮部的調整。

9-7
色相／飽和度

使用頻率	要調整影像的特定顏色或是色相、明亮、飽和度，可從影像功能表的調整點選色相／飽和度。
★ ★ ★	

變更色相

▶ 開啟「色相／飽和度」視窗

從影像功能表的調整點選色相／飽和度（Ctrl + U）。也可以按下圖層面板的 ⊙，或是按下調整面板的 ▦，使用調整圖層校正。

POINT

在編輯列示窗，可選擇要變更的顏色。主檔案可變更整體影像的顏色。從預設集列示窗，可點選預設的組合再校正。

按下此鈕，在影像內拖曳，即可變更飽和度

編輯列示窗

▶ 所謂色相

如圖所示，**色相**就是依照青色→藍色→洋紅→紅→黃→綠→青變化的色調。改變色相，顏色就會依照色相的順序改變。

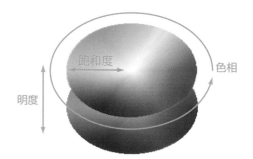

▶ 變更「主檔案」的色相

在選取**主檔案**的狀態下拖曳**色相**滑桿，影像整體的色相就會產生變化。

原始影像

將色相設為＋20

將色相設為 -20

▶ **操作色條**

從**編輯**列示窗中選擇非**主檔案**的特定顏色，例如**紅色**，即可利用色條設定要調整的顏色，可變更調整效果漸漸減弱的範圍。

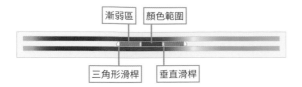

調整飽和度

飽和度就是顏色的鮮豔度。拖曳**飽和度**滑桿可調整顏色的鮮豔度。將**飽和度**滑桿拖曳至最左邊，影像就會變成灰階。這個效果與執行**影像**功能表的**調整**的**去除飽和度**（ Shift ＋ Ctrl ＋ U ）功能一樣。

原始影像

將飽和度設為＋30

將洋紅的飽和度設為 -100

變更明亮度

明亮代表的是顏色的亮度，RGB 三色最亮時的數值為 255，CMYK 各色最亮時的數值為 0。拖曳**明亮**滑桿，可以在保持相同色相與飽和度下，只讓亮度產生變化。這與在 Lab 色彩模式下調整 L 色版的結果是一樣的。

原始影像

將明亮設為＋20

將洋紅的明亮設為－60

TIPS **去除飽和度命令**

點選**影像**功能表的**調整**的**去除飽和度**（ Shift ＋ Ctrl ＋ U ），可以去除影像的飽和度，轉換成沒有色彩的影像。

利用「上色」選項轉換成單一色調

1 勾選「上色」選項

勾選**上色**選項，可在視窗中的**色相**設定單一色調，在**飽和度**設定顏色的強度，以及在**明亮**設定顏色的亮度。

1 勾選此項

2 色彩統一了

整張影像變成單色。

2 色彩統一了

自然飽和度

　　影像功能表的**調整**的**自然飽和度**，可增加影像的彩度，使影像變得更鮮艷，且不會讓影像過度飽和，失去原本的細節。飽和度愈接近最大值，**裁剪**（Clipping）的狀況就愈少，也能有效提升低飽和度部分的鮮艷度。

抑制高飽和度與低飽和度的裁剪

所有顏色套用相同的飽和度設定

原始影像

調整後　自然飽和度＋ 77

9-8
符合顏色

使用頻率	符合顏色可根據其他影像的色調，調整目前影像的色調，是一項非常方便的功能。若有色調接近的照片，可一口氣調整成需要的色調。
★ ☆ ☆	

執行「符合顏色」命令

拍照時，同一場景可能會拍出曝光正確或曝光不正確的照片，或是拍到日落時的天空、晴朗的藍天等題材相似但色調不同的照片。此時可用**符合顏色**，將原始影像的色彩套用到其他照片。

1 開啟兩張照片

首先，開啟要套用顏色的照片以及原始照片。

要套用設定的照片

原始照片

2 進一步設定

從影像功能表的調整點選**符合顏色**，開啟**符合顏色**視窗。**目標**會顯示作用中視窗的影像名稱，在**來源**列示窗中可選擇要套用的原始影像，設定完成，按下**確定**鈕。

要套用設定的目標影像

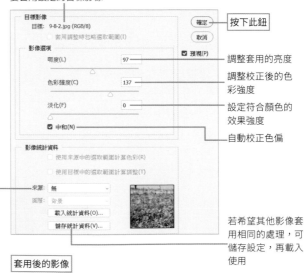

按下此鈕

調整套用的亮度

調整校正後的色彩強度

設定符合顏色的效果強度

自動校正色偏

指定顏色的來源影像

| 無 |
| 9-8-1.jpg |
| 9-8-2.jpg |

若希望其他影像套用相同的處理，可儲存設定，再載入使用

POINT

若影像中有圖層，可將圖層指定為顏色來源。

3 影像套用顏色了

原始影像的色調套用至目標影像了。

套用後的影像

9-9
取代顏色

使用頻率	取代顏色功能,可將特定顏色取代成其它顏色。雖然與色相/飽和度的調整有相同效果,但取代顏色還可進一步微調。
★ ☆ ☆	

取代顏色

執行**影像**功能表的**調整**的**取代顏色**,可依視窗中朦朧設定的顏色範圍變更為特定顏色。

① 開啟影像,執行「取代顏色」

開啟要取代顏色的影像。從**影像**功能表的**調整**點選**取代顏色**,開啟**取代顏色**視窗。

原始影像

② 選擇要取代顏色的範圍

利用滴管工具點選要取代的顏色。接著利用增加至樣本 ![] 工具增加顏色範圍與從樣本中減去 ![] 工具減少顏色範圍,調整選取範圍的大小。選取的範圍在縮圖裡會顯示為白色。
拖曳**色相、飽和度、明亮**滑桿,設定要取代的顏色後,勾選**預視**項目,預視的影像就會跟著改變色彩。
最後拖曳朦朧滑桿,微調選取範圍的大小。

在影像上點按,可選取要取代顏色的範圍

在影像上點按,可增加要取代顏色的範圍

在影像上點按,可減少要取代顏色的範圍

若要選取或增加多個顏色範圍,勾選此項,建立更精確的選取區

選取的顏色範圍,會顯示白色

拖曳這三個滑桿,可調整選取範圍的色彩

這項值愈高,就會選取更多相近的顏色

顯示設定的顏色

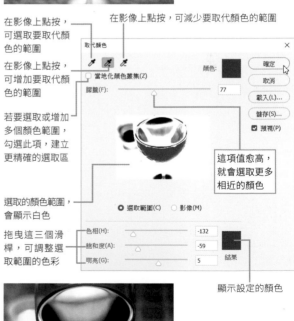

③ 顏色取代了

選取的顏色範圍置換成指定的顏色。

CHAPTER 9　調整影像的明暗與色彩

9-10
選取顏色

使用頻率

★ ☆ ☆

選取顏色功能，可在視窗中先選取色系後，再增加或刪除 CMYK 的墨色。即使開啟的是 RGB 色彩模式的影像，只要熟悉 CMYK 的色彩設定，也能透過這個方法來變更顏色。

執行「選取顏色」功能

1 開啟視窗

從影像功能表的調整點選選取顏色，開啟選取顏色視窗。

按下圖層面板的 ◑ 鈕與按下調整面板的 ◪ 鈕，都可利用調整圖層校正。

2 校正各墨色的色調

可依照CMYK各墨色校正色調。首先，從顏色列示窗中，點選要校正的色系。接著拖曳青色、洋紅、黃色、黑色滑桿，校正成需要的顏色。

① 開啟選取顏色視窗

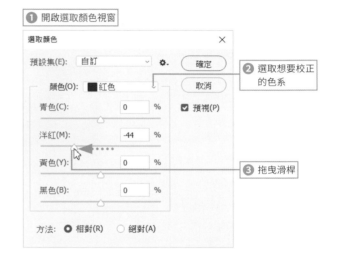

② 選取想要校正的色系

③ 拖曳滑桿

原始影像

調整後

可以發現洋紅色的墨色變少

TIPS 「相對」與「絕對」

在視窗最下方的方法選取相對時，就會將目前顏色加上目前顏色乘以 CMYK 設定值的量。例如在 Y50% 的像素加上 Y10%，就會變成 50 ＋ (50×10%)=55%。

如果選取的是絕對，則只會在目前色彩加入設定值。換言之，變化程度會如右圖一般，遠比選取相對的情況來得強烈。

選取絕對的情況

9-11
色版混合器

使用頻率	色版混合器可增減 RGB 或 CMYK 每個色版的值,製作出高質感
★ ☆ ☆	的灰階影像。

使用「色版混合器」

在**來源色版**中所設定的內容,將套用在**輸出色版**所選擇的色,不會影響其他色版。

① 開啟設定視窗

從**影像**功能表的**調整**點選**色版混合
器**,開啟**色版混合器**視窗。

原始影像

紅色色版

② 調整「來源色版」

在**輸出色版**選擇色版。此範例在**輸出
色版**選擇**紅**色色版後,左右拖曳**來源
色版**的**綠色**滑桿,就能在 G 與 B 的
色版固定之下,調整紅色色版的值,
增減影像的綠色。

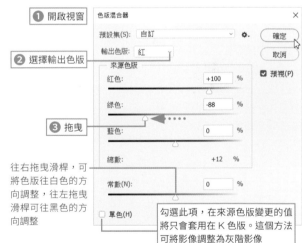

① 開啟視窗

② 選擇輸出色版

③ 拖曳

往右拖曳滑桿,可
將色版往白色的方
向調整,往左拖曳
滑桿可往黑色的方
向調整

勾選此項,在來源色版變更的值
將只會套用在 K 色版。這個方法
可將影像調整為灰階影像

POINT

選擇紅色色版時,來源色板的值會自
動成為 + 100。即使此時調整來源色
版,只要選擇的是紅色色版,就不會
對綠色與藍色色版造成影響。

③ 透過「資訊」面板確認

從**資訊**面板觀察取樣值就會發現,綠
色與藍色色版毫無改變。此外,若是
在 CMYK 模式下,將輸出色版設定
為**青色**色版,再於來源色版增減黃色
的值,可在 MYK 色版的值維持不變
下,增減青色色版的值,讓影像的黃
色產生變化。

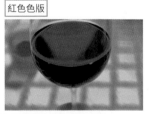

紅色色版

只有 R 色版產生變化

9-12
相片濾鏡

使用頻率
★ ★ ☆

相片濾鏡功能，可營造加裝在相機鏡頭前的濾鏡效果。

使用「相片濾鏡」功能

① 設定濾鏡

從影像功能表的調整點選**相片濾鏡**，
開啟**相片濾鏡**視窗。也可以利用圖層
面板的調整圖層設定相同的效果。
開啟視窗後，在**使用**的**濾鏡**列示窗中
選擇要使用的濾鏡後，再透過**濃度**調
整效果的強度。

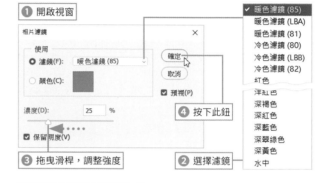

① 開啟視窗

③ 拖曳滑桿，調整強度

④ 按下此鈕

② 選擇濾鏡

② 自訂顏色

假如**濾鏡**列示窗中沒有想使用的顏
色，可點選**顏色**的顏色方塊，從**檢色
器**點選顏色，再套用濾鏡。完成設定
後，按下**確定**鈕即可。

⑤ 點選列示窗中沒有的顏色

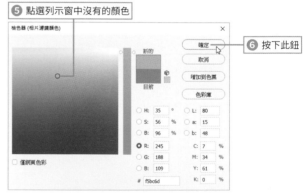

⑥ 按下此鈕

③ 套用相片濾鏡

套用相片濾鏡了。

原始影像

暖色濾鏡 (85) / 濃度 25

冷色濾鏡 (80) / 濃度 40
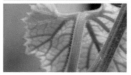

黃色 / 濃度 40

深紅色 / 濃度 25
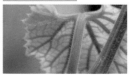

9-13
陰影／亮部

使用頻率	陰影／亮部不只能為影像增強明暗，還能分別在逆光的情況下調整陰影；在過度曝光的情況下調整亮部。
★ ★ ☆	

▌使用「陰影／亮部」功能

❶ 開啟影像

開啟要套用陰影／亮部的影像。從影像功能表的調整選擇陰影／亮部。

❷ 校正陰影

開啟陰影／亮部視窗（無法透過調整圖層使用）。拖曳陰影的總量滑桿，調整套用量。

調整陰影的部份

❸ 只調整陰影的部分

剛才的設定，只會調整陰影部分，不會對中間調或亮部造成影響（CMYK也可使用）。

此例，只有將陰影部分調暗

POINT

總量為 0% 代表完全不套用。增加陰影的總量可讓陰影變亮；若是增加亮部的總量，則會讓亮部變暗。

❹ 讓亮部變暗

接著，要讓亮部變暗。調整亮部的總量滑桿，也不會對中間調造成影響（CMYK 也可使用）。

校正亮部

POINT

勾選顯示更多選項可進一步調整色調、強度等設定。色調可分別設定陰影、亮部的動態範圍。

只有亮部變暗

9-14
「負片效果」與「均勻分配」

Photoshop 提供負片效果及均勻分配功能,可讓你反轉影像的階調或是將色調平均化。負片效果常用在製作負片影像或是 Alpha 色版。

負片效果

從**影像**功能表的**調整**點選**負片效果**（Ctrl + I），影像的色階就會反轉。

若希望負片影像如正片影像般掃描或反轉 Alpha 色版時,就可使用這項功能。

反轉的影像

> **TIPS** 記住快速鍵
>
> **負片效果**的快速鍵為 Ctrl + I。這是很常使用的命令,請大家把快速鍵記起來吧!

反轉 Alpha 色版

均勻分配（Equalize）

從**影像**功能表的**調整**點選**均勻分配**,影像內的像素亮度就會平均分佈。用於對比太強或是想讓暗部變亮的影像,可得到不錯的效果。

從色階分佈圖來看,可發現各色階的像素已平均分佈

9-15
「臨界值」與「色調分離」

使用頻率	想將影像轉換成黑白兩色，可利用臨界值做設定。此外，套用色
★ ★ ☆	調分離 (以指定的色階描繪影像) 也可製造不同的影像效果。

執行「臨界值」功能

1 開啟視窗

先開啟影像。從**影像**功能表的**調整**點選**臨界值**，開啟**臨界值**視窗。

原始影像

2 設定黑與白的分界

此時，會開啟影像的色階分佈圖，拖曳下方的臨界值滑桿，設定黑與白的分界。

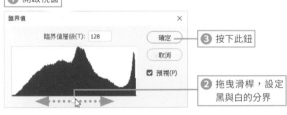
① 開啟視窗
③ 按下此鈕
② 拖曳滑桿，設定黑與白的分界

3 影像轉換成黑白兩色

影像轉換成黑白色調了。

④ 影像轉換成黑白色調了

色調分離

色調分離指的是以指定的色階數呈現影像的手法。

1 開啟影像

開啟要套用**色調分離**效果的影像。

原始影像

CHAPTER 9 調整影像的明暗與色彩

② 執行「色調分離」

從影像功能表的調整點選色調分離，可開啟色調分離視窗。輸入色調分離的色階數。

① 開啟視窗

③ 按下此鈕

② 輸入色階數

③ 以指定的色階數繪圖

以指定的色階數繪圖了。

④ 以指定的色階數繪圖了

色階：4

色階：10

利用「黑白」功能轉換成深褐色

影像功能表中調整子功能表下的黑白命令，除了可將彩色影像轉換成灰階，還可加上色調，讓影像轉換成深褐色調。

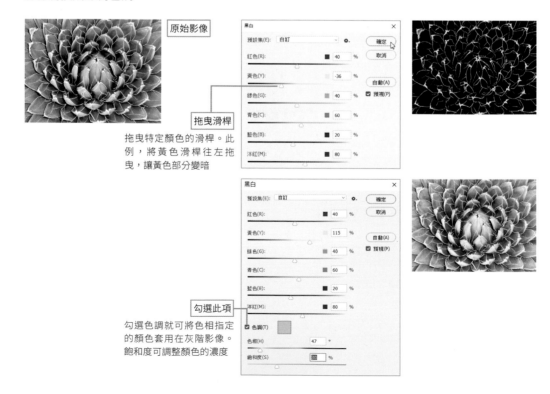

原始影像

拖曳滑桿

拖曳特定顏色的滑桿。此例，將黃色滑桿往左拖曳，讓黃色部分變暗

勾選此項

勾選色調就可將色相指定的顏色套用在灰階影像。飽和度可調整顏色的濃度

9-16
顏色查詢

使用頻率	
★ ☆ ☆	調整功能表下的顏色查詢，會使用顏色參照表校正影像的色調。

利用「顏色查詢」校正

點選顏色查詢後，可在視窗選擇預設的顏色 LUT，將影像調整成不同的色調。查詢表 (Look Up Table) 就是將特定顏色置換成其他顏色的顏色參考表。Photoshop 預設了 .look、.CUBE、.3DL 這三種顏色參考表，只要從列示窗中選擇，就能將影像校正為特定色調。

3Strip.look

Candlelight.CUBE

Bleack Bypass.look

抽象：Blacklight Poster

裝置連結：TealMagentaGold

CHAPTER 9　調整影像的明暗與色彩

9-17
利用 HDR 色調合成曝光度不同的影像

使用頻率	Photoshop 可利用 **HDR** 色調校正被稱為高動態範圍的 32 位元
★ ★ ☆	HDR 影像。

HDR 影像

高動態範圍（HDR：High Dynamic Range）影像具有超乎人類視覺、相機鏡頭、螢幕所能辨識的 32 位元動態範圍。能拍攝 HDR 影像的相機會根據多張曝光度不同的影像合成 HDR 影像。Photoshop 可利用**檔案**功能表的**自動→合併為 HDR Pro** 命令，將多張曝光度不同的影像合成為 HDR 影像。此外，智慧型手機 iPhone 的鏡頭也能拍攝 HDR 影像。

調整 HDR 影像的色調

1 選擇「HDR 色調」功能

開啟 HDR 色調的影像。從**影像**功能表的**調整**點選 **HDR 色調**。

2 HDR 色調的設定

開啟 **HDR 色調**視窗。**預設集**列示窗內建了許多 HDR 色調的校正集，可從中選擇適合的色調。

請勾選**預視**，一邊瀏覽校正結果，一邊選擇需要的色調。**邊緣光量**的**半徑**可控制光量的效果範圍，**強度**可控制光量的對比度。若需要微調，可從**色調和細部**、**進階**的滑桿或是展開**色調曲線**調整。

城市暮光

更加飽和

原始影像

相片擬真高對比

超現實高對比

10

—

步驟記錄與快照

透過「步驟記錄」面板，你可以輕鬆回到之前的操作
階段。「快照」則是儲存步驟記錄階段的功能。每筆
步驟記錄也可當成筆刷的來源使用。

10-1
活用步驟記錄

使用頻率	步驟記錄可記錄影像開啟後的一切操作,而這些步驟都會在步驟
★ ★ ☆	記錄面板顯示,使用者可隨時返回任何一個作業階段。

「步驟記錄」面板

在 Photoshop 進行的每一步操作都會記錄在**步驟記錄**面板裡。儘管步驟記錄功能受限於記憶體的多寡,不過還是能回到非常前面的步驟。

此外,不需要依序返回每個步驟,只要點選**步驟記錄**面板裡的步驟,即可顯示該步驟的畫面。最舊(最先執行)的步驟會於最上層顯示,每操作一次,每個步驟就會往下新增。

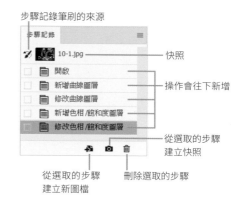

步驟記錄筆刷的來源
快照
操作會往下新增
從選取的步驟建立快照
從選取的步驟建立新圖檔
刪除選取的步驟

TIPS 步驟記錄的快速鍵

Alt + Ctrl + Z	回到上一步
Shift + Ctrl + Z	顯示下一步

回到前面的步驟

點選**步驟記錄**面板的步驟,就能回到任何的步驟。使用這項功能可輕易地確認影像的狀態,所以很方便用來比較影像的差異。回到之前的步驟後,下面的步驟就會刷淡,點選刷淡的部分,就能回到後面的步驟。

1 確認步驟

步驟記錄面板會依序顯示開啟檔案之後的操作。

② **點選步驟**

點選**步驟記錄**面板先前的步驟，就可
還原到之前的狀態。

③ **再回到更前面的步驟**

接著點選更前面的步驟。後面的步驟
全部都刷淡了。點選刷淡的部分，又
能顯示該步驟的狀況。

選取步驟後，後面的步驟全都刷淡了

設定「步驟記錄」面板可保留的步驟數量

　　步驟記錄面板可保留的步驟數量，可於**編輯**→**偏好設定**視窗的**效能**的**步驟記錄**狀態設定。這個
設定會受限於記憶體、虛擬磁碟的剩餘容量、圖檔的容量。要大量記錄大圖的步驟，就需要非常
多記憶體。請大家依照作業環境的狀態設定。如果記憶體的空間不足，舊的步驟就會自動刪除。

TIPS **靈活地使用「快照」**

快照可個別儲存部分的步驟（參考
10-7 頁）。

TIPS **與還原命令的關係**

步驟記錄功能與**編輯**功能表的**還原**命令，是各自獨立的功
能。利用**還原**取消前一個步驟的操作，步驟記錄也會回到
上一步的步驟。

步驟記錄選項的設定

從**步驟記錄**面板選擇**步驟記錄選項**，會開啟**步驟記錄選項**視窗，可設定步驟記錄的各種選項。

▶ 允許非線性步驟記錄

取消這個選項時（預設狀態），只要回到前面的步驟，同時開始新的作業，該部分的操作就會被刪除，同時記錄新的操作。若是勾選這個選項，就會忽略操作的順序，記錄所有的步驟。

啟用的狀態

勾選**允許非線性步驟記錄**選項之後，回到上一步，後續的步驟也不會刷淡

回到上一步，步驟也不會消失

在之前的步驟作業時，該操作會於面板的最下方新增

新的步驟會建立在最下面

停用的狀態（預設值）

取消**允許非線性步驟記錄**選項後，回到前面的步驟時，後續的步驟都會刷淡

回到之前的步驟後就刷淡

從前面的步驟進行新的操作，原本的後續步驟都被刪除，新的步驟也新增在最下面

原本的後續步驟被刪除了

步驟記錄會在檔案關閉後解除

步驟記錄雖然是非常方便的功能，但只能在檔案開啟的時候記錄。只要關閉檔案，日後再開啟，也無法保留原本的步驟。

從步驟記錄功能新增檔案

若要將某個步驟的影像儲存為檔案，可按下 🖻 鈕，新增圖檔再儲存。此時會以新增視窗的方式新增圖檔。不管是哪個步驟，都能新增圖檔。

刪除步驟

在**步驟記錄**面板點選要刪除的步驟，再按下**刪除目前狀態**鈕 🗑 ，即可刪除步驟。

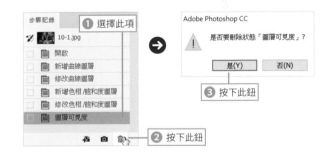

清除所有的步驟

從**步驟記錄**面板功能表點選**清除步驟記錄**，即可保留目前最新的步驟，刪除其它的步驟。

▶ **釋放記憶體**

按住 `Alt` 鍵再點選**清除步驟記錄**，即可從還原緩衝區清除步驟，徹底釋放記憶體。要注意的是，如此一來就無法利用 `Ctrl`+`Z` 還原。

TIPS **清除步驟記錄的快速鍵**

按住 `Ctrl` 鍵點選**步驟記錄**面板的垃圾筒圖示 🗑，即可清除未選取的步驟。

管理步驟

偏好設定的**步驟記錄**（CC 2014 之前為**偏好設定→一般→步驟記錄**）可決定步驟是儲存為中繼資料還是文字檔案，也可設定為兩者都儲存。若選擇文字檔案，將會儲存為 **Photoshop 編輯記錄 .txt**。若選擇中繼資料，就會在**檔案**功能表的**檔案資訊**（`Alt`+`Shift`+`Ctrl`+`I`）的 **Photoshop** 項目以及 Adobe Bridge 的**中繼資料**頁次標籤顯示步驟。

在**檔案**功能表的**檔案資訊**的 Photoshop 顯示步驟記錄

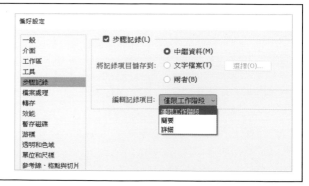

TIPS **步驟的儲存位置與編輯**

偏好設定視窗的**步驟記錄**可將步驟的儲存位置設定為**中繼資料、文字檔案、兩者**。若啟用**編輯記錄項目**，就能從列示窗中點選**僅限工作階段、簡要、詳細**。這三個選項的內容請參考 16-5 頁的說明。

10-2
活用「快照」

使用頻率	快照就是為了重現某個步驟的影像，而先進行儲存影像的功能。即使是在步驟記錄裡被刪除的影像，也可利用快照保留。
★ ★ ☆	

建立「快照」

快照可儲存某個步驟的影像，當我們持續操作，舊的步驟就會被刪除，但是只要不關閉檔案，快照就能一直留在**步驟記錄**面板裡。快照也可重覆建立。

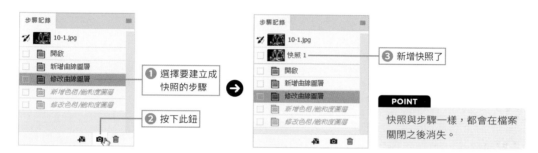

❶ 選擇要建立成快照的步驟

❷ 按下此鈕

❸ 新增快照了

POINT

快照與步驟一樣，都會在檔案關閉之後消失。

▶ **將快照儲存為檔案**

按下**步驟記錄**面板的 🖼，就能將選取的快照儲存為新的圖檔。

▶ **刪除快照**

在**步驟記錄**面板點選要刪除的快照，再按下垃圾筒圖示 🗑。開啟確認刪除的視窗後，按下是鈕即可。

TIPS	**不開啟視窗直接刪除**
	按住 Alt 鍵不放，再點選垃圾筒圖示 🗑，即可不開啟確認視窗直接刪除快照。

▶ **變更快照名稱**

雙按快照的名稱即可變更名稱。

TIPS	**在新增快照時命名**

在**步驟記錄選項**視窗中，勾選**依預設顯示新增快照視窗**，就會在新增快照時開啟視窗，此時即可從中設定快照的名稱。此外，若是啟用**儲存時自動建立新增快照**，就會在儲存影像時，自動新增快照。

CHAPTER 10 步驟記錄與快照

10-3
利用步驟記錄繪圖

| 使用頻率 ★ ★ ☆ | 步驟記錄與快照都可當成填色或筆刷的來源使用。 |

執行「填滿」命令，並以步驟填色

快照與步驟，都可以當成**填滿**命令這類填色的來源使用。

① 指定來源

勾選要用於填色的步驟或快照的左側，就能將其指定為步驟記錄筆刷來源，也會顯示**步驟記錄筆刷來源**的圖示 ✐ 。

反白標示的步驟或快照為作業畫面

① 點選這裡，設為來源

② 建立選取範圍

建立要填滿的選取範圍。請利用**矩形選取畫面工具**建立選取範圍，也讓邊緣羽化。

② 建立選取範圍

③ 執行「填滿」命令

從**編輯**功能表點選**填滿**，再於**填滿**視窗的**內容**列示窗指定**步驟記錄**。設定完成後，按下**確定**鈕。

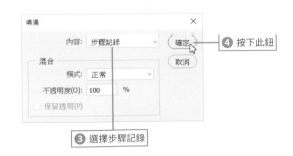

④ 按下此鈕

③ 選擇步驟記錄

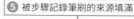
❺ 被步驟記錄筆刷的來源填滿

④ 以步驟記錄填滿

選取範圍會被指定為步驟記錄筆刷來源的步驟內容填滿。

步驟記錄筆刷工具 ✐

工具面板的**步驟記錄筆刷工具** ✐ 是 可利用**步驟記錄**面板指定的步驟記錄筆刷來源以及快照繪圖的筆刷工具。若要繪製直線，可按住 Shift 鍵再點選直線的端點。點選的點會連成直線再繪製圖案。

原始影像為步驟記錄筆刷來源

POINT

若建立了選取範圍，筆刷的繪製範圍就會侷限在選取範圍之內。

將原始影像指定為**步驟記錄筆刷來源**。先填滿畫面，再使用邊緣模糊的步驟記錄筆刷來源繪圖，看起來就像是填色的部分開了一個窗戶一樣

▶ 步驟記錄筆刷工具的選項設定

步驟記錄筆刷工具可在**選項列**做相關的設定。

「工具預設」揀選器

開啟筆刷設定面板

選擇混合模式（參考 16-17 頁）

使用感壓筆時，可用筆壓調整不透明度

使用感壓筆時，可透過筆壓調整筆刷粗細

點選後，可從面板設定步驟記錄筆刷的粗細、模糊程度與其他選項

設定前景色的不透明度。數值愈小，下方的顏色愈能透到上層，設為 100% 則代表完全不透明

啟用噴槍模式

藝術步驟記錄筆刷工具

　　工具面板的**步驟記錄筆刷工具**的子功能表還有**藝術步驟記錄筆刷工具**。**藝術步驟記錄筆刷工具**與**步驟記錄筆刷工具**一樣，可利用步驟記錄筆刷來源繪圖。兩種筆刷的不同之處在於能以更藝術的筆觸繪圖。

　　拖曳繪圖這點與**步驟記錄筆刷**相同。若要繪製直線，請按住 Shift 鍵再點選直線的端點，端點會連成直線再繪圖。

▶ **藝術步驟記錄筆刷工具的選項設定**

　　藝術步驟記錄筆刷工具的選項列設定如下。

指定重現步驟記錄筆刷來源顏色的正確度。數值愈小，顏色變化愈大，數值愈大，愈能在繪圖時重現來源的顏色

「工具預設」揀選器　　　參考 16-17 頁　　　使用感壓筆時，可用筆壓調整不透明度

開啟筆刷設定面板

設定前景色的不透明度。數值愈小，下方的顏色愈能透到上層，設定為 100% 則代表完全不透明

設定筆畫的套用範圍。值愈小，套用範圍愈廣，什麼部分都可以套用

使用感壓筆時，可用筆壓調整筆刷粗細

緊短
緊中等
緊長
鬆中等
鬆長
鬆捲
鬆長捲

指定筆畫形狀

▶ **藝術步驟記錄筆刷工具的套用結果**

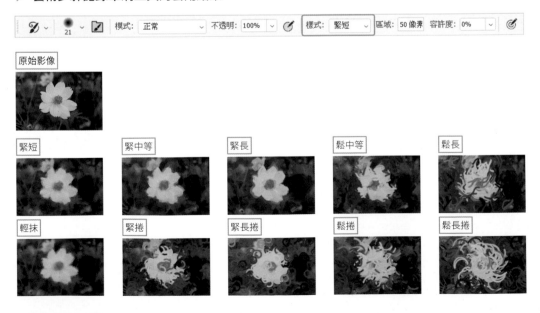

原始影像

緊短　　緊中等　　緊長　　鬆中等　　鬆長

輕抹　　緊捲　　緊長捲　　鬆捲　　鬆長捲

11

路徑與形狀的操作

Photoshop 與 Illustrator 一樣有「貝茲曲線」以及
相關的編輯工具，可用來區分路徑、形狀與填色，同
時繪製需要的圖案。也可以使用路徑裁切影像或是將
路徑當成筆刷的筆觸使用。

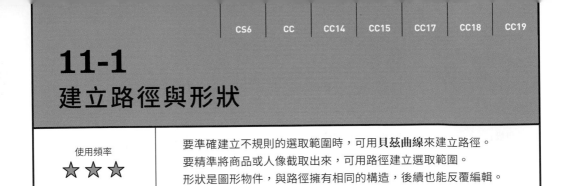

		CS6	CC	CC14	CC15	CC17	CC18	CC19

11-1
建立路徑與形狀

使用頻率 ★★★	要準確建立不規則的選取範圍時，可用**貝茲曲線**來建立路徑。 要精準將商品或人像截取出來，可用路徑建立選取範圍。 形狀是圖形物件，與路徑擁有相同的構造，後續也能反覆編輯。

建立路徑與形狀的工具

Photoshop 的形狀與路徑可利用**筆型工具、矩形工具、橢圓工具、直線工具、自訂形狀工具**來建立。這些工具比起選取畫面類的工具更能以彎曲、滑順的曲線或固定的形狀建立選取範圍，所以能夠非常精確地裁切影像。此外，路徑是獨立的物件，可利用**直接選取工具**調整形狀，建立更精確的選取範圍。

▶ 繪製「路徑」時的選項列

「路徑」可用來裁切影像或是建立剪裁路徑，而「形狀」則可用來繪製圖形。因此，使用**筆型工具**或**矩形工具**這類形狀工具繪製圖形時，可先在**選項列**選擇要繪製「形狀」圖形還是「路徑」圖形。路徑與形狀都是以貝茲曲線繪製的圖形，所以圖形的構造與編輯方式都是相同的。

▶ **選擇「形狀」時的選項列**

在**選項列**選擇**形狀**時，形狀的填色、筆畫、大小、對齊方式、排列順序都可設定。

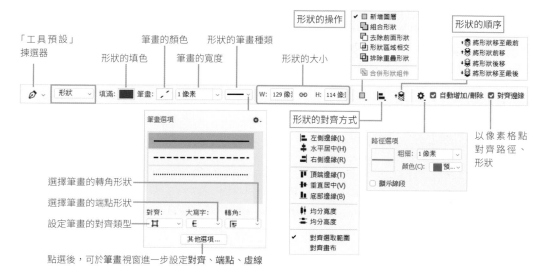

路徑的構造

路徑是由**錨點**、**線段**以及代表曲線彎曲程度的**方向線**（握桿）組成。

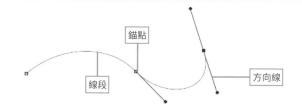

利用**直接選取工具** ▶. 點選曲線或錨點，就會顯示**方向線**。方向線可決定區段曲線的方向與彎曲程度。方向線是輔助線，不點選錨點就不會顯示。在繪圖時顯示的方向線與線段看起來一樣，所以還沒熟悉這項工具時，可能會無法分辨哪邊是真正的線條。方向線始終呈一直線，終點（方向點）則是圓的。

▶ **封閉路徑與開放路徑**

路徑可依筆畫的兩端是否關閉，分成封閉路徑（圖形）與開放路徑（筆畫）。

「路徑」面板

利用**筆型工具** ✐.、**矩形工具** ▢. 或**橢圓工具** ◯. 繪製形狀與路徑，**路徑**面板就會新增「工作路徑」或「形狀路徑」，也可以將路徑儲存起來。此外，**路徑**面板功能表還有從路徑建立選取範圍或是利用前景色填滿路徑的命令。

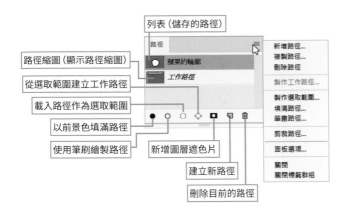

列表（儲存的路徑）

路徑縮圖（顯示路徑縮圖）

從選取範圍建立工作路徑

載入路徑作為選取範圍

以前景色填滿路徑

使用筆刷繪製路徑

新增圖層遮色片

建立新路徑

刪除目前的路徑

POINT

在路徑面板雙按工作路徑，可重新命名路徑再儲存。

POINT

按住 [Ctrl] + 點選，可選取路徑面板裡的多個路徑。

利用「筆型工具」繪製以直線組成的封閉圖形

以筆型工具 ⊘ 繪製直線，再點選起點的錨點，就會以直線連接；若是以拖曳的方式點選起點的錨點，就會以曲線連接。

1 繪製直線

利用筆型工具 ⊘. 在影像中點、按即可繪製直線。按住 [Shift] 鍵再點選，直線就會固定為 45°。

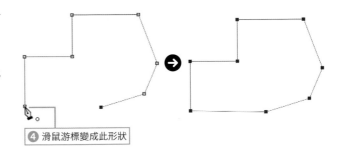

① 點選這裡

② 點選這裡

③ 在轉角處繼續點選

POINT

要結束路徑的繪製，也可以點選工具面板的筆型工具 ⊘.，或按下 [Enter] 鍵。

2 點選起點

繪製直線後，將滑鼠游標移到起點，等到滑鼠游標變成 ▷。再點選。如此即可繪製封閉路徑。

④ 滑鼠游標變成此形狀

以「筆型工具」繪製曲線

拖曳筆型工具 ⊘. 時，可一邊調整方向線的彎曲程度，一邊繪製曲線。

1 在起點拖曳

拖曳筆型工具 ⊘. 後，拖曳的起點處會顯示代表線段方向以及彎曲程度的方向線。這條方向線是輔助線，不是實際的線條，請務必注意這點。

① 拖曳

方向線

2 在下一個點也拖曳

在下一個錨點也往曲線的前進方向拖曳。要結束繪製，可點選工具面板的**筆型工具** ⬛. 或是按下 Enter 鍵。

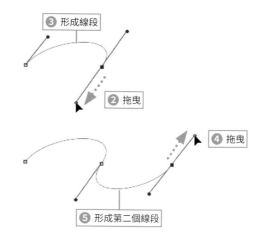

> **TIPS　決定曲線形狀的方向線**
>
> 路徑的曲線是由兩端的方向線決定，方向線的長短和角度會決定曲線的彎曲程度。

從曲線轉成直線

一開始先繪製曲線，接著按住 Alt 鍵點選要轉換成直線的錨點，再點選直線的終點。若要結束繪製，可點選**工具面板**的 ⬛ 圖示或是按下 Enter 鍵。

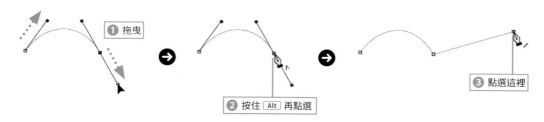

從直線轉成曲線

一開始先繪製直線，接著再連接曲線。將直線的端點當成曲線的起點拖曳後，接著拖曳曲線的終點，建立下一個錨點。

> **TIPS　顯示線段（CC 2019 前的版本稱為「橡皮筋」）**
>
> 點選筆型工具的選項列的 ⚙，再勾選**顯示線段**，就能在利用筆型工具 ⬛ 繪圖時，依照滑鼠游標的軌跡顯示筆畫。

隨意繪製路徑與形狀

利用**創意筆工具** 可以仿照**筆刷工具**的方式，利用滑鼠游標的軌跡繪製路徑與形狀。

① 取消「磁性」選項

點選**工具面板**的**創意筆工具** 。
確定取消**選項列**的**磁性**項目。

① 取消勾選 ☐ 磁性

② 沿著物體邊緣拖曳建立路徑

在要繪製路徑的位置拖曳。放開滑鼠左鍵，就會在拖曳的軌跡上新增路徑。利用**創意筆工具** 繪製路徑或形狀時，若是按住 `Ctrl` 鍵再放開滑鼠左鍵，起點與終點就會連接，形成封閉路徑。

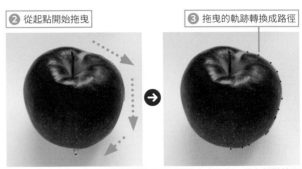

② 從起點開始拖曳　③ 拖曳的軌跡轉換成路徑

對於邊緣清晰的影像，可勾選**磁性**項目，再拖曳出路徑。請在起點按下滑鼠左鍵，然後沿著邊緣拖曳滑鼠

▶ 創意筆工具的選項列設定

創意筆工具的**選項列**可設定路徑與形狀的錨點數量。

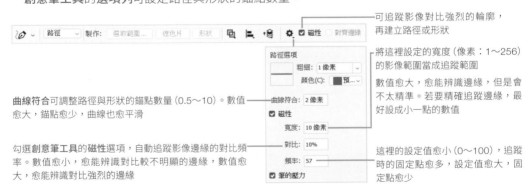

可追蹤影像對比強烈的輪廓，再建立路徑或形狀

將這裡設定的寬度（像素：1～256）的影像範圍當成追蹤範圍

數值愈大，愈能辨識邊緣，但是會不太精準。若要精確追蹤邊緣，最好設成小一點的數值

曲線符合可調整路徑與形狀的錨點數量（0.5～10）。數值愈大，錨點愈少，曲線也愈平滑

勾選**創意筆工具**的**磁性**選項，自動追蹤影像邊緣的對比頻率。數值愈小，愈能辨識對比較不明顯的邊緣，數值愈大，愈能辨識對比強烈的邊緣

這裡的設定值愈小（0～100），追蹤時的固定點愈多，設定值愈大，固定點愈少

TIPS ── 使用即時形狀屬性變形

以**矩形工具**、**圓角矩形工具**、**橢圓工具**繪製路徑與形狀之後，可在**內容**面板以數值指定位置與大小。**矩形工具**與**圓角矩形工具**也可編輯圓角的大小。繪製完成的路徑與形狀可利用**路徑選取工具**編輯。
此外，選取多個重疊的路徑，再於下方的路徑操作選擇形狀之後，**路徑**面板的**以前景色填滿路徑**與**載入路徑作為選取範圍**就可利用該形狀建立。

11-2
編輯路徑與形狀

使用頻率	以筆型工具繪製的路徑或形狀，可利用路徑選取工具 或直接選取工具 編輯。
★ ★ ★	

利用「路徑選取工具」移動與變形

在**路徑**面板中可選取路徑，形狀可在**圖層**面板選取。利用**路徑選取工具** 拖曳，可移動選取的路徑或形狀。也能同時拖曳多個路徑或形狀。

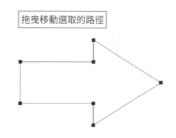

拖曳移動選取的路徑

▶ **讓路徑變形**

利用**路徑選取工具** 選取路徑或形狀，就能讓路徑或形狀變形。

① 選擇「任意變形路徑」

利用**路徑選取工具**點選路徑。從**編輯**功能表點選**任意變形路徑**。

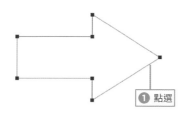

❶ 點選

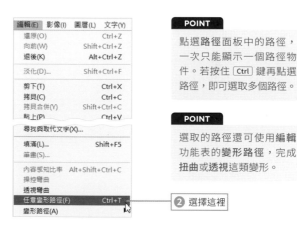

❷ 選擇這裡

> **POINT**
> 點選**路徑**面板中的路徑，一次只能顯示一個路徑物件。若按住 Ctrl 鍵再點選路徑，即可選取多個路徑。

> **POINT**
> 選取的路徑還可使用**編輯**功能表的**變形路徑**，完成**扭曲**或**透視**這類變形。

② 變形與旋轉

拖曳邊框的控制點就能變形。此外，在四個角落的控制點外側拖曳，就能讓路徑旋轉。

❸ 顯示邊框了
❺ 在外側拖曳可讓路徑旋轉
❹ 拖曳控制點即可變形

③ 確定變形

完成變形後，可按下**選項列**的**確定** 鈕。

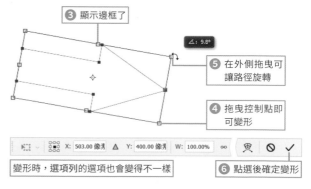

變形時，選項列的選項也會變得不一樣
❻ 點選後確定變形

調整路徑的彎曲程度

要調整路徑或形狀的曲線，可利用**直接選取工具** ▷ 直接拖曳路徑的線段或是方向線。

▶ 拖曳線段的調整方法

利用**直接選取工具** ▷ 拖曳線段，可調整路徑的彎曲程度。相鄰的曲線也會跟著調整。

▶ 拖曳方向線（握桿）的調整方法

利用**直接選取工具** ▷ 選取線段，再拖曳方向線（握桿）的方向點，調整曲線的彎曲程度。

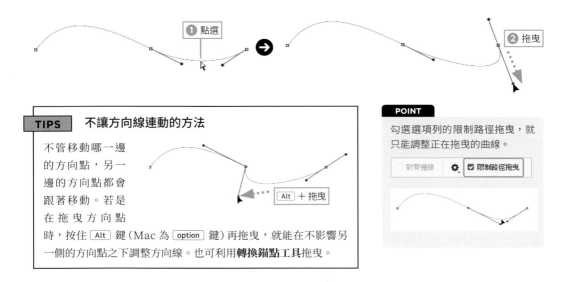

TIPS　　**不讓方向線連動的方法**

不管移動哪一邊的方向點，另一邊的方向點都會跟著移動。若是在拖曳方向點時，按住 Alt 鍵（Mac 為 option 鍵）再拖曳，就能在不影響另一側的方向點之下調整方向線。也可利用**轉換錨點工具**拖曳。

Alt ＋拖曳

POINT

勾選選項列的限制路徑拖曳，就只能調整正在拖曳的曲線。

☐ 對齊邊緣　　✿　☑ 限制路徑拖曳

增加與刪除錨點

利用**增加錨點工具** ✒ 點選線段就能新增錨點。新增的錨點會在兩側為轉角點時成為轉角點，不然都會是平滑點。利用**刪除錨點工具** ✒ 點選要刪除的點即可刪除。

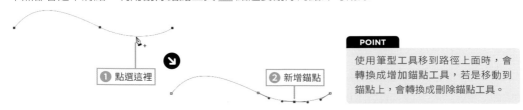

❶ 點選這裡　　❷ 新增錨點

POINT

使用筆型工具移到路徑上面時，會轉換成增加錨點工具，若是移動到錨點上，會轉換成刪除錨點工具。

移動錨點的位置

以**直接選取工具**  選擇路徑，可顯示現有的錨點。拖曳錨點可調整路徑的形狀。也可以按住 Shift 鍵，選取多個錨點後再移動。

① 點選　② 拖曳錨點

切換路徑與形狀的方向點

▶「平滑點」與「轉角點」

利用**直接選取工具** 選取錨點時，只有方向線呈直線的稱為平滑點。其他錨點都稱為轉角點。

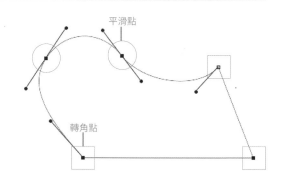

平滑點

轉角點

▶ 將「平滑點」轉換成「轉角點」

利用**轉換錨點工具** 點選平滑點。

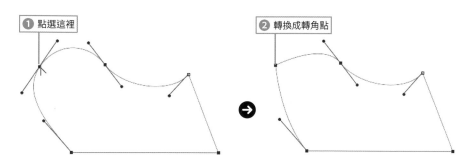

① 點選這裡　② 轉換成轉角點

▶ 將「轉角點」轉換成「平滑點」

利用**轉換錨點工具** 拖曳轉角點，就能拉出方向線，轉換成平滑點。

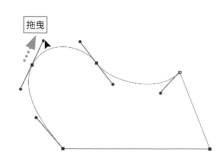

拖曳

合併路徑

要讓兩個開放路徑合併，可使用
筆型工具 ✐ 點選路徑的兩端。

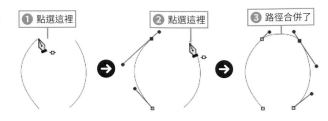

① 點選這裡　　　② 點選這裡　　　③ 路徑合併了

路徑與形狀的對齊與重疊

利用**路徑選取工具** ➤ 選取多個路徑 (形狀)，即可在**選項列**讓選取的路徑合併、裁切或對齊。

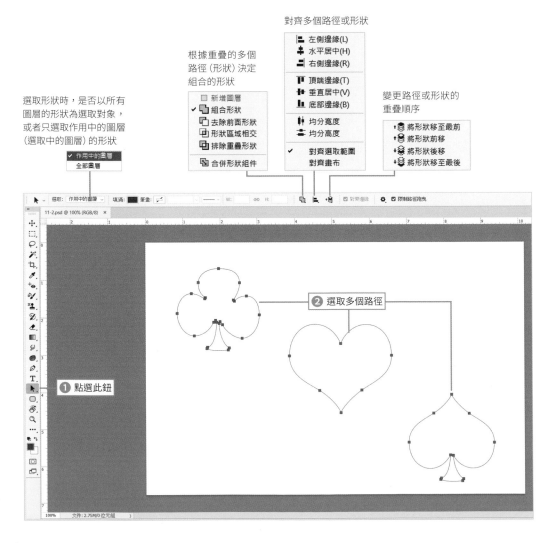

選取形狀時，是否以所有
圖層的形狀為選取對象，
或者只選取作用中的圖層
(選取中的圖層) 的形狀

根據重疊的多個
路徑 (形狀) 決定
組合的形狀

對齊多個路徑或形狀

左側邊緣(L)
水平居中(H)
右側邊緣(R)
頂端邊緣(T)
垂直居中(V)
底部邊緣(B)
均分寬度
均分高度

變更路徑或形狀的
重疊順序

將形狀移至最前
將形狀前移
將形狀後移
將形狀移至最後

✓ 作用中的圖層
　全部圖層

□ 新增圖層
✓ 組合形狀
　去除前面形狀
　形狀區域相交
　排除重疊形狀
　合併形狀組件

✓ 對齊選取範圍
　對齊畫布

① 點選此鈕

② 選取多個路徑

11-3
從路徑建立選取範圍

使用頻率	已建立的路徑，也可以轉換成選取範圍。這是精確裁切影像的必要功能。
★ ★ ☆	

1　選擇「製作選取範圍」

建立路徑之後，從**路徑**面板功能表點選**製作選取範圍**，或是按下**載入路徑作為選取範圍** ⬡ 鈕，路徑即可轉換成選取範圍（此時**羽化強度**這類的設定，可在**製作選取範圍**視窗中指定）。

❶ 建立路徑

路徑
　● 蘋果的輪廓
　□ 工作路徑

新增路徑...
複製路徑...
刪除路徑
製作工作路徑...
製作選取範圍...
填滿路徑...
筆畫路徑...
剪裁路徑...

❷ 點選此路徑

❸ 點選這項

2　完成設定，建立選取範圍

開啟**製作選取範圍**視窗後，完成各項設定再按下**確定**鈕，即可根據路徑建立選取範圍。

製作選取範圍
演算
　羽化強度(F): 0　像素
　☑ 消除鋸齒(T)
操作
　◉ 新增選取範圍(N)
　○ 增加至選取範圍(A)
　○ 由選取範圍減去(S)
　○ 和選取範圍相交(I)
確定
取消

❹ 按下此鈕

❺ 建立選取範圍

▶「製作選取範圍」視窗

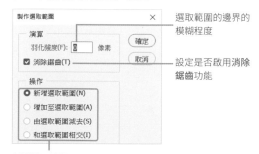

製作選取範圍
演算
　羽化強度(F): 0　像素
　☑ 消除鋸齒(T)
操作
　◉ 新增選取範圍(N)
　○ 增加至選取範圍(A)
　○ 由選取範圍減去(S)
　○ 和選取範圍相交(I)
確定
取消

選取範圍的邊界的模糊程度

設定是否啟用消除鋸齒功能

新增選取範圍
建立新的選取範圍

增加至選取範圍
以目前的選取範圍與路徑的範圍建立選取範圍

由選取範圍減去
從目前的選取範圍刪除路徑的範圍

和選取範圍相交
以目前的選取範圍與路徑的範圍相交之處作為選取範圍

TIPS　`Ctrl` 鍵＋點選，建立選取範圍

按住 `Ctrl` 鍵（Mac 為 `⌘` 鍵）再點選**路徑**面板的縮圖，就能建立該路徑的選取範圍。
此外，若已經建立了選取範圍，按住 `Ctrl` ＋ `Alt` 鍵再點選路徑縮圖，即可從選取範圍中刪除路徑的範圍。

POINT

利用**路徑選取工具** ▶ 選取路徑後，可以只利用該路徑建立選取範圍。若未選取路徑，則可在**路徑**面板選擇路徑後，根據屬於該路徑的所有路徑建立選取範圍。

11-4
填滿路徑

使用頻率
★ ★ ☆

與選取範圍一樣，從路徑面板功能表點選填滿路徑，可利用前景色或其他顏色填滿路徑的內部。

---

1 選擇「填滿路徑」

選取路徑之後，從路徑面板功能表點選填滿路徑。

① 點選此路徑　② 選擇此項

---

2 指定填色

開啟填滿路徑視窗後，設定需要的填色。完成設定後，按下確定鈕。內容列示窗可選擇填色的種類，也可選擇步驟記錄與圖樣。

④ 按下此鈕

③ 在此區做設定

---

3 在路徑中填色

根據指定的填滿方法，以及**不透明度**和**混合模式**的設定，在路徑內填色。

POINT

利用路徑選取工具 選取路徑後，可以只利用該路徑填色。若未選取路徑，則可在路徑面板選擇路徑後，根據屬於該路徑的所有路徑填色。

TIPS　使用「以前景色填滿路徑」鈕

按下**路徑**面板下方的**以前景色填滿路徑**鈕 ●，即可快速填滿路徑。此時將套用最後在**填滿路徑**視窗設定的填色或不透明度的數值。若想變更這些設定，請按住 Alt 鍵（Mac 為 option 鍵）再點選 ●。此時將會開啟**填滿路徑**視窗。

11-5
描繪路徑的邊界

使用頻率

可利用指定的繪圖工具描繪路徑的邊緣，藉此描出圖形。

---

1 選擇「筆畫路徑」

建立路徑後，在**路徑**面板選擇路徑，再從**路徑**面板功能表點選**筆畫路徑**。或是按下面板下方的**使用筆刷繪製路徑鈕** ○。此時將套用筆畫路徑視窗所設定的筆刷。

① 建立路徑

也可以按下此鈕來繪製

② 選擇此項

---

2 點選工具

開啟筆畫路徑視窗後，選擇工具再按下確定鈕。

④ 按下此鈕

③ 選擇工具

TIPS　設定描繪邊界的筆刷

在**筆畫路徑**視窗中，可選擇描繪邊界的筆刷。在此選擇的筆刷會套用最後設定的筆刷粗細與相關選項的設定。請記得先設定筆刷的粗細或是在**選項列**完成相關的設定。

---

3 描繪路徑的邊界了

以選取的工具繪製邊界了。

POINT

利用路徑選取工具 ▶ 選取路徑後，可以只利用該路徑繪製邊界。若未選取路徑，則可在路徑面板選擇路徑後，根據屬於該路徑的所有路徑繪製邊界。

⑤ 繪製邊界了

11-6
剪裁路徑

使用頻率 ★ ☆ ☆	希望剪裁局部影像，並讓其他部分保持透明（替物件去背），然後貼入 InDesign 這類軟體時，可使用剪裁路徑這項功能。剪裁路徑是剪裁影像的路徑，所以在其他應用軟體置入檔案時，會只有剪裁路徑內側的部分留著。剪裁的影像，除了儲存為 Photoshop 的檔案格式外，也可以儲存為 EPS 格式。

1 選擇「剪裁路徑」

從**路徑**面板功能表點選**剪裁路徑**。開啟**剪裁路徑**視窗後，從列示窗選取要指定為剪裁路徑的路徑，再指定**平面化**的程度。

路徑

● 蘋果的輪廓

工作路徑

新增路徑...
複製路徑...
刪除路徑

製作工作路徑...

製作選取範圍...
填滿路徑...
筆畫路徑...

剪裁路徑... ← **1 選擇此項**

面板選項...
關閉

2 選擇路徑

POINT

一個檔案只能有一個路徑指定為剪裁路徑。

剪裁路徑 ✕

路徑：蘋果的輪廓 確定

平面化(F)：1 像素裝置 取消

3 指定平面化程度

指定為 0.2～100 的範圍。數值愈低愈平面化。若是以低解析度（300～600dpi）輸出時，可設定為 1～3，若是以高解析度（1200～2400dpi）輸出時，可指定為 8～10

2 儲存檔案

儲存檔案後，可於 InDesign 或其他軟體載入該檔案。

利用剪裁路徑裁掉路徑周圍的部分

TIPS 可儲存工作路徑後，當作剪裁路徑使用
若要從**工作路徑**建立剪裁路徑，請先命名，儲存該路徑，再當成剪裁路徑使用。

TIPS 儲存格式
要於其他軟體載入剪裁路徑製作的檔案時，若使用的是 Illustrator 或 InDesign，可直接載入 PSD 格式的檔案，若要於其他軟體載入，則請儲存為 EPS 格式的檔案。

11-7
與 Illustrator 的連動

使用頻率	Photoshop 的路徑與 Illustrator 具有相當高的相容性，可直接複製到 Illustrator 使用。此外，Illustrator 製作的物件也可以複製到 Photoshop，當成路徑或形狀使用。
★ ★ ☆	

將路徑貼入 Illustrator

可先在 Photoshop 替影像描邊，再將路徑貼入 Illustrator。舉例來說，Photoshop 的**創意筆工具** 的**磁性**選項是能輕易描繪影像輪廓的工具，會比在 Illustrator 建立路徑還方便。

1 選擇路徑再複製

利用**路徑選取工具** 選取路徑，再從**編輯**功能表點選**拷貝**。不一定非得從**路徑**面板選擇路徑。

❶ 利用 Photoshop 的路徑選取工具選擇路徑

2 貼入 Illustrator

將路徑貼入 Illustrator 的文件視窗。開啟**貼上選項**視窗，再從中選擇貼上的格式。要注意的是，貼入 Illustrator 的路徑沒有填色與筆畫的設定。

❸ 設定

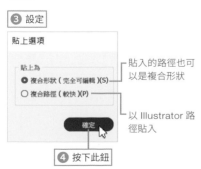

貼上選項

貼上為
◉ 複合形狀（完全可編輯）(S)　　　── 貼入的路徑也可以是複合形狀
○ 複合路徑（較快）(P)　　　── 以 Illustrator 路徑貼入

確定

❹ 按下此鈕

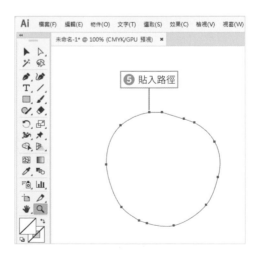

❺ 貼入路徑

將路徑轉存至 Illustrator

使用 Photoshop 內建的輸出外掛：**路徑到 Illustrator**，即可記錄影像大小，並儲存為 Illustrator 文件。

① 轉存路徑

從**檔案**功能表的**轉存**點選**路徑到 Illustrator**。開啟**轉存路徑到檔案**視窗後，選擇要轉存的路徑，再按下**確定**鈕。接著，在視窗中指定儲存位置與檔案名稱。

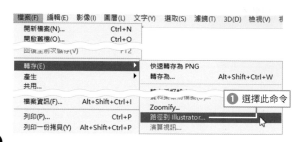

② 在 Illustrator 開啟

在 Illustrator 開啟檔案時，將會開啟**轉換為工作區域**視窗，請勾選**裁切區域**再按下**確定**鈕。此時將依照 Photoshop 的影像尺寸開啟相同大小的工作區域。

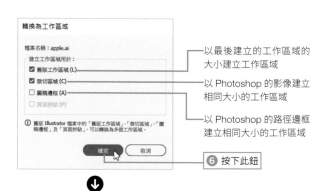

以最後建立的工作區域的大小建立工作區域

以 Photoshop 的影像建立相同大小的工作區域

以 Photoshop 的路徑邊框建立相同大小的工作區域

TIPS 在 Illustrator 開啟路徑

在 Illustrator 開啟的路徑雖然沒有**填色**與**筆畫**的設定，但只要在**轉換為工作區域**視窗，選擇**裁切區域**就能看到路徑。

⑦ 在 Illustrator 開啟轉存的路徑

將 Illustrator 的物件當成路徑複製

Illustrator 的物件也能當成路徑、形狀、智慧型物件、像素貼入 Photoshop。

❶ 拷貝物件

選取在 Illustrator 繪製的物件，再從編輯功能表點選拷貝。

❷ 選擇拷貝

❶ 選擇物件

❷ 選擇以路徑貼上

接著在 Photoshop 的文件貼入剛剛在 Illustrator 複製的物件。從 Photoshop 的編輯功能表點選貼上。開啟貼上視窗後，在貼上為點選路徑再按下確定鈕。

❸ 選擇此命令

❺ 按下此鈕

❹ 點選此項

在新形狀圖層以形狀的格式貼入路徑

在新圖層以智慧型物件或像素的格式貼入路徑

❸ 在 Photoshop 貼入

剛剛在 Illustrator 複製的物件以路徑的方式貼入 Photoshop 了。

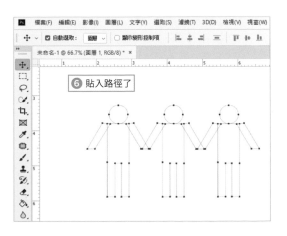

❻ 貼入路徑了

11-8
設定形狀的屬性

使用頻率	Photoshop 可在選項列或內容面板設定形狀的筆畫 (輪廓線) 顏色、粗細與圖樣。
★ ★ ☆	

---

1 選擇筆畫的種類

在 Photoshop 繪製形狀後，就會自動開啟**內容**面板。此時可在面板設定筆畫的粗細、種類、顏色與圓角形狀，也可從**選項列**設定上述選項。

在**選項列**的**筆觸類型**列示窗按下**其他選項**鈕，可設定描繪筆畫路徑的方法、線段形狀、轉角與虛線。

2 形狀的屬性設定

選項列或是**內容**面板，可設定筆畫的種類、寬度、形狀的大小、圓角的半徑。切換到**內容**面板的**即時形狀**，還可變更遮色片的**濃度**及**羽化**程度。

POINT

按下**內容**面板的 ∞ 鈕，可以個別設定轉角的圓角形狀，按一下轉角的圖形或是輸入數值即可。若形狀要用於網頁，可以執行**圖層→拷貝 CSS** 命令，輕鬆產生 CSS 碼再貼到網頁裡。

① 在 Photoshop 繪製圓角矩形

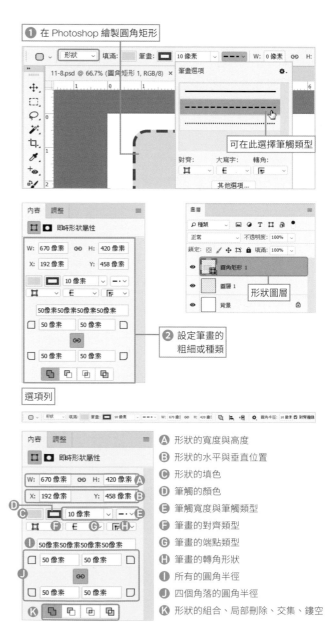

② 設定筆畫的粗細或種類

選項列

- A 形狀的寬度與高度
- B 形狀的水平與垂直位置
- C 形狀的填色
- D 筆觸的顏色
- E 筆觸寬度與筆觸類型
- F 筆畫的對齊類型
- G 筆畫的端點類型
- H 筆畫的轉角形狀
- I 所有的圓角半徑
- J 四個角落的圓角半徑
- K 形狀的組合、局部刪除、交集、鏤空

11-9
路徑的組合、對齊與排列順序

| 使用頻率 ★★☆ | 在相同圖層繪製的形狀可合併、對齊以及設定排列順序。 |

使用「路徑操作」

繪製形狀時，按下**選項列**的**路徑操作**鈕，可選擇**組合形狀、去除前面形狀、形狀區域相交、排除重疊形狀**。在形狀圖層（矩形）上繪製 (狗) 時，就會套用所選的效果（請解除矩形的選取）。

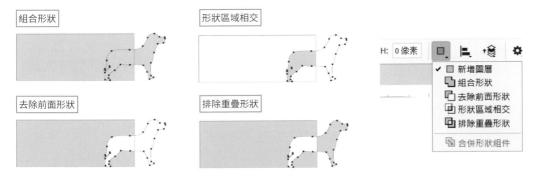

組合形狀　　　　　　　　　　形狀區域相交

去除前面形狀　　　　　　　　排除重疊形狀

對齊形狀

選項列的**路徑對齊方式**鈕，可對齊同一圖層的形狀。關於不同圖層的形狀要如何對齊，請參考 6-43 頁的說明。

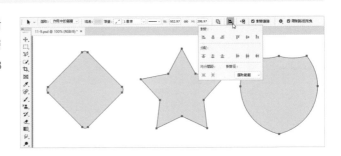

設定排列順序

選取同一圖層的多個形狀後，後續繪製的形狀會愈疊愈上層，若要變更排列順序，可按下**選項列**的**路徑安排**鈕設定。

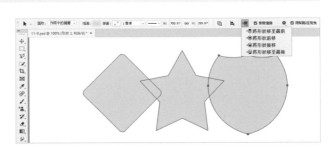

			CS6	CC	CC14	CC15	CC17	CC18	CC19

11-10
自訂形狀

使用頻率
★ ★ ★

Photoshop 內建了點選就能使用各種形狀的自訂形狀工具。

使用「自訂形狀工具」

繪製形狀的工具除了矩形、圓角矩形、橢圓、多邊形、直線之外，還有**自訂形狀工具**，可在繪圖時選擇各種形狀。

1 選擇「自訂形狀工具」

從**工具面板**選擇**自訂形狀工具**（在矩形工具的子功能表下）。

① 點選這裡
② 選擇這裡

2 選擇圖形

從**自訂形狀揀選器**選擇圖形。

3 以滑鼠拖曳來繪製形狀

設定**前景色**後，拖曳繪製形狀。

③ 拖曳繪圖
④ 新增形狀了

POINT

繪製自訂形狀時，內容面板不會自動開啟。自訂形狀的填色與筆畫請在選項列設定。

載入與新增自訂形狀

從**形狀**列示窗中按下 ⚙ 鈕，可選擇要載入的自訂形狀，或利用**載入形狀**命令載入自製的形狀。

POINT

將 Photoshop 繪製的形狀或 Illustrator 繪製的路徑貼入 Photoshop 後，可新增為自訂形狀。其方法為：在 Photoshop 繪製形狀後，從**編輯**功能表點選**定義自訂形狀**，然後在**形狀名稱**視窗輸入形狀的名稱，再按下**確定**鈕，即可新增為自訂形狀。將 Illustrator 的路徑複製到 Photoshop 的方法，請參考 11-17 的說明。

動作與批次處理
的應用

經常需要反覆執行的操作，若是新增為「動作」，就
能自動執行一連串的操作。「批次處理」可將動作套
用在指定資料夾內，很適合針對大量圖檔進行相同處
理時使用。

Photoshop SUPER REFERENCE

12-1
「動作」的基本操作

使用頻率 ★ ★ ☆	動作是可記錄 Photoshop 的命令以及建立選取範圍這類操作，以便後續重覆使用的功能。除了可讓大部分的操作自動化，也能將常用的一連串命令自動套用在影像上。

關於「動作」面板

在**動作**面板中，可執行既有的動作，建立新的動作以及編輯動作。

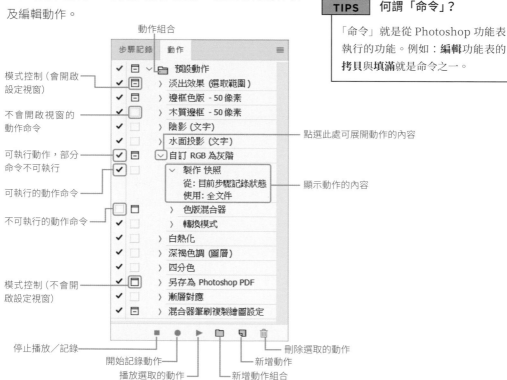

模式控制（會開啟設定視窗）

不會開啟視窗的動作命令

可執行動作，部分命令不可執行

可執行的動作命令

不可執行的動作命令

模式控制（不會開啟設定視窗）

動作組合

點選此處可展開動作的內容

顯示動作的內容

停止播放／記錄

開始記錄動作

播放選取的動作

新增動作組合

新增動作

刪除選取的動作

> **TIPS　何謂「命令」？**
>
> 「命令」就是從 Photoshop 功能表執行的功能。例如：**編輯**功能表的**拷貝**與**填滿**就是命令之一。

> **TIPS　按鈕模式**
>
> 從**動作**面板的面板功能表選擇**按鈕模式**，就能以「按鈕」模式顯示動作。切換成按鈕模式後，每個動作將以單一按鈕的方式呈現，只需要點選就能執行。在列表模式時，取消部分命令的動作也可在這個設定下執行。動作必須在列表模式下才能新增，如果目前在按鈕模式下，請先切換為列表模式。

執行動作

選擇動作再按下**動作面板**下方的**播放選取的動作**鈕 ▶ 或是面板功能表的**播放**即可執行。

▶ 中斷動作的執行

要中斷動作可按下動作面板的**停止播放／記錄鈕** ■。

停用動作裡的部分命令

若要停用動作裡的部分命令，可點選命令左側的勾勾 ✔，將符號切換成 ▢。取消部分命令的動作其勾勾會切換成紅色勾勾 ✔。若要啟用先前停用的命令，只需要再點選一次核取方塊。

切換視窗的設定

在動作的各種命令之中，有的會開啟視窗然後設定數值。這種會顯示視窗的命令會在左側顯示**切換對話框開／關圖示** ▢。若在執行動作時，不希望顯示視窗，可點選 ▢，隱藏圖示。部分視窗隱藏的動作的視窗圖示會切換成 ▢。若要開啟先前隱藏的視窗，只需要再勾選一次核取方塊。

如何建立「動作組合」？

能將多個動作統整在一起的功能稱為**動作組合**，在**動作**面板裡是以資料夾的方式顯示。點選面板下方的**建立新增組合**鈕 ▢ 或是從面板功能表選擇**新增組合**都可新增動作組合。開啟**新增組合**視窗後，輸入組合的名稱再按下**確定**鈕即可。

輸入動作組合的名稱

TIPS　執行整個動作組合

動作組合不只是管理動作的資料夾，本身就是一個動作。若執行動作組合，就能由上至下，依序執行組合裡的動作。

TIPS　動作組合的預設集

Photoshop 除了**預設動作**，還內建了其他動作組合的**預設集**。選擇**動作**面板功能表下方的動作組合名稱，就能將動作組合新增至**動作**面板使用。

指令
邊框
影像效果
LAB - 黑白技術
製作
流星
文字效果
紋理
視訊動作

12-2
新增與編輯「動作」

使用頻率 ★ ★ ☆	如果經常需要變更檔案的色彩模式，再以特定格式儲存，像這樣重覆的操作可建立成動作，日後就能快速套用。

新增「動作」

這裡要建立的是調整影像的**色階**，再儲存為 Photoshop 格式的動作。

① 按下「建立新增動作」

在新增動作前，可先實際操作一遍，再將操作流程錄製下來。
請先開啟要調整的影像，再按下**動作**面板下方的**建立新增動作鈕** 。

① 開啟影像

② 按下此鈕

② 開始記錄動作

開啟**新增動作**視窗後，輸入動作的名稱，再按下**記錄**鈕開始記錄操作。

③ 輸入動作名稱　　　④ 按下此鈕

從列示窗中選擇此動作的快速鍵，還可勾選是否要搭配按住 Shift 或 Ctrl 鍵

選擇新建立的動作要儲存在哪個動作組合裡

③ 記錄動作

接著，執行要記錄的操作，只要跟平常一樣操作即可。此例要在影像的調整的色階按下**自動**鈕，執行自動色階校正。

⑤ 選擇這裡　　　⑥ 按下此鈕

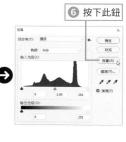

4 新增動作

完成操作後，按下**動作**面板下方的**停止播放╱記錄**鈕 ■ 停止記錄。

⑦ 按下此鈕，停止記錄

⑧ 新增動作了
各操作與設定值都記錄了

在已建立的動作中新增記錄

也可以在現有的動作中繼續新增記錄。選取想要新增動作的前一個位置的動作，再按下**動作**面板下方的**開始記錄**鈕 ●，然後完成操作，再按下**停止播放╱記錄**鈕結束。

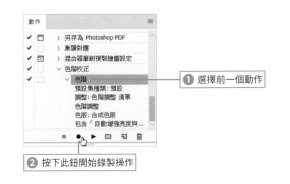

① 選擇前一個動作

② 按下此鈕開始錄製操作

編輯已建立的動作

已經建立好的動作，還是可以修改設定值。例如：想要更改套用**高斯模糊**濾鏡的設定值，只要雙按動作或命令，開啟命令的視窗，就可以重新設定數值。

① 雙按此項

③ 按下此鈕

② 調整數值

④ 更改設定值了

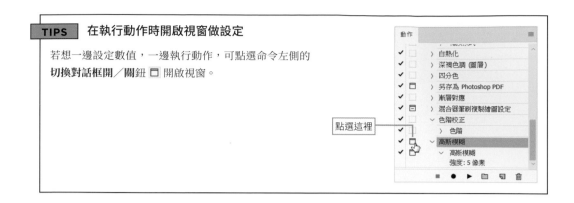

點選這裡

插入選單項目

動作面板無法記錄繪畫和色調工具、**檢視**和**視窗**功能表中的命令。但是，你可以點選**動作**面板功能表的**插入選單項目**後，再執行無法記錄的命令，就可插入到動作中。你可以在記錄動作時或完成記錄動作後，再插入命令。但是要在動作播放時，插入的命令才會執行。如果命令會開啟視窗，其視窗會在播放時顯示，且動作也會暫停，直到按下**確定**或**取消**鈕。

調整動作的執行順序

上下拖曳動作項目可調整動作的順序。此外，要變更動作內部的命令一樣只需要拖曳位置。將命令拖曳至其他動作內部時，該動作會嵌入拖曳目標位置的動作裡。

拖曳

插入「停止」，暫停操作

點選**動作**面板功能表的**插入停止**，就能暫停動作，並插入無法記錄成動作的操作。結束要插入的操作後，點選面板的**播放選取的動作**鈕 ▶，就能繼續執行剩下的動作。**停止**功能可在動作停止時顯示訊息，所以可自由輸入此時要執行的作業。例如：接下來要設定**飽和度**的值，就可先中斷動作的執行，開啟交談窗來提醒操作者。

① 選擇要**插入停止**的前一個動作

② 選擇此項

③ 輸入內容

④ 按下此鈕

顯示不中止動作，以及繼續執行的按鈕（參考下方的 TIPS 說明）

⑤ 插入停止了

執行動作後，將顯示訊息

TIPS　插入路徑

在影像中新增形狀或路徑的操作也能記錄成動作。建立形狀或路徑，再從**路徑**面板選擇要插入動作的路徑。

選擇要新增動作的前一個動作，再從**動作**面板功能表選擇**插入路徑**。

TIPS　「可繼續」選項

勾選**記錄停止**視窗的**可繼續**選項，在執行動作時顯示的視窗就會新增**繼續**按鈕。若不需要中止動作，可按下**繼續**鈕繼續執行。

執行動作後，將顯示訊息

建立條件式動作

若想在符合條件的對象套用動作，可建立條件式動作。此例，要建立只在 RGB 模式的影像套用**自動校正**動作的條件。

① 在空白的動作選擇「插入條件」

先建立一個沒有任何操作的空白動作（將動作命名為 **RGB 自動校正**）。選擇空白的動作，再從**動作**面板功能表點選**插入條件**。

① 建立空白的動作

② 選擇這裡

❷ 設定條件

在**如果目前**設定執行動作的條件。接著，選擇條件成立與不成立時執行的動作。完成設定後，按下**確定**鈕。

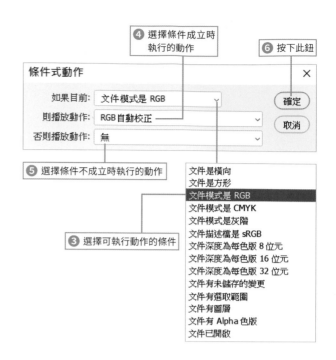

④ 選擇條件成立時執行的動作

⑥ 按下此鈕

條件式動作　　　　　　　　　　×

如果目前：　文件模式是 RGB　　　⌄　　　確定

則播放動作：　RGB自動校正　　　　⌄　　　取消

否則播放動作：　無　　　　　　　⌄

⑤ 選擇條件不成立時執行的動作

文件是橫向
文件是方形
文件模式是 RGB
文件模式是 CMYK
文件模式是灰階
文件描述檔是 sRGB
文件深度為每色版 8 位元
文件深度為每色版 16 位元
文件深度為每色版 32 位元
文件有未儲存的變更
文件有選取範圍
文件有圖層
文件有 Alpha 色版
文件已開啟

③ 選擇可執行動作的條件

❸ 執行條件式動作

執行 **RGB 自動校正**動作，就只會在文件為 RGB 色彩模式時執行**色階校正**動作，若是 CMYK 色彩模式就不會執行。像這樣使用**插入條件**就能替現有的動作設定執行條件。

▌動作檔案的操作（「動作」面板功能表）

即使結束 Photoshop，**動作**面板的動作也能儲存。可從**動作**面板功能表點選儲存或載入動作。

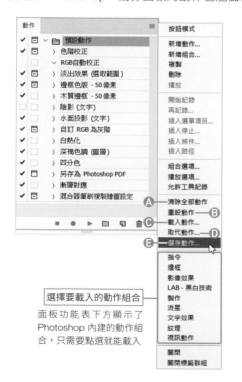

選擇要載入的動作組合

面板功能表下方顯示了 Photoshop 內建的動作組合，只需要點選就能載入

POINT

動作可儲存為檔案。只要先儲存為檔案，日後就算不小心置換成其他動作檔案，也能再次載入與使用，或是在其他電腦上使用。

Ⓐ 清除全部動作

Ⓑ 重設動作

Ⓒ 載入已儲存成檔案的動作。選擇此項將開啟載入視窗，請在視窗中選擇要開啟的動作檔案，再載入到 Photoshop

Ⓓ 將目前的動作換成載入的動作。這項操作將刪除目前所有的動作，所以請先將要保留的動作以儲存動作儲存

Ⓔ 將目前的動作儲存為動作檔案。可儲存所有在面板選擇的動作組合。如此一來只要將動作檔案複製到其他電腦，就能在其他電腦使用相同的動作

12-3
利用「批次處理」執行大量相同的作業

使用頻率
★ ★ ☆

從檔案功能表的自動點選批次處理，就能在指定資料夾的所有檔案自動套用「動作」。

何謂「批次處理」？

動作是將一連串的操作當成一個命令使用的功能。可是當需要完成相同操作的檔案有很多時，就算使用動作也得執行非常多次。使用「批次處理」就能對特定資料夾裡的所有影像執行相同的動作。舉例來說，只要新增「自動校正」動作，就能對指定資料夾裡的所有影像套用這個動作。

執行「批次處理」

從**檔案**功能表的**自動**點選**批次處理**，就會開啟**批次處理**視窗（參考下一頁）。執行 Adobe Bridge **工具**功能表 → Photoshop →**批次處理**也能執行批次處理。

在**批次處理**視窗中，指定要執行的動作、要處理的影像來源以及執行動作後影像的儲存位置，按下**確定**鈕，即可開始執行動作。

▶ **如何中止批次處理**

點選**動作**面板的**停止播放／記錄**鈕 ■ 即可。

檔案(F)	編輯(E)	影像(I)	圖層(L)	文字(Y)	選取(S)	濾鏡(T)
開新檔案(N)...		Ctrl+N				
開啟舊檔(O)...		Ctrl+O				
在 Bridge 中瀏覽(B)...		Alt+Shift+Ctrl+O				
開啟為...		Alt+Shift+Ctrl+O				
開啟為智慧型物件...						

封裝(G)...

自動(U)	▶	批次處理(B)...
指令碼(R)	▶	PDF 簡報(P)...
讀入(M)	▶	建立快捷批次處理(C)...
檔案資訊(F)...	Alt+Shift+Ctrl+I	裁切及拉直相片
列印(P)...	Ctrl+P	縮圖目錄 II...
列印一份拷貝(Y)	Alt+Shift+Ctrl+P	Photomerge...
結束(X)	Ctrl+Q	合併為 HDR Pro...
		條件模式更改...
		符合影像...
		鏡頭校正...

TIPS　指令碼事件管理員

執行**檔案**功能表的**指令碼→指令碼事件管理員**，就會在**啟動 Photoshop** 或是**開啟文件**這類事件觸發時，自動執行某些處理。可決定自動執行 JavaScript 撰寫的指令碼或是動作。這項功能很適合設定開啟文件時，一定要執行的動作。不過要注意的是，若勾選**啟動事件以執行指令碼／動作**，就一定會自動執行處理。

指令碼事件管理員

☑ 啟動事件以執行指令碼/動作(E):

沒有與事件關聯的指令碼/動作

完成(D)

移除(R)
全部移除(V)

Photoshop 事件: 啟動應用程式

○ 指令碼(S): Clean Listener

藉由增加和移除以管理事件。請選取不同的 JavaScript 檔案以取得詳細描述。

增加(A)

● 動作(C): 預設動作　色階校正

「批次處理」視窗的設定

批次處理視窗可設定下列的內容。

- ・要執行的動作。
- ・要執行批次處理的來源資料夾。
- ・執行後的處理。
- ・發生錯誤時的處置。

選擇要執行的動作。動作
項目會隨組合列示窗改變

執行動作後,讓影像繼續
開著,什麼都不執行

選擇要執行批次處理
的影像來源資料夾

覆寫原本的檔案後,再
關閉檔案。假設動作包
含另存新檔命令,則以
另存新檔這項命令優先

從掃描器或數位相機等
裝置匯入影像

色階校正
RGB自動校正
淡出效果 (選取範圍)
邊框色版 - 50 像素
木質邊框 - 50 像素
陰影 (文字)
水面投影 (文字)
自訂 RGB 為灰階
白熱化
深褐色調 (圖層)
四分色
另存為 Photoshop PDF
漸層對應
混合器筆刷複製繪圖設定

目前開啟的檔案

將影像檔儲存在指定的
資料夾。假設動作包含
另存新檔命令,則以另
存新檔這項命令優先

檔案夾
讀入
開啟的檔案
Bridge

從 Adobe Brdige 執行
批次處理時才會顯示

無
儲存和關閉
檔案夾

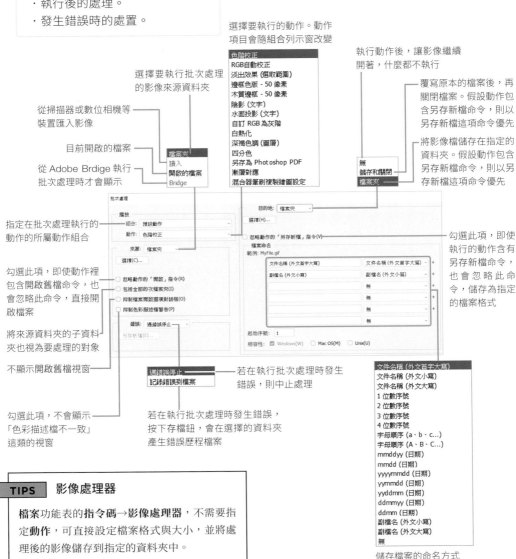

指定在批次處理執行的
動作的所屬動作組合

勾選此項,即使
執行的動作含有
另存新檔命令,
也會忽略此命
令,儲存為指定
的檔案格式

勾選此項,即使動作裡
包含開啟舊檔命令,也
會忽略此命令,直接開
啟檔案

將來源資料夾的子資料
夾也視為要處理的對象

不顯示開啟舊檔視窗

若在執行批次處理時發生
錯誤,則中止處理

勾選此項,不會顯示
「色彩描述檔不一致」
這類的視窗

若在執行批次處理時發生錯誤,
按下存檔鈕,會在選擇的資料夾
產生錯誤歷程檔案

文件名稱 (外文首字大寫)
文件名稱 (外文小寫)
文件名稱 (外文大寫)
1 位數序號
2 位數序號
3 位數序號
4 位數序號
字母順序 (a、b、c...)
字母順序 (A、B、C...)
mmddyy (日期)
mmdd (日期)
yyyymmdd (日期)
yymmdd (日期)
yyddmm (日期)
ddmmyy (日期)
ddmm (日期)
副檔名 (外文小寫)
副檔名 (外文大寫)
無

儲存檔案的命名方式

TIPS　影像處理器

檔案功能表的指令碼→影像處理器,不需要指
定動作,可直接設定檔案格式與大小,並將處
理後的影像儲存到指定的資料夾中。

TIPS　變更檔案格式後,可另存在其他資料夾

利用批次處理變更檔案格式再儲存影像時,可從目的地下拉列示窗點選檔案夾,指定目的儲存資料夾,
再勾選忽略動作的『另存新檔』指令選項。

12-4
建立「快捷批次處理」

使用頻率	
★ ☆ ☆	快捷批次處理就是將批次處理建立成圖示，再將要處理的檔案拖曳到建立的圖示上，就能自動執行批次處理。

何謂「快捷批次處理」？

批次處理必須在視窗中指定要套用自動處理的影像檔。如果使用快捷批次處理，只需要將目標影像檔拖曳到「快捷批次處理」的圖示上，就能自動執行處理。

要使用「快捷批次處理」必須先設定自動處理的內容，再建立快捷批次處理。

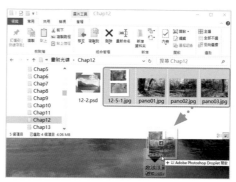

將常用的批次處理建立成快捷批次處理，再放在桌面上，就能快速執行批次處理

建立快捷批次處理

1 點選「建立快捷批次處理」

從檔案功能表的**自動**，點選**快捷批次處理**。

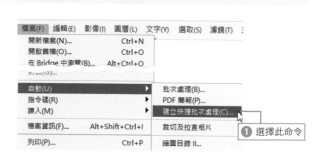

2 設定快捷批次處理

開啟**建立快捷批次處理**視窗後，設定要在快捷批次處理執行的動作，其內容與批次處理相同。

3 建立好「快捷批次處理」了

按下**確定**鈕後，會在選擇的儲存位置新增快捷批次處理。要使用**快捷批次處理**，只要將影像檔拖曳到建立的快捷批次處理圖示上。

RGB自動校正.exe

⑤ 新增快捷批次處理圖示

TIPS 無法正確執行的情況

如果無法正確執行快捷批次處理，請在啟動 Photoshop 後再使用快捷批次處理。此外，也可以在快捷批次處理的圖示上按右鍵，點選**以系統管理員身分執行**。如果還是無法執行，請使用**動作**面板的**按鈕模式**或是使用批次處理。

TIPS AdobeBridge 的「重新命名批次處理」

Adobe Bridge 的**工具**功能表的**重新命名批次處理**，可根據設定的規則重新命名選取的檔案或是資料夾裡的所有影像檔。

這很適合用來變更網頁用的半形英數字的檔案名稱。

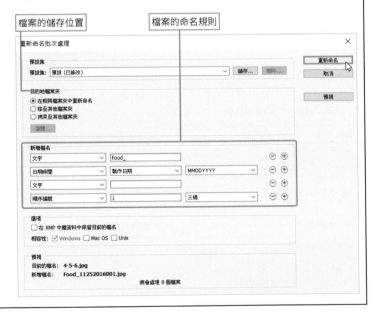

檔案的儲存位置

檔案的命名規則

12-5
與自動處理外掛程式的連動

使用頻率
★ ☆ ☆

Photoshop 的檔案功能表的自動內建了自動處理外掛程式。其中有一些很方便的功能，讓我們試用看看。

內建的自動處理外掛程式

▶ 裁切及拉直相片

載入掃描器掃描的照片，照片有時會歪歪的。**裁切及拉直相片**功能可將歪斜的照片自動拉直。若是掃描數張照片的情況，還可將這些照片分別儲存為不同檔案。

▶ 縮圖目錄 II

在視窗中指定影像來源資料夾與影像的大小，再依照指定的排列方式將影像檔排列成目錄。

▶ 合併為 HDR Pro

合併曝光量不同，景色相同的多張影像，藉此將場景的動態範圍匯入單張的 HDR 影像。整合後的影像檔可儲存為 **32 位元／色版**的影像檔。

▶ 鏡頭校正

指定檔案或資料夾，再以批次處理執行**濾鏡**功能表的**鏡頭校正**（參考 13-12 頁）。

▶ 符合影像

讓影像的長邊符合指定的**寬度**或**高度**像素大小，自動調整影像的大小。

▶ 條件模式更改

將開啟的影像變更為指定的色彩模式。

▶ Photomerge

Photomerge 可將多張影像檔合併為單張的全景照片。只要選擇影像檔,就能自動偵測重疊的範圍再合成。重疊的部份其色調也會處理得不著痕跡。

① 準備要合成的影像

準備要合成的原始影像。

① 準備影像檔

② 在 Photomerge 指定原始圖檔

執行 **Photomerge**,再指定要合成的影像檔。若是要合成的檔案已在 Photoshop 中開啟,請按下**增加開啟的檔案**鈕。也可以按下瀏覽鈕,挑選檔案。

⑤ 按下此鈕

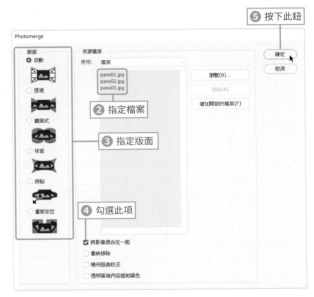

③ 完成設定

設定好影像檔後,勾選**將影像混合在一起**,再於左側的版面點選合成的版面,然後按下**確定**鈕。

選擇**自動、透視、圓筒式、球面、拼貼**時,都會自動完成合併處理。若是像範例這種不容易手動合併的情況,建議使用上述的版面。**重新定位**只會調整影像的位置,以便組成全景照片,不會真的執行合成處理。

④ 影像合成了

此例是以**自動**的版面合併影像。每張影像會放在不同圖層,並以遮色片做處理。最後只要裁掉多餘部分即可。

⑥ 合成為單張影像

套用了遮色片

濾鏡

Photoshop 內建了許多「濾鏡」(特效)，例如可讓影
像模糊、銳利或是套用藝術風筆觸與馬賽克處理。
「濾鏡收藏館」可重疊多個濾鏡，也能進行液化、最
適化廣角的處理。

		CS6	CC	CC14	CC15	CC17	CC18	CC19

13-1
使用濾鏡

使用頻率 ☆☆☆	Photoshop 內建許多濾鏡，有的可讓影像變得模糊或銳利、或是變形影像，有的則可套用紋理。接下來就為大家介紹「濾鏡」與「濾鏡收藏館」。

套用濾鏡

所有的濾鏡都內建於**濾鏡**功能表，是以群組的方式分類，子功能表中也有許多濾鏡。有的濾鏡會開啟**濾鏡收藏館**視窗做設定，有的則是以一般的視窗設定。

從子功能表或是**濾鏡收藏館**點選濾鏡名稱，再於視窗設定，就能套用濾鏡。也有不開啟視窗做設定，就能直接套用的濾鏡，例如：**模糊、更模糊、雲狀效果**等。

> **TIPS** **濾鏡會隱藏？**
>
> Photoshop 預設不會在**濾鏡**功能表列出所有濾鏡。請勾選**偏好設定→增效模組**，再勾選**顯示全部濾鏡收藏館群組和名稱**。

1 選擇「拼貼」

首先，我們試著套用**紋理**的**拼貼**濾鏡。開啟檔案後，從**濾鏡**功能表的**紋理**點選**拼貼**（預設不會顯示，請參考右上角的 TIPS 啟用）。

2 完成濾鏡的設定

開啟**拼貼**視窗後，拖曳滑桿設定的同時，可一邊觀察預視視窗的調整結果。拖曳預視視窗裡的影像，可調整預視位置，按下 ⊞、⊟ 可變更預視的顯示比例。

在影像上拖曳，可移動預視位置

② 按下此鈕

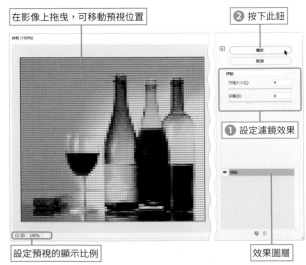

① 設定濾鏡效果

設定預視的顯示比例

效果圖層

③ 套用濾鏡

按下確定鈕後，就套用濾鏡了。

③ 套用濾鏡了

▶ 連續執行相同設定的濾鏡

執行濾鏡後，濾鏡功能表的最上面就會顯示之前執行的濾鏡（ Alt + Ctrl + F ）。開啟另一個影像視窗，再按下 Alt + Ctrl + F ，就能套用相同設定的濾鏡。

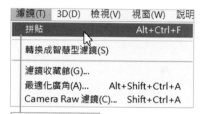

選擇上次執行的濾鏡

若是從濾鏡收藏館執行，就會顯示為濾鏡收藏館

濾鏡收藏館

濾鏡收藏館可一邊預視濾鏡效果，一邊套用多種濾鏡。

隱藏左側濾鏡圖示的區域

切換效果圖層的
顯示／隱藏

設定預視的顯示比例　　預視視窗　　展開／收合濾鏡類別　　新增效果圖層　　刪除效果圖層

13-2
智慧型濾鏡

使用頻率	在 Photoshop 的智慧型物件套用濾鏡後，可在圖層面板管理濾鏡效果，切換濾鏡的顯示／隱藏以及自由調整濾鏡的設定。
★ ★ ☆	

轉換為「智慧型濾鏡」

1 轉換為「智慧型濾鏡」

開啟影像，再從濾鏡功能表點選轉換成智慧型濾鏡。

1 選擇此項

影像(I)　圖層(L)　文字(Y)　選取(S)　濾鏡(T)　3D(D)　檢視(V)　視窗(W)　說明

拼貼　　　　　　　　　　　　　　　　Alt+Ctrl+F

重新調整視窗尺寸以相合　□ 縮放顯示

轉換成智慧型濾鏡(S)

6 (RGB/8#) * ×

濾鏡收藏館(G)...
最適化廣角(A)...　　Alt+Shift+Ctrl+A
Camera Raw 濾鏡(C)...　Shift+Ctrl+A

2 按下「確定」鈕

開啟訊息視窗後，直接按下確定鈕。

Adobe Photoshop

為了能啟動可再編輯的智慧型濾鏡，選取的圖層將會轉換為智慧型物件。

確定　　　**2 按下此鈕**

□不再顯示

3 轉換為「智慧型物件」

影像會轉換成智慧型物件。可在圖層面板的圖層縮圖，確認圖層已轉換成智慧型物件。

圖層

種類　　　　　　　　　T　□

正常　　　　　　　　不透明度：100%

鎖定：　　　　　　　填滿：100%

圖層 0　　　**3 圖層會變成「圖層 0」**

智慧型物件的符號

4 執行濾鏡

接著，要套用濾鏡功能表的像素的結晶化（沿用預設設定即可）。從圖層面板可以發現濾鏡已經透過智慧型濾鏡的方式套用。

智慧型濾鏡的符號

TIPS　重疊套用濾鏡

在智慧型物件套用不同的濾鏡後，就會在**圖層**面板裡依照套用順序顯示。在**圖層**面板上下拖曳濾鏡名稱，就能調整濾鏡的套用順序。

4 套用濾鏡了

調整智慧型濾鏡的效果

智慧型濾鏡可在後續調整效果的強度。請雙按圖層面板的智慧型濾鏡名稱。

1 雙按濾鏡名稱

雙按圖層面板的智慧型濾鏡名稱(此例點選的是結晶化)。

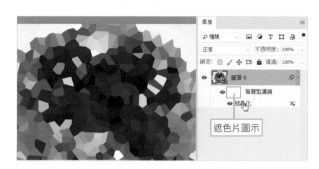

遮色片圖示

2 調整濾鏡的設定值

開啟濾鏡的設定值視窗後,調整需要的強度。

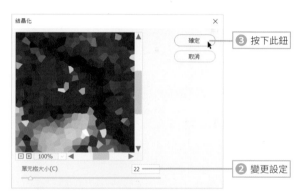

❸ 按下此鈕

❷ 變更設定

3 濾鏡效果的強度不同了

濾鏡效果的強度不同了。

❹ 變更效果了

TIPS 　**濾鏡的「混合選項」**

雙按圖層面板的**濾鏡混合選項** ⟺ ,即可在視窗的**模式**控制濾鏡的混合模式與不透明度。

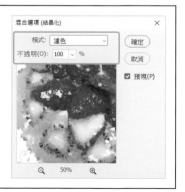

13-3
利用「液化」濾鏡扭曲影像

| 使用頻率 ★☆☆ | Photoshop 內建了讓影像依照筆觸扭曲的功能。決定筆刷的大小，再拖曳影像，就能讓影像扭曲或變成漩渦狀。 |

「液化」視窗

濾鏡功能表的**液化**（ Shift + Ctrl + X ）可利用各種扭曲工具，扭曲圖層的影像。也可套用在智慧型物件上。

1 選擇「液化」

從濾鏡功能表點選**液化**。

① 選擇此項

2 設定液化

液化視窗內建了向前彎曲工具、重建工具、縮攏工具、膨脹工具、左推工具，可利用這些工具拖曳預視影像。此外，若點選**進階模式**，還可顯示平滑工具、順時針扭轉工具。註：CC 2018 之後預設就會顯示所有工具。

② 點選工具

③ 設定筆刷

④ 拖曳工具，扭曲影像

向前彎曲工具 —
重建工具 —
平滑工具 —   凍結遮色片工具 —
順時針扭轉工具 —   解凍遮色片工具 —
縮攏工具 —   臉部工具 —
膨脹工具 —   手形工具 —
左推工具 —   縮放顯示工具 —

TIPS　　**還原液化（重建）**

在套用液化效果區域拖曳**重建工具**，就能重新建構影像，讓影像還原回原本的樣子。

按下視窗右側的**筆刷重建選項**的**重建**鈕，會開啟**回復重建**視窗，遮色片區域可維持不變，只有遮色片以外的區域會依照指定的總量還原為原本的影像。若按下**全部復原**鈕，就會完全還原成原本的樣子。

按下重建鈕，可在視窗中設定還原程度

▶ **向前彎曲工具**

　像素會隨著拖曳的軌跡往前壓出。

▶ **重建工具**

　隨著拖曳的軌跡還原影像。

▶ **順時針扭轉工具**

　拖曳滑鼠或是按下滑鼠左鍵，讓像素順時針旋轉。若要往逆時針旋轉，可按住 [Alt] 鍵再操作。

▶ **膨脹工具**

　拖曳滑鼠或按下滑鼠左鍵，像素會從筆刷區域的中心點往外移動。

▶ **縮攏工具**

　拖曳滑鼠或按下滑鼠左鍵，像素會從筆刷區域的中心點往內移動。

▶ **左推工具**

　像素會沿著與拖曳軌跡垂直方向移動。拖曳時，像素會往滑鼠移動方向的左側移動，按住 [Alt] 鍵再拖曳，像素會往右側移動。

套用遮色片

　使用**凍結遮色片工具** 在預視影像上方建立遮色片區域，就能不套用扭曲效果。若要解除遮色片區域可利用**解凍遮色片工具** 點選，或是按下視窗右側遮色片選項的無鈕。

以凍結遮色片工具建立的遮色片範圍

TIPS | **檢視選項**

是否顯示遮色片、影像或是網紋，可展開視窗右側的**檢視選項**做設定。勾選**顯示網紋**項目後，可變更網紋大小、網紋顏色。勾選**顯示遮色片**，可設定遮色片顏色。勾選**顯示背景**，可控制未套用效果的圖層不透明度，藉此決定是否顯示該圖層的預視。

▼ 檢視選項

☐ 顯示參考線(U)　　☐ 顯示臉部覆蓋(F)
☑ 顯示影像(I)　　　☐ 顯示網紋(E)
　　網紋大小: 中
　　網紋顏色: 灰色
☑ 顯示遮色片(K)
　　遮色片顏色: 紅色
☐ 顯示背景(P)
　　使用: 全部圖層
　　模式: 前面
　　不透明: 50

13-4
用「液化」工具調整臉部

使用頻率

★ ☆ ☆

執行濾鏡功能表的液化，開啟液化視窗後，在視窗右側的臉部感知液化欄位，可調整眼睛、鼻子、嘴唇、臉部形狀這些五官的寬度與高度。也能當成智慧型濾鏡套用。

調整臉部

在**液化視窗**點選**臉部工具**，就會自動辨識臉部，同時顯示白色輪廓線。在**臉部感知液化**欄位會自動辨識臉部的輪廓。調整右側的**眼睛**（可分別調整左右眼）、**鼻子**、**嘴巴**、**臉部形狀**，一邊觀察照片的變化，一邊調整出喜歡的五官。

① 點選此鈕

② 辨識臉部

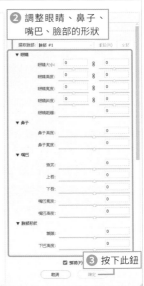

② 調整眼睛、鼻子、嘴巴、臉部的形狀

③ 按下此鈕

↓

POINT

使用臉部感知液化功能前，必須先從偏好設定的效能勾選使用圖形處理器。

TIPS 　拖曳控制點調整輪廓線

將滑鼠游標移入五官的區域，就會顯示白色控制點。拖曳控制點即可調整五官與臉部輪廓。

13-5
利用「消失點」合成透視影像

使用頻率	濾鏡功能表的消失點是保留透視感，又能合成影像的功能。
★ ☆ ☆	此外，還可將影像當成材質貼在建立的「面」上，營造透視感。

複製具有透視感的「面」

① 點選「消失點」

從**濾鏡**功能表點選**消失點**（ Ctrl ＋ Alt ＋ V ），開啟**消失點**視窗。一開始先利用**建立平面工具** 點選四個位置，建立具有透視效果的平面。若系統判斷具有透視效果，就會轉換成藍色網紋。

> **TIPS　出現紅色或黃色的網紋時**
>
> 建立平面時，若出現紅色或黃色的網紋，代表無法套用消失點的效果，此時請將網紋或控制點放在具有透視感的位置上。

① 按下此鈕
② 點選
③ 點選
④ 點選這裡
⑤ 點選這裡

> **POINT**
>
> 要根據一個平面衍生出相鄰的垂直面，可按住 Ctrl 鍵再利用建立平面工具，拖曳邊緣的控制點。

② 建立選取範圍

點選視窗左側的**選取畫面工具**，在剛才建立的平面上拖曳，此時將依照平面的透視區域建立選取範圍。

⑥ 建立選取範圍

> **TIPS　建立圖層**
>
> 在進入正式作業之前，先建立圖層再執行**消失點**的操作，可將作業結果儲存為圖層。

在透視平面拼貼影像

消失點功能可複製紋理影像，再貼入消失點的透視平面，讓紋理嵌入透視平面。

① 複製與貼上影像

首先，複製要貼入消失點的影像。
接著開啟消失點視窗，將剪貼簿裡的
內容貼入。按下 Ctrl + T 鍵可顯示
邊框，拖曳邊框來調整影像的大小與
角度，藉此嵌入透視平面。

① 複製影像

② 貼上影像

② 拖曳至透視平面

將複製的影像拖曳至透視平面。請拖
曳至適當的位置。如果影像不夠長，
請多複製幾次再調整位置。

> **TIPS** 印章工具、筆刷工具
>
> 視窗左側的**印章工具**、**筆刷工具**其
> 操作與一般筆刷或印章工具都一
> 樣。設定筆刷的大小、顏色、不透
> 明度、混合模式後，可在透視平面
> 區中，以拖曳的方式後製。

③ 拖曳與嵌入影像

13-6
「最適化廣角」與「鏡頭校正」

使用頻率	濾鏡功能表還有最適化廣角與鏡頭校正這兩種校正鏡頭的濾鏡。最適化廣角可校正廣角、魚眼與球面的問題，鏡頭校正可使用鏡頭描述檔的預設校正選項快速校正影像的扭曲現象。
★ ★ ☆	

最適化廣角

利用「魚眼鏡頭」或「廣角鏡頭」拍攝的照片通常會因為鏡頭的特性，而產生邊角彎曲的問題。使用**最適化廣角**濾鏡可根據鏡頭的物理特性，自動校正影像裡扭曲的物體。

❶ 選擇「最適化廣角」

開啟廣角鏡（18mm）拍攝的照片，再從濾鏡功能表點選**最適化廣角**。

POINT

若想要快速校正使用廣角鏡頭拍攝的照片，可從校正列示窗中點選透視。若選擇自動，當 Photoshop 有內建的相機鏡頭描述檔，即會自動完成校正。

❶ 開啟最適化廣角視窗

魚眼
透視
自動
完整球面

限制工具

彎曲變形的建築

❷ 利用「限制工具」校正

利用限制工具 在影像傾斜的直線部分點選或拖曳，繪製直線。將旋轉控制點拖曳至要傾斜的位置。勾選**預覽**可查看結果。

❷ 利用限制工具拖曳

❸ 拖曳旋轉控制點

❸ 校正其他部分

同樣利用**限制工具** 校正影像的角度。完成後，按下**確定**鈕。此時邊緣會出現透明部分，請利用**裁切工具**裁掉透明部分。如果還有透明部分，可利用**內容感知**的方式填滿。

❹ 角度修正了

❺ 左側也修正了

❻ 透明部分以周圍像素填滿了

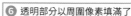

鏡頭校正

濾鏡功能表的**鏡頭校正**可校正鏡頭造成的暗角、內外側的扭曲。

▶「自動校正」頁次

若已知相機的製造商以及使用的鏡頭，可在**自動校正**頁次選擇相機型號及鏡頭。

移除扭曲工具

拉直工具

移動格點工具

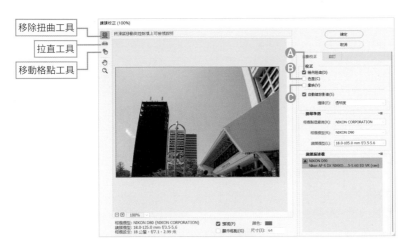

Ⓐ **幾何扭曲**：廣角鏡頭會有桶狀變形的問題，而望遠鏡頭會有枕狀變形的問題。勾選此項，即可偵測鏡頭描述檔，自動修正變形問題

Ⓑ **色差**：鏡頭的折射會因為光線的波長而改變，產生色差的問題

Ⓒ **暈映**：一般來說，鏡頭邊緣的光線，都會比中心部分來得不足，勾選此項，可修正這個問題

啟用幾何扭曲可
自動校正扭曲

啟用暈映選項可
增加邊緣的光量

▶「自訂」頁次

利用**幾何扭曲**、**色差**、**暈映**、**變形**的設定修正照片。可一邊參考格點，一邊修正照片。

Ⓐ 修正鏡頭造成的桶狀變形或枕狀變形。拖曳滑桿，可拉直影像向外彎曲或向內彎曲的垂直或水平線

Ⓑ 拖曳滑桿，以互補色來校正色差問題，調整時請放大預視影像

Ⓒ 設定影像邊緣的陰影量。可修正因為鏡頭特性或不適當的陰影所造成的邊緣光量不足問題

Ⓓ 設定影響範圍的總量。數值愈低，影響範圍就愈廣，數值愈高，影響範圍就會限縮在影像的邊緣裡

Ⓔ 修正鏡頭上下傾斜造成的透視。會與影像的垂直線呈水平

Ⓕ 修正影像的左右透視，會與水平線平行

Ⓖ 旋轉影像，修正鏡頭的傾斜，或是在修正透視扭曲後繼續調整其他選項。使用**拉直工具**也可以完成此項修正，只要沿著影像裡的垂直線或水平線拖曳工具即可

13-7
藝術風濾鏡

使用頻率
★ ★ ☆

藝術風濾鏡內建了許多畫筆特性的藝術濾鏡，都可在濾鏡收藏館使用。

海報邊緣
強調邊緣，整體轉換成以畫具塗抹的印象

挖剪圖案
減少影像的色階，做出像剪紙般單純化的影像

塗抹沾污
像是以毛筆或毛刷刷過影像陰影部分的效果

海綿效果
像是以沾溼的海綿摩擦影像，讓圖案渲染的效果

乾性筆刷
像是以乾燥的畫筆繪製圖案的效果

霓虹光
設定前景色與背景色，營造如霓虹燈發亮的影像

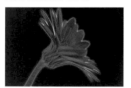

調色刀
營造像是以調色刀繪製油畫的效果

壁畫
利用濕壁畫技法在牆面繪製影像的效果

塑膠覆膜
營造被保鮮膜覆蓋的質感

彩色鉛筆
營造以彩色鉛筆繪製的筆觸

水彩
營造水彩的筆觸

粗粉蠟筆
以粗粉蠟筆繪製的粉彩筆觸

著底色
營造顏色暈開的粗筆素描的筆觸

塗抹繪畫
營造各種筆觸塗抹的質感

粒狀影像
營造粗顆粒的底片效果

13-8
銳利化濾鏡

| 使用頻率 ★ ★ ★ | 濾鏡功能表的銳利化內建了讓影像變得更銳利的濾鏡。 |

▌遮色片銳利化調整

影像不夠清晰時，可強調輪廓的對比，提高影像的清晰度。若想讓模糊的影像變得銳利，最常使用的就是 Photoshop 的**遮色片銳利化調整**濾鏡。

總量可設定套用的強度，數值介於 1～500 之間，數值愈大代表效果愈強。**強度**為套用的範圍，數值介於 0.1～1000 之間。**臨界值**則是套用的色階，範圍介於 0～255 之間，數值愈小，套用的色階愈廣（0 為整張影像），低於臨界值的影像部份不會套用濾鏡。

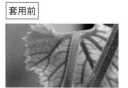

套用前

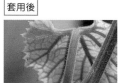

套用後

▌智慧型銳利化

可指定方式、總量、強度，讓影像變成銳利的照片。展開陰影／亮部區的設定，即可指定陰影與亮部的銳利化效果。總量代表套用的強度，強度代表套用的範圍。

減少雜訊可設定減少雜訊的程度，**移除**則可指定銳利化的方法。陰影／亮部區可分別設定陰影與亮部的**淡化量**、**色調寬度**與**強度**。

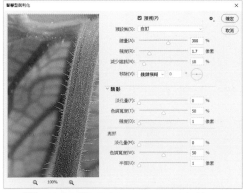

按下 ⚙ 勾選使用舊版就能使用 CS6 之前的智慧型銳利化濾鏡

套用前

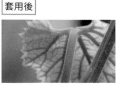

套用後

防手震

防手震功能是透過影像分析的方式修正拍照時手震所造成的模糊。**模糊描圖邊界**可指定描繪模糊的邊界。**平滑化**可設定銳利化的強度，**抑制不自然感**可抑制大塊斑點出現，可在套用銳利化效果時，抑制雜訊出現。

點選**進階**之後，利用視窗左側的**模糊估算工具** 🔲 在預視區拖曳出要估算的基準位置，**顯示模糊估算區域**就會顯示該區域。**模糊方向工具**可往模糊的方向拖曳，指定模糊的方向與長度。

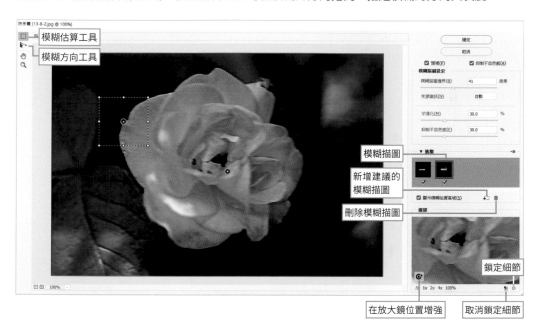

- 模糊估算工具
- 模糊方向工具
- 模糊描圖
- 新增建議的模糊描圖
- 刪除模糊描圖
- 鎖定細節
- 在放大鏡位置增強
- 取消鎖定細節

銳利化

讓輪廓變得更分明，藉此讓影像變得更銳利。

更銳利化

套用約 2 倍的銳利化效果。多次套用這些濾鏡，會讓影像原本平滑的部分變得粗糙，所以若覺得套用一次的效果還不夠，請使用**遮色片銳利化調整**功能。

銳利化邊緣

只讓影像的輪廓（對比較明顯的部分）更銳利化，讓影像更清晰。

銳利化：執行一次

更銳利化：執行一次

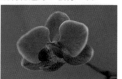
銳利化邊緣：執行一次

13-9
素描濾鏡

使用頻率	素描濾鏡可利用前景色與背景色營造紋理、炭筆、鉻黃這類手繪
★ ★ ☆	的筆觸。

濕紙效果
營造被水暈開的水彩畫質感

邊緣撕裂
利用背景色與前景色創造對比，加工成黑白雙色的影像

畫筆效果
利用背景色與前景色繪製細筆畫的影像

蠟筆紋理
利用背景色與前景色繪製蠟筆筆觸的影像

鉻黃
將影像加工成鉻合金的質感

拓印
利用背景色與前景色營造影印機複製的黑白影像

印章效果
利用前景色與背景色繪製印章般的影像

粉筆和炭筆
利用背景色與前景色營造粉筆和炭筆繪製的影像

網狀效果
利用背景色與前景色營造在黑白雙色的點畫裡的皺摺

便條紙張效果
利用背景色與前景色模擬壓紋的紙效果

網屏圖樣
利用背景色與前景色營造網點的黑白雙色影像

石膏效果
利用背景色與前景色賦予影像凹凸感，創造立體的影像

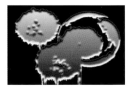

立體浮雕
利用背景色與前景色製造具立體感的影像

炭筆
利用背景色與前景色營造炭筆筆觸的影像

13-10
紋理濾鏡

使用頻率	Photoshop 內建了擬真的紋理濾鏡，例如：地面紋路、玻璃質
★ ★ ☆	感、布與拼貼磁磚等各種濾鏡。

裂縫紋理

繪製類似壁面裂縫般的影像。**裂縫間距**可設定裂縫的間距，範圍為 2～100 之間，數值愈大，間距愈寬，整體的裂縫就愈少。**裂縫深度**可設定裂縫的深度，數值介於 0～10。**裂縫亮度**可設定裂縫的亮度，數值介於 0～10 之間，數值愈小，裂縫愈暗。

套用前

套用後

彩繪玻璃

營造如彩繪玻璃般的影像。各儲存格的邊緣將套用前景色。**儲存格大小**可設定各儲存格的大小，數值介於 2～50 之間。**邊界粗細**可設定儲存格邊界的粗細，數值介於 1～20。**光源強度**可設定從背面中央射入光的強度，數值介於 0～10 之間，數值愈大，射入光的光量愈多。

套用前

套用後

其他濾鏡

紋理化
繪製有材質感的影像

拼貼
以方格狀拼貼而成的影像
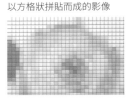

嵌磚效果
繪製如磁磚拼貼的影像

粒狀紋理
在影像中加入顆粒雜訊

13-11
雜訊濾鏡

| 使用頻率 ★★☆ | 雜訊濾鏡內建了增加或減少雜訊的濾鏡。 |

污點和刮痕

模糊影像裡的髒點,讓髒點變得不明顯。**強度**可調整模糊的程度,範圍介於 1〜500 之間。數值愈大代表模糊的範圍愈大。**臨界值**可設定雜訊的鮮明度,範圍介於 0〜255 之間。

套用前

套用後

減少雜訊

掃描或相機的感光元件因素,而使影像有雜訊,可用此濾鏡保留影像的邊緣,來減少雜訊。**進階選項**可調整各色版雜訊的減少程度。

套用前

套用後

其他濾鏡

增加雜訊
加入各種雜訊,
營造粗糙的畫面。

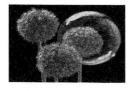

減少雜訊
在保留邊緣的狀態下,減少因為相機感光元件造成的雜訊。

中和
緩和物體邊緣的銳利感,讓整體影像變得平滑

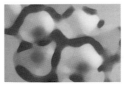

去除斑點
保留影像的邊緣,在邊緣以外的部分套用柔和的模糊效果。

13-12
像素濾鏡

使用頻率
★ ★ ☆

像素濾鏡主要是將顏色數值類似的影像像素組合成色塊，可簡化影像的複雜程度。內建有馬賽克、點狀化、結晶化等濾鏡。

彩色網屏

利用印刷的網點處理影像。**最大強度**可設定網點的大小，範圍介於 4～127 之間。數值愈大，網點愈大。**網角度數**可設定各種顏色距離水平位置的角度。RGB 影像可設定色版 1～3，CMYK 影像可設定色版 1～4。

套用前

套用後

其他濾鏡

殘影
可替整張影像或選取範圍的像素建立四個拷貝、將它們平均分配，產生畫面錯位

網線銅版
可將影像轉換為黑白或是隨機圖樣，可在**類型**列示窗中選擇圖樣

馬賽克
將顏色類似的像素組合成方形區塊，任何一個區塊中的像素都是相同的顏色

結晶化
將像素聚集成純色的多角形

點狀化
將影像中的顏色分成隨機放置的點，就像是在點狀化的繪畫中，使用背景色做為點與點之間的版面區域

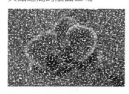

多面體
將純色或顏色類似的像素聚集成類似顏色的像素區塊。可讓影像看起來像是手繪或是抽象畫

> **TIPS**　「視訊效果」濾鏡
>
> **視訊效果**濾鏡的 **NTSC 色彩**可讓 RGB 無法顯示的色域轉換成接近電視的色域，避免過度飽和的色彩因為電視的掃描線暈開。**反交錯**可在匯入以交錯式設備拍攝的影像時，校正影像裡的水平線。

13-13
筆觸濾鏡

使用頻率	模仿筆觸的形狀，繪製出不同風格影像。
★ ★ ☆	

油墨外框

　　只有邊緣與陰影利用黑色油墨描繪邊緣。**筆觸長度**可設定邊緣的範圍，數值介於 1～50。數值愈大，邊緣的範圍愈廣。**暗度強度**可設定陰影的範圍。數值介於 0～50。數值愈大，陰影的範圍愈廣。**光源強度**可設定亮部的範圍，數值介於 0～50。

套用前

套用後

其他濾鏡

強調邊緣
強調影像的邊緣。**邊緣亮度**值較高時，效果類似白色粉筆；值較低，類似黑色油墨

噴灑
用影像中的主要顏色，以噴灑的方式塗抹影像

變暗筆觸
強調明暗的對比，繪製毛筆塗刷的質感

角度筆觸
以對角斜線筆觸塗抹影像。較亮和較暗區域會以相反方向的筆觸塗刷

潑濺
像是以噴槍噴灑顏料的影像

墨繪
強調陰影，就像用完全浸飽墨水的筆刷在宣紙上繪畫

交叉底紋
保留原始影像細節，但加入紋理，模擬鉛筆線條，使彩色區域邊緣較粗

13-14
模糊濾鏡

使用頻率	濾鏡功能表的模糊內建了讓影像變模糊、鏡頭模糊以及其他模糊效果濾鏡。開啟模糊收藏館，可一邊預視結果一邊設定模糊程度。
★ ★ ★	

高斯模糊

利用高斯曲線這種像素曲線在整張影像或是選取範圍內套用模糊效果。**強度**可在 0.1～1000.0 之間設定模糊的強度，數值愈大，效果愈強。

套用前

套用後

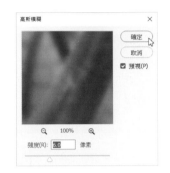

鏡頭模糊

套用與鏡頭一樣的淺景深效果。**景深對應**可指定景深的深度。**光圈**可設定光圈大小、葉片形狀、葉片凹度與旋轉度。**反射的亮部**可利用**臨界值**限制亮度的值。**雜訊**可設定雜訊的總量以及分佈方式。

套用前

套用後

其他模糊濾鏡

形狀模糊
在視窗中選擇形狀後，以該形狀模糊影像

方框模糊
以相鄰像素的顏色平均值模糊影像

動態模糊
營造手震或高速移動的條紋模糊感

更模糊
營造執行了 3～4 次模糊濾鏡的效果

智慧型模糊
指定各項數值，以精確的方式模糊影像

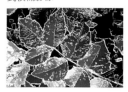

表面模糊
保留邊緣，並套用模糊效果

放射狀模糊
讓影像呈放射狀旋轉 / 縮放或是模擬旋轉相機的效果

平均
算出影像的平均值顏色，再以該顏色填滿影像

模糊收藏館

從**模糊收藏館**選擇**景色模糊**、**光圈模糊**、**移軸模糊**，就能開啟右側的模糊工具面板，從中選擇各種工具，再設定模糊量。

下方的**效果**面板可利用**光源散景**設定模糊的亮部程度，**散景顏色**可設定散景的顏色量，**光源範圍**可設定顯示散景時的光源範圍。**選項列**的**儲存遮色片到色版**可儲存模糊遮色片的副本，**高品質**可啟用高畫質的散景。

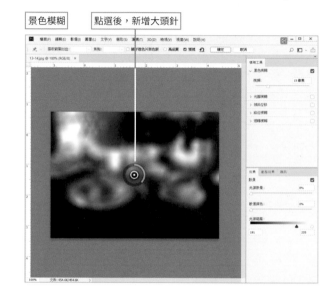

景色模糊　點選後，新增大頭針

景色模糊

在畫面中配置模糊的圖釘，再根據每個圖釘的位置設定模糊量與效果。

光圈模糊

套用模糊效果，建立焦點 (清楚的區域) 未模糊的橢圓形範圍。點選畫面即可新增焦點範圍。

移軸模糊

光圈模糊

移軸模糊

套用模糊效果，建立焦點未模糊的帶狀範圍。**扭曲**可控制模糊的扭曲形狀。預視區中的「直線」為焦點範圍，「虛線」則是焦點到模糊之間的漸變範圍。

路徑模糊

沿著路徑移動的模糊效果。

路徑模糊

迴轉模糊

迴轉模糊

以放射狀的方式套用動態模糊效果。

13-15
風格化濾鏡

使用頻率	風格化濾鏡具有像素置換、浮雕效果、尋找邊緣、邊緣亮光化這
★ ★ ☆	些強調輪廓的濾鏡。

▌邊緣亮光化（濾鏡收藏館）

　　偵測影像的輪廓，再套用霓虹燈發亮的效果。邊緣寬度可設定霓虹燈輪廓的粗細，數值介於 1～14 之間。邊緣亮度可設定輪廓的亮度，數值介於 0～20 之間。平滑度可設定輪廓的平滑度，數值介於 1～15 之間。數值愈大，輪廓就愈模糊。

套用前

套用後
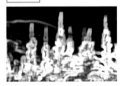

▌其他風格化濾鏡

浮雕
讓影像的輪廓，變成凸起或凹下的浮雕效果

曝光過度
讓亮度高於中間值的部分反轉，做出負片效果的影像

突出分割
分割影像後，再讓影像突出，模擬 3D 效果

擴散
製作隨機散佈顏色的影像

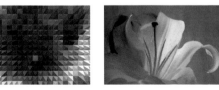

風動效果
在影像中加上細小的水平線，模擬隨風擺動的效果

錯位分割
將影像切割開來，並分散放置，建立錯位效果

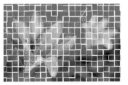

輪廓描圖
偵測對比明顯的影像輪廓，再繪製細線

尋找邊緣
只偵測輪廓，在白色背景，以深色線條描繪影像邊緣

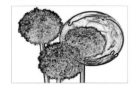

13-16
演算上色濾鏡

| 使用頻率 ★★☆ | 演算上色濾鏡中，內建了火焰、雲朵、纖維、光源效果、…等特殊濾鏡。 |

火焰濾鏡

會依照在影像上繪製的路徑套用**火焰視窗**中設定的火焰。火焰的種類、長度、間隔、重複播放的間隔、火焰的線條、隨機程度、火舌多寡、不透明度、底部的對齊方式、火焰的樣式與顏色都可在視窗中指定。

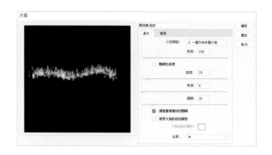

套用前

套用後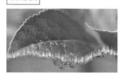

光源效果

營造聚光燈照亮的影像。內建了17 種光源樣式（可從**選項列**的**預設集**選擇）、三種光源類型以及四種屬性，可組合出各種光源效果。此濾鏡只能在 RGB 模式下使用。

新增點光　新增聚光　新增無限光

重設目前光源

移動聚光點

亮度的強度　　長度與寬度的縮放

其他演算上色濾鏡

纖維
利用前景色與背景色在原始影像上建立纖維圖案

圖片框
繪製指定的藤蔓外框

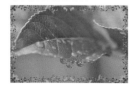

樹
設定樹木的光線、葉子量、葉子大小、樹枝高度、粗細、顏色，再配置到影像中

雲狀與雲彩效果
利用前景色與背景色繪製雲朵般的影像

反光效果
在畫面放入太陽光，營造逆光拍攝的效果

13-17
扭曲濾鏡

| | CS6 | CC | CC14 | CC15 | CC17 | CC18 | CC19 |

使用頻率

★ ★ ☆

扭曲濾鏡可賦予影像漣漪、波形、魚眼以及其他效果。

玻璃效果
模擬像透過玻璃看事物的影像

傾斜效果
製作沿著直線或曲線自由扭曲的影像

鋸齒狀
製作像是把東西丟入水中，產生漣漪的效果

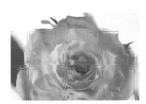

內縮和外擴
類似用手拉寬或內推的影像

扭轉效果
以影像的中心為軸，讓影像呈漩渦扭轉

海浪效果
繪製小漣漪的影像

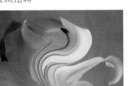

魚眼效果
模擬使用「魚眼鏡頭」所拍攝的效果

旋轉效果
讓座標互換，並在圓柱內側貼入影像的效果

擴散光暈
模擬透過柔和擴散的鏡頭濾鏡，製作讓亮部發光的影像

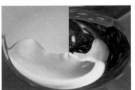

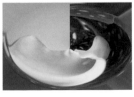

移置
將置入的圖檔(.psd)在影像上做錯位變形，改變置入的檔案，就會改變影像的呈現方式

波形效果
模擬透過水面波紋瀏覽的影像

漣漪效果
模擬透過漣漪瀏覽的影像

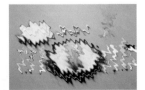

13-18
其他濾鏡

| 使用頻率 ★☆☆ | 在濾鏡→其他功能表中，還有自訂、畫面錯位可營造像素位移的效果。 |

自訂濾鏡

根據輸入的數值、位置以及各像素的亮度完成轉換的濾鏡。**縮放**可在 1～9,999 的範圍設定對比，數值愈大，亮度愈低。**畫面錯位**可設定 -9,999～9,999 的數值，數值愈大，亮度愈高。設定數值時不需填滿所有的方塊。

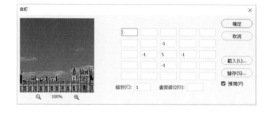

套用前

套用後

畫面錯位與其他濾鏡

在選取範圍內繪製往水平或垂直方向移動的影像。**水平**、**垂直**欄位可分別設定往水平、垂直移動的距離，設定值的範圍依影像尺寸而定。**未定義區域**可設定移動後的空白區域該如何處理，共有**設定到背景色**、**重複邊緣像素**、**折回重複**這三種選項可以選擇。

套用前

套用後

顏色快調
抑制影像內較暗部分的灰色與強調亮部

最大
讓指定範圍內的像素亮度與最亮的色階一致

最小
讓指定範圍內的像素亮度與最暗的色階一致

HSB／HSL
轉換 RGB、HSB、HSL 的色彩模式

Digimarc
以**數位浮水印**的方式在影像嵌入與讀取版權資料的濾鏡。只能在 32 位元的影像使用

14

—

列印

在 Photoshop 合成與編修後的照片，可利用印表機
列印，還可以加上出血標記、印刷邊界區域、色彩導
表、裁切標記、…等。

		CS6	CC	CC14	CC15	CC17	CC18	CC19

14-1
執行列印

使用頻率 ★★★	影像處理完成，就可以透過 Photoshop 列印照片、設計作品。在列印前，要先選擇印表機以及設定用紙、列印份數與大小、…等，才不會印錯，造成耗材的浪費。

選擇印表機

Windows 10 使用者，可從**控制台 \ 硬體和音效 \ 檢視裝置和印表機**；或是點選**開始 \ 設定 \ 裝置**，進入**印表機與掃描器**，即可選擇常用的印表機。

Mac OS 使用者，可從**系統偏好設定**的**印表機與掃描器**進入選擇。

若視窗中還沒有印表機可選用，請先新增印表機並安裝好印表機的驅動程式。

選擇要使用的印表機

執行列印

在 Photoshop 要列印開啟的影像，其步驟如下。

❶ 執行「列印」命令

要進行列印，請在開啟影像後，從檔案點選列印（Ctrl + P）。

POINT
在列印之前，請確認印表機的電源已經開啟。

POINT
在檔案功能表點選列印一份拷貝（Alt + Shift + Ctrl + P），會直接沿用上次的列印設定，不會再開啟列印視窗。

❶ 點選此命令

② 「Photoshop 列印設定」視窗

開啟 Photoshop 列印設定視窗後，在右側的欄位選擇印表機，再設定列印份數以及版面方向。

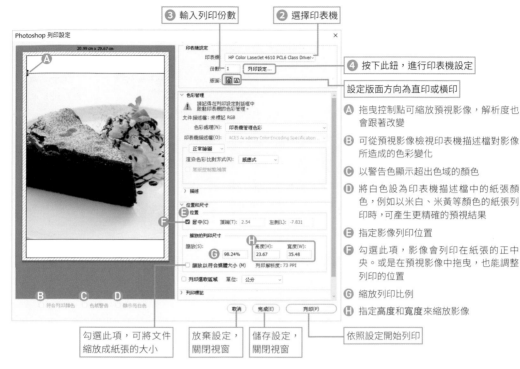

③ 輸入列印份數　　② 選擇印表機

④ 按下此鈕，進行印表機設定

設定版面方向為直印或橫印

Ⓐ 拖曳控制點可縮放預視影像，解析度也會跟著改變

Ⓑ 可從預視影像檢視印表機描述檔對影像所造成的色彩變化

Ⓒ 以警告色顯示超出色域的顏色

Ⓓ 將白色設為印表機描述檔中的紙張顏色，例如以米白、米黃等顏色的紙張列印時，可產生更精確的預視結果

Ⓔ 指定影像列印位置

Ⓕ 勾選此項，影像會列印在紙張的正中央。或是在預視影像中拖曳，也能調整列印的位置

Ⓖ 縮放列印比例

Ⓗ 指定高度和寬度來縮放影像

勾選此項，可將文件縮放成紙張的大小

放棄設定，關閉視窗

儲存設定，關閉視窗

依照設定開始列印

③ 依設定列印

按下列印設定鈕，將開啟列印喜好設定視窗。Mac 則會開啟內建的列印視窗。可設定印表機的列印方式、給紙方式、用紙大小與列印方向。

④ 確認預視與開始列印

從預視畫面確認列印的位置與狀態後，按下列印鈕，即可開始列印。

POINT

列印喜好設定視窗會因印表機的種類而顯示不同的內容。細節請參考印表機的說明書。

⑤ 按下此鈕，完成設定

14-2
印表機的選項設定

| 使用頻率 ★ ★ ☆ | 列印前,需要進行各項設定。接下來介紹色彩管理、裁切標誌、頁面資訊以及其他相關的列印設定。 |

色彩管理

想在列印時輸出與螢幕相同的顏色,就必須進行**色彩管理**的設定。不過這只能在可指定印表機與紙張種類的描述檔時使用。

使用噴墨印表機時,在**色彩處理**選擇**印表機管理色彩**通常都可正確列印。若選擇 **Photoshop 管理色彩**,就能以 Photoshop 指定的色彩管理輸出影像

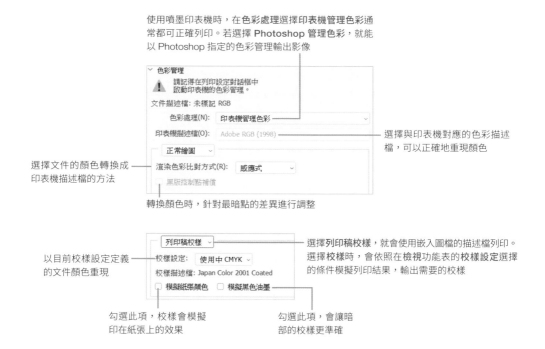

選擇與印表機對應的色彩描述檔,可以正確地重現顏色

選擇文件的顏色轉換成印表機描述檔的方法

轉換顏色時,針對最暗點的差異進行調整

以目前校樣設定定義的文件顏色重現

選擇**列印稿校樣**,就會使用嵌入圖檔的描述檔列印。選擇**校樣**時,會依照在**檢視**功能表的**校樣設定**選擇的條件模擬列印結果,輸出需要的校樣

勾選此項,校樣會模擬印在紙張上的效果

勾選此項,會讓暗部的校樣更準確

列印標記

可設定輸出時的裁切標誌、套準記號(參考下頁的圖)、描述、標籤這些與版面有關的選項。

描述

列印**檔案**功能表的**檔案資訊**的**描述**欄位。

標籤

列印檔案名稱與色版名稱。

函數

設定與輸出相關的其他功能。

膜面向下

讓印在底片或相紙感光層的影像反轉。若以一般的用紙印刷，不需要勾選這個選項。

負片

以負片的方式輸出。

背景色

從**檢色器**選擇背景色後，可在影像之外的可列印範圍填滿背景色。

套準記號　標籤　角落裁切標誌

角落裁切標誌　描述　中央裁切標誌

邊界

邊界可在影像的邊緣套用框線。若背景是單一純白的影像，加上框線會更突顯影像。

出血

出血就是影像邊緣與裁切標誌之間的距離。這個設定必須搭配勾選**角落裁切標誌**才能使用。

PostScript 選項（只有 PS 印表機可以使用）

設定與 PostScript 相關的功能。

校正列

在印刷品的側邊列印色彩導表，確保印刷校正。將 0～100% 的濃度分成每 10% 一組的灰階，再列印共 11 組的灰階。

內插補點

以 PostScript Level 2 印表機列印低解析度影像時，修正影像鋸齒的選項。

包含向量資料

影像有形狀、文字圖層這類向量資料時，連同向量資料一併列印。

補漏白設定

以分色色版套印輸出的方式列印 CMYK 色彩模式的影像時，各色版會在印刷過程產生或多或少的誤差，這種現象稱為「錯位」，如果是各色版的外框錯位，CMYK 的顏色就會變得很顯眼，若是發生在照片的話，就稱為「摩爾紋」，影像會變得不清晰。

Photoshop 為了利用單色修復這類錯位的問題，會使用讓色版擴大的方法，解決色版錯位的**補漏白**功能。

補漏白分成**擴散**與**內縮**兩種，「擴散」的方式會讓亮色色塊往背景暗色擴張，「內縮」的方式會讓背景亮色往暗色色塊的內側擴張。Photoshop 使用的是「擴散」的補漏白方式。

要設定補漏白，請從**影像**功能表點選**補漏白**，開啟**補漏白**視窗，再於**寬度**輸入補漏白的數值。有關補漏白的數值設定，最好詢問配合的印刷廠，才能得到較好的輸出結果。

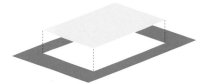

沒有補漏白

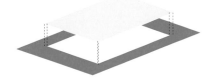

擴散補漏白

無補漏白

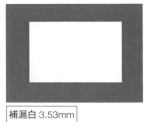

補漏白 3.53mm

TIPS　補漏白只能在 CMYK 色彩模式使用

要補漏白必須先將影像轉換成 CMYK 色彩模式。補漏白無法在 RGB 色彩模式使用。

15

—

網頁圖片、
資產與資料庫

在 Photoshop 製作的影像可儲存為網頁用格式,並
進行影像的最佳化。在 Photoshop 中將物件、顏
色、字體新增為「資料庫」,其他的 CC 應用程式就
能沿用原有的設計。
此外,本章也會說明「切片」與「資產」的使用。

15-1
在 Photoshop 轉存為網頁用格式

使用頻率	Photoshop 可將影像儲存為 JPEG、GIF、PNG 這些適合網頁用的格式。從 CC 2017 開始，檔案功能表轉存中的快速轉存、轉存為採用了新的運算法，能轉存出檔案容量更小、品質更高的圖檔（參考 15-4 頁）。
★ ★ ☆	

何謂最佳化網頁圖檔？

隨著通訊環境的進化，影像處理後的結果不僅能用於印刷，呈現在螢幕上的形式也愈來愈多。相較於印刷用的圖檔，在螢幕顯示的圖檔常會透過網路存取，所以檔案大小不能過大，以免影響傳輸速度。若想在相同的像素大小下縮小檔案容量，就應該選擇壓縮率較高的檔案格式，但以 PNG、GIF、JPEG 這類網頁圖檔格式而言，過度壓縮會導致畫質變差。

檔案大小與壓縮率，剛好呈反比關係，所以要轉存出最佳的檔案格式與壓縮率是非常重要的一環。

Photoshop 在 CC 2015 之前，執行**檔案**功能表的**儲存為網頁用**（ Alt + Shift + Ctrl + S ）命令，可一邊瀏覽多個預視畫面，一邊從多個檔案格式與壓縮率選出最佳檔案格式。

POINT

CC 2017 之後，則要執行**檔案**功能表的**轉存的儲存為網頁用（舊版）**。

▶ 切換預視畫面

儲存為網頁用視窗的上方有四個頁次標籤，可切換成**原稿、最佳化、2 欄式**與 **4 欄式**的模式。

TIPS 「最佳化」頁次

最佳化頁次不一定會顯示 Photoshop 分析後的最佳化檔案格式與壓縮率。請視為是相對於原稿的一個預視畫面，也就是**單欄畫面**的意思。

選擇預視的欄數

調整預視畫面的顯示比例

點選視窗左下角的**縮放顯示層級列示窗**，可選擇預視的比例。

在網頁瀏覽器預視

若想利用網頁瀏覽器預視，可按下**預視鈕**，開啟預設瀏覽器來瀏覽。此外，若沒有指定預設的網頁瀏覽器，可按下**預視鈕**右側的列示窗，選擇**其他**，再從視窗指定要開啟的網頁瀏覽器。

1 按下「預視」鈕

在**儲存為網頁用**視窗按下**預視鈕**。

❶ 按下此鈕

2 啟動網頁瀏覽器與顯示預視畫面

啟動網頁瀏覽器後，也會顯示預視畫面。預視畫面的下方會顯示檔案格式與 HTML 原始碼。

❷ 啟動網頁瀏覽器了

畫面下方會顯示影像的相關資訊以及嵌入影像所需的 HTML 原始碼

選擇預視與預設集

點選 **2 欄式**、**4 欄式**的預視畫面，預視的周圍就會呈現被選取的狀態。此時可從選取的預視畫面的**預設集**選擇檔案格式及畫質。

❶ 點選

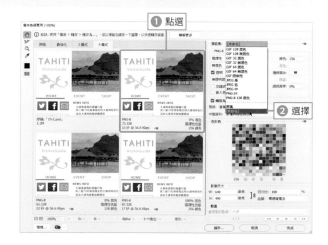

❷ 選擇

15-2
使用「轉存為」命令轉存網頁格式

使用頻率	CC 2017 之後的版本，除了儲存為網頁用命令之外，也可利用轉存為命令的新運算法，轉存畫質更精細、檔案容量更小的圖檔。
★ ★ ☆	

▌以「轉存為」命令儲存檔案

　　轉存為命令的運算方式，比起**儲存為網頁用**更進化，可以輸出檔案容量更小的 PNG、JPEG、PNG-8、GIF、SVG 格式。尤其是 JPEG 選擇較高的壓縮率時，檔案容量有時可縮減為一半。

① 選擇「轉存為」

開啟要轉存的影像，再從**檔案**功能表的**轉存**選擇**轉存為**。

POINT

在圖層面板的圖層、圖層群組、工作區域按下滑鼠右鍵，再點選**轉存為**，就能開啟該圖層或工作區域的**轉存為**視窗。

② 選擇檔案格式

開啟**轉存為**視窗後，可於右上角的**格式**列示窗選擇 **JPG**（JPEG 格式）。

POINT

選擇 **JPG** 後，會顯示**品質**列示窗。在此能以 1% 為單位設定畫質。選擇 **PNG**，會顯示透明度與較小檔案（8 位元）選項。**GIF** 則沒有可以設定的項目。

各個設定項目

轉存為視窗可設定格式、畫質、影像尺寸、重新取樣的方法、版面尺寸、中繼資料、色域這些選項。左側面板則可設定相對的「資產」尺寸以及後置字元。

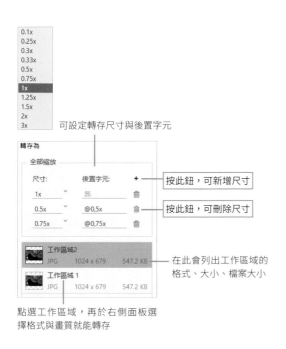

可設定轉存尺寸與後置字元

按此鈕，可新增尺寸

按此鈕，可刪除尺寸

在此會列出工作區域的格式、大小、檔案大小

點選工作區域，再於右側面板選擇格式與畫質就能轉存

快速轉存

檔案功能表中**轉存**命令下的**快速轉存為（格式名稱）**，會依照**偏好設定**的轉存頁次**快速轉存格式**的設定為主，在設定的轉存位置輸出指定的檔案格式，不需另外進行其他設定（詳細說明請參考16-5頁）。

15-3
網頁用的檔案格式介紹

使用頻率	在儲存為網頁用、轉存為視窗中，最重要的就是選擇檔案格式。檔案格式可從下拉列示窗的五種格式中做選擇。
★ ★ ☆	

▌PNG 格式（轉存為）

在**轉存為**視窗點選 **PNG** 後，勾選**透明度**將轉存為 32 位元的檔案，若勾選**較小檔案（8 位元）**選項則會轉存為 8 位元（PNG-8）的檔案。若都不選擇，則會轉存為 PNG-24 位元的檔案。

「轉存為」視窗

▌PNG 格式（儲存為網頁用）

PNG 的色彩模式分成 PNG-8 與 PNG-24 兩種。PNG-8 的特性：最多為 256 色的索引色彩以及不可逆壓縮、高壓縮率以及透明度設定。若不是照片檔，使用 GIF 格式也可以，但現在大部分網頁瀏覽器都支援 PNG，所以儲存為 PNG-8 格式能得到比較好的壓縮率。

PNG-24 可以處理全彩影像且無損壓縮，但壓縮率較高的 JPEG 格式更適合用於顯示照片檔。

「儲存為網頁用」視窗

▶ 色彩深度的減少運算規則

依照顏色數量選擇建立色彩表（最大 256 色：網頁色彩）的方法。GIF 格式也可設定。

▶ 顏色數的設定

從**顏色**下拉式列示窗設定要使用的顏色數。顏色數愈高愈接近原始影像，檔案容量也會較變大。

感應式	建立人類肉眼覺得最自然的顏色
選擇性	建立網頁色彩或維持廣泛色域的自訂色盤
最適化	依照影像最多的顏色建立指定色數的色盤
限制性	依照網頁使用的 216 色色盤呈現顏色
自訂	載入原始的色盤
黑 - 白	使用黑白雙色的色盤
灰階	使用灰階的色盤
Mac OS	使用 Mac OS 內建的 256 色
Windows	使用 Windows 內建的 256 色

顏色數：8

顏色數：32

顏色數：256

▶ 混色

設定**混色**運算規則後，就能以模擬的方式顯示色盤沒有的顏色。漸層與色調較多的照片若是設定較低的顏色數，有可能會無法正常顯示，但是使用混色處理，可顯示接近原始影像的效果。

混色處理共有**擴散**、**圖樣**、**雜訊**三種，右側的**混色**列示窗，則可設定 0～100% 的套用程度。

混色：無混色

混色：擴散

混色：圖樣

混色：雜訊

▶ 「透明」與「邊緣調合」

背景若是透明的影像，可勾選**透明**項目，讓網頁瀏覽器以透明的方式顯示。**邊緣調合**項目，則可替影像設定邊緣的顏色，讓影像的輪廓與透明部分融入背景。

勾選此項

邊緣調合：無

邊緣調合：白色

▶ 網頁靠齊

依容許度將相近的顏色靠齊網頁色盤。若要讓影像像素包含較多的網頁色彩時，可調整**網頁靠齊**的數值。

TIPS　交錯式

勾選**交錯式**選項，會以多次隔行掃描的方式載入影像。一開始會先呈現粗略的影像外觀，再慢慢清晰地顯示。即使是檔案較大的影像，也能讓瀏覽者先預覽大致的樣貌。

網頁靠齊的數值愈高，色彩表裡的網頁色彩就愈多

JPEG 格式

JPEG 是高壓縮率（畫質會劣化而且無法還原壓縮）的格式，也是目前最適合顯示照片的檔案格式。若是使用 CC 2017 之後的版本，建議使用**轉存為**命令轉存 JPEG 格式。

▶ 壓縮品質的設定

儲存為網頁用視窗，JPEG 格式的**壓縮品質**分成**低、中等、高、極高、最佳**五種，壓縮品質的設定與**品質**的數值會彼此連動。**轉存為**視窗（CC 2017 之後）則可利用數值（1～100%）指定。

GIF 格式

與 JPEG 都是網頁常用的高壓縮率檔案格式，不適合輸出像照片這種顏色數較多的影像。可設定最高 256 色（8 位元）的色彩表與顏色數，轉存後的檔案容量小。也可設定混色、透明度（透明 GIF）、交錯式的選項。

POINT

GIF 的設定項目與 PNG-8 相同，請參考 PNG-8 的說明。
PNG-8 沒有**失真**選項，GIF 可設定**失真**選項，其作用為設定檔案的壓縮（不可逆壓縮）程度。可將失真的程度壓至最低，又能讓檔案大小壓縮在 10%～50% 之間。

POINT

轉存為視窗的 GIF 格式預設採用透明度選項，沒有畫質相關的設定。

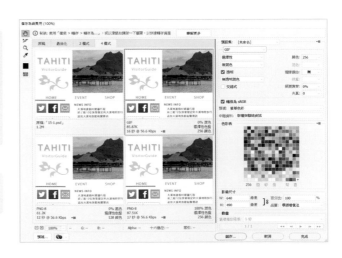

15-4
建立切片

使用頻率	Photoshop 可將影像切成多張切片，再於切片設定 URL 連結。切割成多個部分後，網頁載入影像的速度會變快，要局部更新影像時，也能針對單張切片更新，作業自然變得更有效率。
★ ☆ ☆	

▍何謂「切片」？

切片就是將單張影像切割成多張影像，在瀏覽器載入時，讓多張影像組成單張影像顯示。將網頁導覽列這類具有多個元素的單一影像切割成多張影像，再利用 HTML 的 table 標籤或樣式表在網頁上重組影像的功能就是切片。

在網頁瀏覽器無縫拼接的單張影像其實是先利用切片功能切割成很多張影像，再利用 CSS 與 table 標籤配置這些影像。

在 Photoshop 設定切片

切片區域可儲存為不同的檔案

網頁瀏覽器會利用 div、table 標籤與 CSS 將每張影像還原至相同位置

設定影像的切片區域

要建立切片只需利用**切片工具**(在裁切工具底下) ✂ 切割影像。

1 利用「切片工具」拖曳切割

要設定影像的切片區域,可先點選**切片工具** ✂,再於要轉換成切片物件的部分拖曳。如果切得不好,之後可拖曳控制點調整。

POINT

檢視功能表的顯示的**切片**可切換切片區域的可見度。

❷ 拖曳

❶ 點選此鈕

2 以切片功能分割

建立切片後,周圍的影像也會被分割成多張切片。這是因為切片影像只能以矩形配置。

顯示咖啡色控制點與外框代表切片已被選取

❸ 建立切片

選擇切片

利用**工具面板**的**切片選取工具** ✂ 點選切片,即可選取切片。選取的切片可在**選項列**進行相關設定。

❶ 點選此鈕

❷ 在切片上點選,即可選取

切片的輸出設定

切片可設定連往其他網頁的連結,也可設定 **Alt 標記**與 **target(目標)**選項。若要儲存為網頁及裝置用的檔案時,可設定切片的輸出選項。

1 設定輸出選項

要設定輸出選項,可從**檔案**功能表點選**轉存→儲存為網頁用(舊版)**,再於**儲存為網頁用**視窗按下**最佳化選擇**鈕 ▼☰,選擇**編輯輸出設定**。

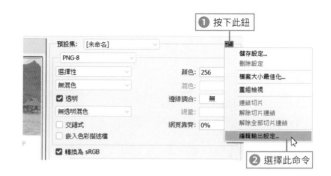

① 按下此鈕

② 選擇此命令

2 設定 HTML 的相關選項

開啟**輸出設定**視窗後,可從下拉式功能表選擇 **HTML**、**切片**、**背景**、**儲存檔案**,再分別完成相關的設定。
若選擇 **HTML** 則可設定程式碼的種類與格式。

設定以 HTML 或 XHTML 的輸出方法。若未勾選**輸出 XHTML**,可進行編碼區的格式設定

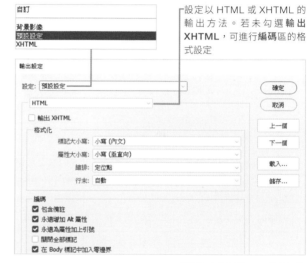

3 設定切片

接著,從下拉列示窗選擇**切片**,設定以「表格」或「CSS」的方式配置圖片,也可以指定切片的命名方式。

選擇以表格還是 CSS 配置切片

指定切片的命名方式。名稱可從列示窗中選擇或是直接在文字方塊輸入

CHAPTER 15 網頁圖片、資產與資料庫

④ 設定背景

指定以 HTML 輸出時的背景影像。

要在網頁中以影像為背景時，請選擇**影像**。
此外，若想以磁磚拼貼的方式在背景填滿影
像，可在**路徑**中指定圖檔

指定輸出切片時的檔案命名規則。名稱可從
列示窗中選擇或是直接在文字方塊輸入

⑤ 設定儲存檔案的方式

接著設定儲存檔案的方式。檔案的命
名規則、與各作業系統的相容性、影
像資料夾，都可在此設定。

檔名相容性可選擇相容的作業系統

指定在哪個資料夾儲存檔案

> **TIPS** **儲存與載入「輸出設定」**
>
> 完成**輸出設定**後，可按下**儲存**鈕存成檔案，以便日後載入使用。CC 2018 之前的版本儲存在 **Program Files → Adobe → Adobe Photoshop CC 2018 → Presets → Optimized Settings**；CC 2019 則儲存在 **Users → AppData → Roaming → Adobe → Adobe Photoshop CC 2019 → Optimized Output Settings**，儲存後也會新增至**輸出設定**視窗的**設定**列示窗中。

▍轉存切片

以**儲存為網頁用**命令轉存 Photoshop 的切片時，可同時轉存 HTML 檔案與切片影像檔案。也可在此視窗中針對每個切片區域最佳化影像。按下**儲存**鈕，開啟**另存最佳化檔案**視窗後，在**切片**欄位選擇**全部切片**再儲存檔案。

---

① 儲存檔案

開啟**另存最佳化檔案**視窗後，在**切片**
欄位選擇**全部切片**。建立新的資料夾
再儲存檔案。

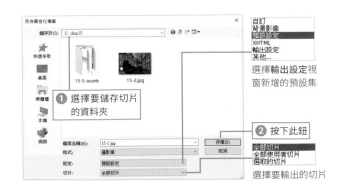

① 選擇要儲存切片
的資料夾

② 按下此鈕

選擇輸出設定視
窗新增的預設集

選擇要輸出的切片

15-5
篩選與建立「資產」

使用頻率	Photoshop CC 2014 之後，只要在圖層或圖層群組的名稱加上圖檔的副檔名，就能將圖層或圖層群組篩選為圖檔。只要記住命名規則，還能指定圖檔的大小與壓縮率。
★ ★ ☆	

▌篩選資產（assets）

在 Photoshop 的圖層名稱加上副檔名，就會在儲存 Photoshop 檔案的資料夾建立**檔案名稱 -assets** 資料夾。然後會自動以「副檔名＋圖層名稱」的檔案名稱儲存檔案。

① 「篩選」前的準備

確認 Photoshop 的**偏好設定**的**增效模組**已勾選**啟動產生器**項目（預設值為啟用）。

❶ 確認已勾選

② 新增副檔名

請在 **TAHITI** 文字圖層增加 **.png** 的副檔名。從**檔案**功能表的**產生**點選**影像資產**，就會在儲存 Photoshop 檔案的資料夾新增**檔案名稱 -assets** 資料夾，再於這個資料夾儲存名為 **TAHITI.png** 的圖檔。

❸ 新增檔案了

❷ 增加副檔名

③ 指定多個副檔名

接著以半形逗號為間隔，繼續輸入 **.jpg**、**.gif** 的副檔名。

❹ 指定多種副檔名

❺ 產生三個檔案了

④ 在 Photoshop 編輯

若在 Photoshop 變更文字圖層的顏色，輸出的圖檔也會跟著變色。

⑦ 剛剛產生的檔案也會跟著變色

TAHITI.gif　　TAHITI.jpg　　TAHITI.png

⑥ 變更文字的顏色

| TIPS | 圖層／圖層群組的命名規則 |

圖層名稱、圖層群組的名稱可套用下列的命名規則。

· 以半形逗號隔開多個「資產」。

· 要在「資產」資料夾內新增子資料再儲存，可命名為「子資料夾名稱 / 檔案名稱」。

· JPEG 圖檔的參數設定→資產名稱後面加上 1～100 的壓縮率。例如：「TAHITI.jpg50」。

· PNG 圖檔的參數設定→資產名稱後面加上 8、24、32。例如：「TAHITI.png24」。

· 指定影像大小→在檔案名稱開頭加上 px、cm、mm，再插入半形空白。例如：「70% TAHITI. png」、「20mm×3cm TAHITI.jpg50」。

· 執行從文件產生資產的預設值→在文件建立空白圖層，再以下列規則設定圖層名稱。

於指定子資料夾產生→「default [子資料夾名稱]/ 檔案名稱」

新增指定的後置字元→「default@[後置字元] 檔案名稱」

縮小 70%，再於指定的子資料夾產生→「default 70%[子資料夾名稱]/ 檔案名稱」

15-6
透過資料庫共享元件

使用頻率	將 Photoshop 的圖層物件拖曳到「資料庫」，就能新增顏色、文字、樣式與影像，這樣一來 Photoshop 或 Creative Cloud 的 Illustrator 或 Dreamweaver 也都能使用這些物件。
★ ★ ☆	

資料庫與 Creative Cloud 應用程式

Photoshop 的資料庫面板可透過登入 Adobe ID 後，將 Creative Cloud 的各種資源載入 Photoshop。以下為載入的來源：

- 從桌上型電腦的 Photoshop、Illustrator 載入。
- 從行動裝置的 Adobe Illustrator Draw、Adobe Photoshop Sketch、Adobe Color CC、Adobe Shape CC、Adobe Brush CC 以及其他應用程式載入。
- Creative Cloud Market 的資料。

此外，資料庫還可以載入顏色、文字樣式、筆刷、圖層樣式、圖形這類資產，再於各個應用程式的資料庫面板顯示。

新增資料庫與項目

請執行視窗功能表的資料庫開啟資料庫面板，在此我們要新增資料庫與資產。

1 選擇「建立新資料庫」

開啟資料庫面板後，會看到我的資料庫已經建立。點選我的資料庫後，再點選建立新資料庫。
輸入 TAHITI_Lib，再按下建立鈕。

2 拖曳文字圖層

利用移動工具將範例左上角的 TAHITI 拖曳到資料庫，新增為圖形。

③ 新增樣式

按下**資料庫**面板的**新增內容鈕** ＋ ，
從面板選擇要增加的項目，剛剛拖曳
進來的文字 LOGO 屬性就會新增至
資料庫面板。

⑧ 選擇這些

⑦ 按下此鈕　**⑨ 按下此鈕。CC 2019 直接點選要加入的項目，沒有新增鈕**

文字色彩

字元樣式

圖層樣式

圖形

---

④ 套用樣式

讓我們試著將新增至資料庫的色彩
與圖層樣式套用至 LOGO 下方的形
狀。在**圖層**面板選擇形狀圖層，再點
選**資料庫**面板的色彩與圖層樣式。

⑩ 在指定圖層的物件套用顏色

在 Illustrator 套用樣式

　　Photoshop **資料庫**面板的資產也可在其他 Creative Cloud 的桌上型電腦版軟體使用。這次我
們試著將資產套用在 Illustrator 的物件上。

---

① 套用樣式

請啟動 Illustrator。務必以 Adobe
ID 登入。開啟 Illustrator 的**資料庫**
面板，點選列示窗後，可看到在
Photoshop 新增的 **TAHITI_Lib**。請
選擇該資料庫。

① 在 Illustrator 選擇資料庫

2 配置圖形

從 Illustrator 的資料庫拖曳圖形到工作區。

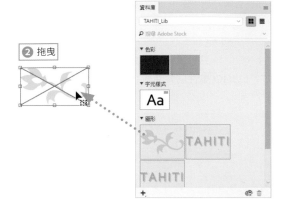

3 編輯原稿

在物件為選取的狀態下，按下 Illustrator **控制**列的**編輯原稿**鈕，即可開啟 Photoshop 編輯形狀。在 Photoshop 中編輯形狀後，Illustrator 的資料庫資產也會套用編輯結果。

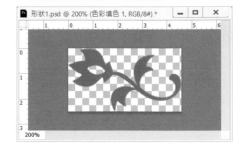

行動裝置上的 Creative Cloud 應用程式

iOS 系統的 iPad 專用的 Photoshop Fix（影像處理軟體）、Adobe Photoshop Mix（照片合成軟體）、Adobe Draw、Adobe Line、Adobe Sketch、Adobe Color、Adobe Shape、Adobe Brush（筆刷自訂軟體）都是免費的軟體。可透過 Creative Cloud 與資料庫分享資產。只要有 Adobe ID 就能與桌上型電腦版的 Photoshop 分享資料，提升作業效率。

16

偏好設定、色彩設定

若希望 Photoshop 使用起來更順手,建議進一步完成各種偏好設定。此外,快速鍵、功能表、工具也都可以自訂成自己喜歡的樣式。

CS6	CC	CC14	CC15	CC17	CC18	CC19

16-1
Photoshop 的偏好設定

使用頻率
★ ★ ★

為了方便在 Photoshop 進行各項作業，一開始可在編輯功能表的偏好設定打造方便操作的環境。Mac 使用者可在 **Photoshop** 功能表的偏好設定完成相同的設定。

「一般」偏好設定

一般偏好設定，可進行與 Photoshop 整體有關的環境設定。像是檢色器、影像內插補點、檔案自動更新、置入影像時重新調整影像尺寸，或是否使用舊版的新增文件介面。

> **TIPS** 切換頁次標籤的快速鍵
>
> Ctrl + 1 一般
> Ctrl + 2 介面
> Ctrl + 3 工作區
> Ctrl + 4 工具
> Ctrl + 5 步驟處理
> Ctrl + 6 檔案處理
> Ctrl + 7 轉存
> Ctrl + 8 效能
> Ctrl + 9 暫存磁碟
> Ctrl + 0 游標
> （CC 2017～CC2019 的版本）

▶ **檢色器**

檢色器有 **Adobe**（預設值）與 **Windows** 這兩種格式可以選擇。

> **TIPS** 偏好設定視窗的快速鍵
>
> 按下 Ctrl + K 可開啟偏好設定視窗的一般索引標籤。Ctrl + Alt + K 可開啟前次使用的視窗。
> 啟動 Photoshop 立刻按下 Shift + Alt + Ctrl，可讓偏好設定還原為預設值。

▶ HUD 檢色器

HUD 檢色器是在選取填色系列的工具時，以快速鍵呼叫的檢色器（必須在**偏好設定**啟用 OpenGL）。按下 `Alt` + `Shift` + 滑鼠右鍵（Mac 為 `control` + `option` + `⌘` +點選）可開啟 **HUD 檢色器**。在**偏好設定**視窗可從列示窗選擇 HUD 檢色器的形狀與大小。

HUD 檢色器

色相綠 (小)
色相綠 (中)
色相綠 (大)
色相輪 (小)
色相輪
色相輪 (中)
色相輪 (大)

▶ 影像內插補點

調整影像解析度（參考 3-2 頁）或是縮放與變形影像時，影像的像素數量會產生變化，此時可利用影像內插補點方式設定像素是否與其他像素整合或是置換。

- Ⓐ 最接近像素 (保留硬邊)
- Ⓑ 縱橫增值法
- Ⓒ 環迴增值法 (最適合用於平滑漸層)
- Ⓓ 環迴增值法–更平滑 (最適合用於放大)
- Ⓔ 環迴增值法–更銳利 (最適合用於縮小)
- Ⓕ 環迴增值法 (自動)

Ⓐ 轉換速度最快，但是畫質劣化的程度也最明顯。縮放、變形之後，影像的鋸齒會變得非常明顯

Ⓑ 這是平均周邊像素，得到標準畫質的方法，但與環迴增值法相比，畫質劣化的程度還是很明顯

Ⓒ 處理速度雖慢，精確度卻比較高，能讓漸層的顏色變得更平順

Ⓓ 適合用於增加像素數的情況，能得到平滑的結果

Ⓔ 就算是以**銳利化**縮小影像，也能保持細節

Ⓕ 這是預設的影像內插補點方法。雖然得花較長時間處理，卻也是畫質劣化最不明顯的方法。產生像素時，會依照 Photoshop 的演算法從周邊的像素產生新像素

▶ 選項

選項
- Ⓐ ☐ 自動更新開啟的文件(A)
- Ⓑ ☑ 沒有檔案開啟時顯示「開始」工作區(S)
- Ⓒ ☐ 使用舊版「新增文件」介面(L)
- Ⓓ ☐ 置入時略過變形(K)

- Ⓔ ☐ 完成時發出嗶聲(D)
- Ⓕ ☑ 轉存剪貼簿(X)
- Ⓖ ☑ 置入時重新調整影像尺寸(G)
- Ⓗ ☑ 當置入時永遠建立智慧型物件(J)

Ⓐ 自動開啟非 Photoshop 更新的檔案（預設值為停用）

Ⓑ 沒有開啟檔案時，就顯示開始工作區。CC 2019 此選項名稱為「停用首頁」

Ⓒ 使用 CC 2017 版之前的「新增文件」介面

Ⓓ 置入檔案時，是否略過變形

Ⓔ 若啟用這個選項，Photoshop 的進度列關閉時會發出嗶聲（預設值為停用）

Ⓕ 啟用此選項時（預設值），會在關閉 Photoshop 時，將 Photoshop 複製的內容轉存至 Windows 系統的剪貼簿。若是停用，就不會轉存至剪貼簿

Ⓖ 啟用這個選項後，會根據置入位置的大小貼入影像，可避免影像的輪廓變成鋸齒狀

Ⓗ 在文件中置入檔案時，是否都以「智慧型物件」的方式置入

「介面」偏好設定

顏色主題、螢幕模式的顏色、邊界、介面字體的顯示方式都可在此設定。

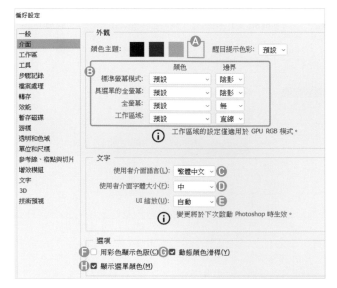

Ⓐ 設定 Photoshop 操作介面的顏色主題

Ⓑ 各螢幕模式、工作區域的背景色與邊界。螢幕模式請參考 2-5 頁的說明

Ⓒ 設定使用者介面語言

Ⓓ 設定使用者介面字體大小

Ⓔ 設定 Photoshop 的介面顯示比率。若設定為 200%，Photoshop 的介面有可能會超出螢幕，設定時請務必小心

Ⓕ 啟用這個選項，各色版會以彩色顯示

Ⓖ 依照顏色滑桿顯示顏色

Ⓗ 設定是否顯示功能表的背景色

「工作區」偏好設定（CC 2017 及之後的版本）

設定面板、頁次標籤、選項列的顯示方法。

Ⓐ 點選 Photoshop 內的其他位置，會自動將面板縮小為圖示

Ⓑ 啟用此項，當按下 Tab 鍵隱藏兩側的面板時，滑鼠游標移到隱藏的區域，即會顯示面板

Ⓒ 以頁次標籤的方式開啟新文件，拖曳標籤即可分離的視窗

Ⓓ 與其他視窗或頁次標籤合併

Ⓔ 設定頁次標籤的高度

選項
- Ⓐ ☐ 自動收合圖示面板(A)
- Ⓑ ☑ 自動顯示隱藏的面板(H)
- Ⓒ ☑ 以標籤方式開啟新文件(O)
- Ⓓ ☑ 啟用浮動文件視窗固定(D)
- Ⓔ ☑ 大型標籤(L)
- ☐ 根據作業系統設定對齊 UI

縮窄
- ☐ 啟用縮窄選項列

「工具」偏好設定（CC 2017 及之後的版本）

設定工具、點擊操作、捲動與縮放、……等設定。

Ⓐ 當滑鼠游標移到工具上就顯示工具名稱

Ⓑ 是否啟動觸控手勢

Ⓒ 是否利用 Shift 或快速鍵切換工具

Ⓓ 允許拖曳捲軸時，超過視窗標準邊界的捲動

Ⓔ 啟用此項，可利用**手形工具** 輕觸平移影像

Ⓕ 使用 CC 2017 版之前的**修復筆刷運算規則**

Ⓖ 若勾選此項，雙按圖層遮色片，就啟動**選取並遮住**工作區

Ⓗ 顯示 HUD 檢色器後，垂直移動可改變圓形筆刷硬度

Ⓘ 讓向量工具與變形靠齊像素格點

Ⓙ 變形影像時，是否在游標附近顯示變形數值，並可設定顯示位置

選項
- Ⓐ ☑ 顯示工具提示(T)
- ☐ 使用豐富媒體工具提示
- Ⓑ ☑ 啟動手勢
- Ⓒ ☑ 使用 Shift 鍵切換工具(U)
- Ⓓ ☐ 過度捲動
- Ⓔ ☐ 啟用輕觸平移(F)
- Ⓕ ☐ 在修復筆刷上使用舊版修復運算規則
- Ⓖ ☐ 按兩下圖層遮色片會啟動「選取並遮住」工作區
- Ⓗ ☑ 根據 HUD 垂直移動改變圓形筆刷硬度
- Ⓘ ☑ 將向量工具與變形靠齊至像素格點
- Ⓙ ☐ 顯示變形值(V)： 右上 ∨

「步驟記錄」偏好設定（CC 2017 及之後的版本）

設定步驟記錄的儲存位置與記錄項目。**中繼資料**可將步驟記錄嵌入圖檔。選擇**文字檔案**可按下**選項**鈕指定儲存位置。**編輯記錄項目**的**僅限工作階段**會在 Photoshop 啟動與結束時記錄檔案名稱，不記錄編輯資訊。**簡要**則除了記錄工作階段資訊，也記錄於步驟記錄顯示的文字。**詳細**則除了記錄**簡要**的內容，也記錄在**動作**面板顯示的文字。

「轉存」偏好設定（CC 2017 及之後的版本）

設定快速轉存格式、轉存位置、中繼資料與色域。（參考 15-5 頁說明）

Ⓐ 選擇轉存格式

Ⓑ 點選 PNG 才可設定這裡的選項。點選 JPG 則可設定畫質

Ⓒ 執行**快速轉存**時，在視窗指定儲存位置

Ⓓ 執行**快速轉存**時，在目前文件的所在位置儲存檔案

Ⓔ 執行**快速轉存**時，是否包含中繼資料

Ⓕ 啟用此項後，會在轉存時轉換成 sRGB 色域

「效能」偏好設定

效能可指定記憶體、步驟記錄與快取、是否使用圖形處理器。這裡的設定會影響 Photoshop 的處理速度。

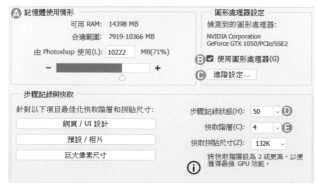

Ⓒ 圖形處理器的使用率以及處理速度的設定

Ⓐ 記憶體使用情形：可設定 Photoshop 的可用記憶體。變更設定後，請重新啟動 Photoshop

Ⓑ 勾用此項後，可使用旋轉檢視工具、鳥瞰縮放、像素格式、輕觸平移、拖曳縮放、HUD 檢色器和豐富游標資訊、取樣環（滴管工具）、版面上調整筆刷尺寸、毛刷尖預視、最適化廣角、光源效果、……等

Ⓓ 設定**步驟記錄**面板可回溯的步驟數量

Ⓔ 將影像存至快取記憶體，提升重新顯示的速度。可輸入 1～8 的整數，數值愈大，快取層級愈高，快取容量也愈高

「暫存磁碟」偏好設定

暫存磁碟可指定 Photoshop 使用的記憶體來自哪個暫存磁碟。

勾選當成暫存磁碟使用的磁碟。磁碟 1 預設是 Windows 系統的磁碟。若需要處理大型檔案，建議指定為速度較快的磁碟

「游標」偏好設定

設定滑鼠游標的形狀以及筆刷預視的顏色。

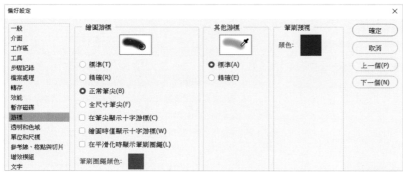

▶ 繪圖游標

設定使用橡皮擦工具 ✿、鉛筆工具 🖊、筆刷工具 🖊、仿製印章工具 📷、圖樣印章工具 📷、指尖工具 🖐、模糊工具 💧、銳利化工具 △、加亮工具 🔍、加深工具 👁、海綿工具 🖌 時的滑鼠游標。

設為**標準**將顯示與工具圖示相同的滑鼠游標。設為**精確**，滑鼠游標將轉換成十字形狀，適合需要精準繪圖的情況。**全尺寸筆尖、在筆尖顯示十字游標、在繪圖時僅顯示十字游標**這些選項可根據**筆刷設定**面板所設定的滑鼠游標大小顯示。

▶ 其他游標

可設定**矩形選取畫面工具** ⬚、**套索工具** ◯、**多邊形套索工具** ⬠、**魔術棒工具** 🪄、**裁切工具** ⬚、**滴管工具** 🖊、**筆型工具** ✒、**油漆桶工具** 🪣 的滑鼠游標形狀。設為**標準**將顯示與工具圖示相同形狀的滑鼠游標。**精確**可如圖中的滑鼠游標進行細膩的操作。

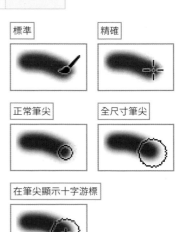

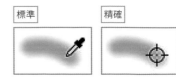

「透明和色域」偏好設定

可設定透明部分的格點尺寸、格點顏色以及色域警告的顏色。

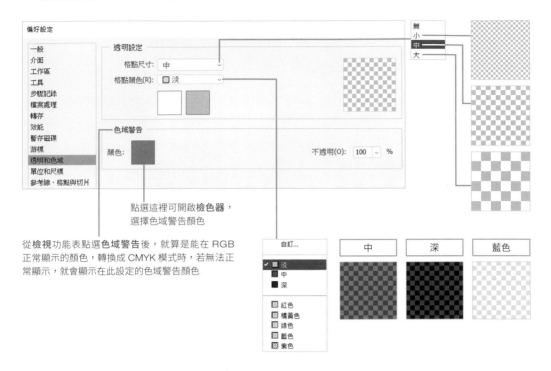

點選這裡可開啟**檢色器**，
選擇色域警告顏色

從**檢視**功能表點選**色域警告**後，就算是能在 RGB
正常顯示的顏色，轉換成 CMYK 模式時，若無法正
常顯示，就會顯示在此設定的色域警告顏色

「單位和尺標」偏好設定

設定尺標的單位、新增文件時的解析度預設集、欄線尺寸、間距、Point/Pica 的大小。

Ⓐ 選擇尺標與文字的單位。

Ⓑ 設定**新增文件**視窗的**預**
設集的列印用與螢幕用
的預設解析度

Ⓒ 以**檔案**功能表**開新檔案**
新增文件時，可在影像
的**寬度**選擇欄。選擇欄
後，就會套用在此設定
的寬度與間距，替新文
件設定對應的欄線大小

Ⓓ 要在 DTP 排版軟體中
使用 PostScript 印表機
時，可選擇 **PostScript**

「參考線、格點與切片」偏好設定

可設定**參考線**、**智慧型參考線**、**格點**、**切片**的參考線顏色與樣式。格點還可設定間區與細塊。

「增效模組」偏好設定

可設定啟動產生器、遠端連線、濾鏡、延伸功能面板。

Ⓐ 啟用產生圖形資產的產生器

Ⓑ 利用無線網路連接與 Photoshop 有關的程式

Ⓒ 勾選此項，會在**濾鏡**功能表顯示所有濾鏡收藏館的名稱。若是停用，只會顯示**濾鏡收藏館**

Ⓓ 啟用後，允許延伸功能連接到網際網路更新內容

Ⓔ 啟用後，會在 Photoshop 啟動時載入**延伸功能**面板

「文字」偏好設定

可設定**智慧型引號**、**以英文顯示字體名稱**、**字體預視**這類與**字元**面板有關的設定。

Ⓐ 以**文字工具**輸入文字時，是否使用左右引號

Ⓑ 啟用後，若是在開啟文件時找不到字體，就會換成適當的字體

Ⓒ 以英文顯示字體名稱

Ⓓ 指定東亞或中東、南亞的文字引擎

「3D」偏好設定

可設定 3D 使用的記憶體、演算的相關選項、3D 覆蓋的顏色、格點、光跡追蹤的臨界值與相關設定。

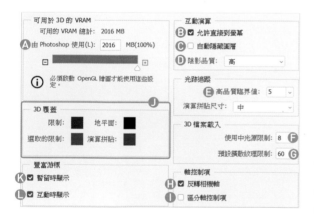

Ⓐ 設定在 Photoshop 使用 3D 時的記憶體

Ⓑ 使用 GPU 顯示卡直接在畫面繪製像素。可讓 3D 互動變得更快速

Ⓒ 除了目前操作的 3D 圖層外，隱藏所有圖層

Ⓓ 設定演算時的陰影品質

Ⓔ **3D** 面板的畫質設定為**光跡追蹤**時，定義演算品質的臨界值

Ⓕ 載入 3D 檔案時的使用中光源限制以及擴散紋理限制

Ⓖ 若沒有擴散紋理限制，就設定為自動產生為材質的擴散紋理限制

Ⓗ 反轉相機與預視的座標軸

Ⓘ 讓合併的座標軸各自分離。若停用此選項，座標軸將合併

Ⓙ 設定 3D 覆蓋的光源、限制、拼貼的參考線顏色

Ⓚ 滑鼠游標移入 3D 物件後，顯示相關資訊

Ⓛ 以滑鼠操作 3D 物件時，顯示相關資訊

「技術預視」偏好設定

可試用未達 Photoshop 實用等級的新功能。

16-2
自訂快速鍵、功能表、工具列

使用頻率

★ ★ ☆

我們可以替常用的功能命令自訂快速鍵,也可以隱藏不需要的功能表,或是替功能表設定顏色。從 CC 2017 版之後就能自訂工具面板。

替常用的功能表命令設定快速鍵

編輯功能表的**鍵盤快速鍵**可替功能表命令及工具設定更順手的快速鍵組合。選擇要變更的快速鍵,再輸入實際使用的按鍵。變更後的快速鍵還可另存為新的組合。

點選快速鍵,文字就會反白標示,此時即可按下實際使用的快速鍵完成設定

ⓘ 編輯鍵盤快速鍵:
1) 按一下「新增組合」按鈕,建立選取組合的拷貝或選取要修改的組合。
2) 按一下「快速鍵」欄中的指令,並按下要指定的鍵盤快速鍵。
3) 編輯結束後請儲存組合,將所有做過的更改儲存起來。

自訂功能表

編輯功能表的**選單**([Alt] + [Shift] + [Ctrl] + [M])可設定功能表是否顯示,也可替功能表設定顏色。點選**可見度鈕** 👁 即可設定功能表是否顯示。顏色可從下拉式列窗中選擇。

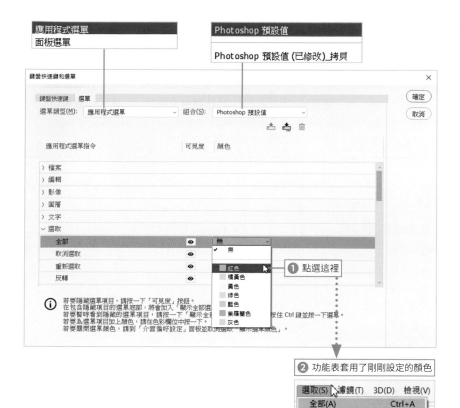

應用程式選單
面板選單

Photoshop 預設值

Photoshop 預設值 (已修改)_拷貝

① 點選這裡

② 功能表套用了剛剛設定的顏色

若不想顯示顏色,可
在偏好設定的介面取
消顯示功能表顏色

自訂工具列(CC 2015 版之後)

編輯功能表的**工具列**可設定要隱藏哪些不常用的工具。將左側的工具拖曳到右側的**輔助項目工具**,即可隱藏該工具。此外,也可以設定**前景色 / 背景色、遮色片工具、顯示螢幕模式**這些工具是否顯示。

拖曳到輔助項目工
具就能隱藏該工具

16-3
顏色設定與 CMS（色彩管理策略）

使用頻率

★ ☆ ☆

Photoshop 可使用 Photoshop 自訂的色彩管理策略，也可使用 ICC 制定裝置間色彩轉換的色彩管理策略。Photoshop 的 RGB、CMYK、灰階的色域都可於顏色設定定義。

顏色設定

點選**編輯**功能表的**顏色設定**（Ctrl + Shift + K），即可開啟**顏色設定**視窗，在此可設定 RGB、CMYK、灰階的顏色。此外，在 Adobe Bridge 設定顏色後，可透過 Creative Cloud 套用一致的設定（參考 16-15 頁說明）。

POINT

使用中色域可在沒有指定色彩管理策略時，指定顏色轉換的方式。

預設集的選擇

Photoshop 為了能在網頁製作或商業印刷這類作業產生固定的顏色，內建了許多相關的設定。點選最上面的**設定**列示窗，即可從中選擇各種預設集，各設定值也將自動完成設定。若要商業印刷請選擇**日本印前作業 2**，再於**色彩管理策略**選擇是否嵌入描述檔。

Ⓐ 適合一般螢幕顯示與印刷品使用的設定。不會顯示色彩描述檔的警告

Ⓑ 適合四色印刷的設定。會保留 CMYK 的值，也會視情況顯示色彩描述檔的警告

Ⓒ 適合網頁這類非印刷品的內容使用。RGB 將轉換成 sRGB

Ⓓ 設定雜誌廣告基準色彩（JMPA 色彩）對應的顏色

Ⓔ 適合在影片或螢幕顯示的內容

Ⓕ 專為報紙印刷使用的設定

使用中色域

使用中色域的內容是在 Photoshop 顯示或編輯影像時，預設使用的描述檔，定義了各種色彩模式的預設色域。設定預設集，會自動定義這些色彩模式。

▶「RGB」使用中色域

RGB 可指定在螢幕顯示 RGB 影像時的描述檔。例如選擇 **Adobe RGB(1998)**，RGB 影像就會使用 **Adobe RGB(1998)** 的色域顯示。

幾乎可顯示完整的 RGB 色域。適合列印色彩廣泛的作品。

呈現 Macintosh 的 13 吋螢幕特性的色域。
若要使用 Photoshop 4.0 之前的設定，可選擇這個色域。

可呈現 Windows 環境常使用的螢幕特性。
適用於各方使用者瀏覽的網頁。

▶「CMYK」使用中色域

CMYK 可設定將 RGB 色彩轉換成 CMYK 四色時的方式。理論上，印刷色只需要 CMY 三種色版就能混出所有顏色，但是加入黑色油墨，以四個版的方式印刷則是常態。

商用印刷可設為 **Japan Color 2001 Coated**（銅版紙）、**Japan Color 2001 Uncoated**（非銅版紙）、**Japan Color 2002 NewsPaper**（報紙印刷）、**Japan Web Coated**（滾筒印刷機）。選擇**自訂 CMYK** 可如下一頁的說明設定 CMYK 分版的方式。

在**設定預設集**選擇**日式印前作業 2**，就會自動選擇 **Japan Color 2001 Coated**

TIPS　**關於色彩管理**

在不同的螢幕顯示同一台掃描器掃描的原稿時，會發生顏色不一致的現象。**色彩管理策略**（CMS）就是比較顏色產生時的色域與輸出時的色域，讓各種裝置能顯示與輸出相同顏色的校正系統。

Photoshop 的色彩管理策略流程是根據 ICC(International Color Consortium) 的規範制定，若要採用色彩管理策略，就必須統一輸入、顯示（螢幕）、輸出的裝置與描述檔。因此，如果無法統一上述裝置就使用色彩管理策略，有可能會造成輸出時的問題，此時就不建議採用色彩管理策略。

自訂 CMYK

要自訂 CMYK 的油墨特性、顏色分色設定，可從 **CMYK** 下拉列示窗選釋**自訂 CMYK**。

這裡的設定必須具備專業知識才能完成，否則不僅毫無意義，更有可能產生額外的問題。建議大家諮詢具備專業知識的印刷業者再行設定。

▶ 油墨選項

油墨選項的預設值為 **SWOP（Coated）** 這種可輸出高品質分色結果的設定。油墨的特性會因為用紙而產生微妙的變化，所以知道使用的用紙與環境之後，可在此選擇適當的特性。

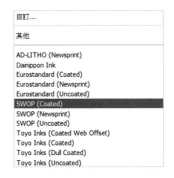

網點擴張是油墨被用紙吸收時的滲透與渲染方式。換言之，在檔案上的網點與實際印刷時的網點之間的差距就是網點擴張。這個值與**油墨選項**選擇的項目連動。

▶ 分色選項

分色選項是 RGB 轉換成 CMYK 時使用的設定。換言之，就是將 RGB 這三個參數轉換成 CMYK 這四個參數的設定。

分色方式共有 **GCR**（Gray Component Replacement）與 **UCR**（Under Color Removal）這兩種可以選擇。GCR 會將無色彩的顏色與影像裡的灰色、接近灰色的顏色全部置換為 K 色版。UCR 會將影像裡不具飽和度的部分（C、M、Y 的量為相同範圍）置換成 K 色版。只需要少量的油墨就能讓陰影加深。預設值為 GCR。

黑版產生可將黑版的套用程度設定為**無**、**輕微**、**中等**、**厚重**、**最大**。選擇之後，右側的灰階曲線圖就會產生變化。通常設定為**中等**，但如果只想讓黑色分在黑版裡，可設定為**最大**。

黑版油墨限量是在黑版為 100% 的情況下，限制油墨用量的設定。

全部油墨限量則是在 CMYK 全都為 100% 時，限制油墨用量的設定。Japan Color 2001 Coated 會使用 300% 的限制。

底層色彩增加量這部分的設定請詢問專業人士。

色彩管理策略

色彩管理策略可在開啟含有描述檔的影像時，指定要啟用或移除描述檔。

Ⓐ 載入顏色資料或是開啟的顏色資料不使用色彩管理策略

Ⓑ 需要同時處理內嵌描述檔以及未內嵌描述檔的資料時，可選擇這個選項。這個設定會在開啟檔案時保留描述檔

Ⓒ 所有資料使用目前的色域

Ⓓ 勾選**開啟時詢問**，就會在開啟檔案時，顯示確認的視窗

Ⓔ 勾選**貼上時詢問**，在貼上與拖曳時，若描述檔不一致就會顯示視窗

TIPS | **Adobe Bridge 的顏色設定**

在 Adobe Bridge 的**編輯**功能表點選**顏色設定**，就能讓 Creative Cloud(Photoshop、Illustrator、InDesign、Dreamweaver)採用相同的顏色設定。透過 Bridge 存取資料可保持顏色的一致性。若未同步時，各應用程式的**顏色設定**視窗會顯示未同步的警告。

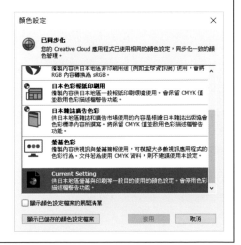

TIPS ## Creative Cloud 檔案與在 Photoshop Mix 編輯

利用 Adobe ID 登入 Adobe Creative Cloud 後，除了可使用相關的應用程式，還可在 Creative Clooud 的軟體分享檔案與字體。 點選**開啟資料夾**就能顯示 Creative Cloud 的 資料夾分享檔案。

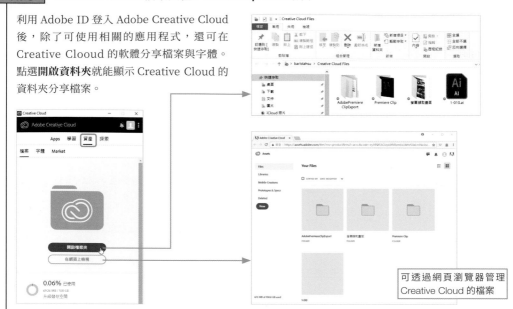

可透過網頁瀏覽器管理 Creative Cloud 的檔案

Windows（檔案總管）、Mac OS（Finder）左側的 **Creative Cloud Files** 資料夾裡的所有檔案都會在登 入 Creative Cloud 時同步更新，讓每一台 PC 都能存取，如果檔案有所變動，也會自動同步更新。 iPad 版與 iPhone 版的 Photoshop Mix 影像編輯軟體目前是以免費的方式提供。Photoshop Mix 可 載入 Creative Cloud 的檔案與進行簡單的編輯。編輯結果可儲存至 Creative Cloud 資料庫或是傳送給 Photoshop CC。

在 Photoshop Mix 載入影像與編輯

在 Photoshop Mix 編輯後， 於 CC 資料庫儲存

PC 的 Creative Cloud 檔案也會更新

此外，使用 Adobe 免費提供的應用程式 PS Express 加工，可製作拼貼影像，使用 Photoshop Fix 則可後製與還原照片。

混合模式一覽表

圖層彼此重疊或是利用筆刷繪圖、填色以及在某個影像上面覆蓋其他影像時。上下像素彼此之間的關係就稱為**混合模式**。這次要示範的是在具有兩個圖層時，變更上方圖層的混合模式會有什麼結果。

■ 正常

直接顯示上方圖層或筆刷的前景色。新增圖層或以筆刷填色時，都採用這個預設值。

■ 溶解

在消除鋸齒的部分套用溶解效果。假設**不透明度**低於 100%，就會依照不透明度的設定隨機套用溶解效果。圖中是不透明度 70% 的結果。

■ 下置

下置不會在圖層合成時使用，只會在圖層因為筆刷或填色而產生透明部分時，在透明部分套用。圖中套用的是筆刷。

■ 清除

可在筆刷工具、填滿、筆畫命令、油漆桶工具使用的混合模式。套用的部分會變成透明。

■ 變暗

於每個色版比較基本色與合成色，再顯示較暗的顏色。

■ 色彩增值

下方的基本色像素與上方的像素混合，讓影像變暗。像是底片重疊之後，影像變暗的感覺。

■ 加深顏色

根據各色版的顏色資訊，讓下方的基本色變暗，再與上方的合成色合成，調整色調與明度。

■ 線性加深

根據各色版的顏色資訊讓基本色變暗，亮度變低，顯示合成色。若以白色合成，則不會有任何改變。

■ 顏色變暗

比較所有色版的合計值，顯示合計值較低的那方。

■ 變亮

比較每個色版的基本色與合成色之後，顯示較亮的顏色

■ 濾色

與**色彩增值**效果相反。下方基本色像素的反轉色與上方像素的反轉色混合。若上方的像素為白色就變成白色，黑色沒有變化。

■ 加亮顏色

根據各色版的顏色資訊，讓下方的基本色變亮，再於上方的合成色合成，藉此調整色調與明度。

■ 線性加亮（增加）

根據各色版的顏色資訊讓基本色變亮，增加影像亮度再反映合成色。若以黑色合成，則不會有任何變化。

■ 顏色變亮

比較所有色版的合計值，顯示值較高的一方。

■ 覆蓋

當下方基本色的明亮超過51% 就採用色彩增值混合模式，低於 50% 則採用濾色混合模式。

■ 柔光

合成色（上方圖層）比 50%的灰階還亮，就以相同顏色調亮，若亮度低於 50% 灰階，則以相同顏色仿照加深工具調暗。

■ 實光

合成色（上方圖層）比 50%的灰階還亮，就套用濾色混合模式，若亮度低於 50%灰階就套用色彩增值模式。

■ 強烈光源

依照合成色增減對比度，加深或加亮顏色。

■ 線性光源

依照合成色增減亮度，加深或加亮顏色。

■ 小光源

依照合成色置換顏色。

■ 實色疊印混合

比較合成色與基本色，再依照兩種顏色的明度調整基本色。

■ 差異化

比較每個色版的基本色與合成色，讓較亮的像素減掉較暗的像素，再呈現這個差異。

■ 排除

基本上與差異化的效果相同，但感覺比較柔和。

■ 減去

根據各色版的資訊從基本色減掉合成色。

■ 分割

根據各色版的資訊以合成色除以基本色。

■ 色相

讓合成色的色相與基本色的明度、飽和度比對，再顯示結果。

■ 飽和度

讓合成色的飽和度與基本色的明度、色相比對，再顯示結果。

■ 顏色

讓合成色的色相、飽和度與基本色的明度比對，再顯示結果。

■ 明度

讓合成色的明度與基本色的色相、飽和度比對，再顯示結果。

本書使用的範例照片請在 Photoshop 中開啟，一邊參考本書的解說一邊操作。此外，部分圖片因為著作權無法收錄，敬請見諒。

本書的範例圖片都符合 Creative CC 授權（Creative Commons Licenses），使用下列著作者的照片進行加工與編輯。Creative CC 授權的內容請參考下列網址。

http://creativecommons.jp/licenses/

https://creativecommons.org/licenses/?lang=zh_TW

此外，範例檔案的檔案名稱並非 Creative CC 授權提供的原始檔名，有些已依照章節做變更，影像也已經過加工或重新取樣。

著作權	檔案名稱	URL	出現章節
©Fung0131	26308390642_f51d9037b8_k.jpg	https://flic.kr/p/G5MnY7	Chap1、2、4、5、6、9、13
©Nicolas Buffler	7148903857_456fd63f32_o.jpg	https://flic.kr/p/bTJ144	Chap1、2、9
©juanpedraza	4405741154_5359bb5492_o.jpg	https://flic.kr/p/7Hjzmo	Chap1、6、9
©kevinlubin	5518481459_9c9ec8ceba_b.jpg	https://flic.kr/p/9pDEh4	Chap1、9
©Kit MacAllister	8386003852_a38cc4a036_o.png	https://flic.kr/p/dM3sMj	Chap2
©Cheryl Foong	8249906174_4d43bcf4bc_b.jpg	https://flic.kr/p/dz1VFC	Chap1
©Jeroen Moes	5887042291_2be650a842_b.jpg	https://flic.kr/p/9YdCza	Chap2、3、5、9
©plasticpeople	24428359_e5a447075f_b.jpg	https://flic.kr/p/3acGB	Chap3
©Alwin N.A	14708737321_73f4eb486a_k.jpg	https://flic.kr/p/opL8ak	Chap3、6
©Didriks	5974332411_b30a094f5d_o.jpg	https://flic.kr/p/a6W1Te	Chap4
©Zain A.B	2824838069_e40eccf504_o.jpg	https://flic.kr/p/5iC2WD	Chap4
©Patrick Nouhailler	5507697956_4067d57158_o.jpg	https://flic.kr/p/9oGoHA	Chap4
©fly	99513156_d07d1863f9_o.jpg	https://flic.kr/p/9N2N5	Chap4、7
©suspectio@	5461980872_f73d8e57d4_b.jpg	https://flic.kr/p/9jE5C1	Chap4、5、9
©Sir Mildred Pierce	3454180394_cfc3d5f864_b.jpg	https://flic.kr/p/6gezuo	Chap4、6
©Efrén	493722633_d5a2463ade_o.jpg	https://flic.kr/p/KCsxc	Chap5
©solarisgirl	9730067911_5dadf3daef_k.jpg	https://flic.kr/p/fPP9cz	Chap5
©Jon Hansen	7446582430_ec3363d608_o.jpg	https://flic.kr/p/cm2Fwf	Chap5
©Dale Cruse	9381442252_695a41d7a4_k.jpg	https://flic.kr/p/fi1kWm	Chap5
©Dionisius Purba	207722694_d4f021bd79_o.jpg	https://flic.kr/p/jmCHL	Chap5
©Kosala Bandara	14733136269_4e581ce9a2_k.jpg	https://flic.kr/p/orVb7R	Chap5
©Ervins Strauhmanis	9546050913_9c8884d80f_k.jpg	https://flic.kr/p/fxy1mH	Chap5、6
©dave.see	5652496789_70e6f301e9_b.jpg	https://flic.kr/p/9Buwnc	Chap5、6
©yornik	6698150783_161b18182e_b.jpg	https://flic.kr/p/bcTLSk	Chap6
©Jamie	3678211785_646e24cba5_b.jpg	https://flic.kr/p/6B2Ndz	Chap6
©Remi Tu	2971181911_f03539081f_o.jpg	https://flic.kr/p/5wy5Sk	Chap6、9
©Moyan Brenn	6672156239_01bde2b717_b.jpg	https://flic.kr/p/baAxAx	Chap6、9
©William Warby	15981236183_e261f90d26_k.jpg	https://flic.kr/p/qmd1JT	Chap7
©jenny downing	14298450945_d305ffd10b_k.jpg	https://flic.kr/p/nMviji	Chap9
©coniferconifer	14371971599_bc8afe692c_k.jpg	https://flic.kr/p/nU17rM	Chap9、13
©Nikos Koutoulas	8747502274_d536934ba2_b.jpg	https://flic.kr/p/ejZeEJ	Chap9、13、15

關於上表所列的照片素材，其版權所有歸屬原作者和 Sotechsha 公司以及攝影師所有。

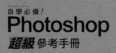
自學必備！
Photoshop
超級 參考手冊